# 钢管混凝土管节点的应力集中

刁砚　著

中国建筑工业出版社

图书在版编目（CIP）数据

钢管混凝土管节点的应力集中 / 刁砚著 . — 北京：
中国建筑工业出版社，2023.7
ISBN 978-7-112-28632-4

Ⅰ . ①钢⋯ Ⅱ . ①刁⋯ Ⅲ . ①钢管混凝土—钢管—节
点—应力集中—研究 Ⅳ . ① TU392.302

中国国家版本馆 CIP 数据核字（2023）第 069422 号

责任编辑：毋婷娴 焦阳
责任校对：张颖
校对整理：赵菲

钢管混凝土管节点的应力集中
刁砚 著
*
中国建筑工业出版社出版、发行（北京海淀三里河路 9 号）
各地新华书店、建筑书店经销
北京雅盈中佳图文设计公司制版
建工社（河北）印刷有限公司印刷
*
开本：787 毫米 × 1092 毫米 1/16 印张：$9^3/_4$ 字数：214 千字
2023 年 6 月第一版 2023 年 6 月第一次印刷
定价：49.00 元
ISBN 978-7-112-28632-4
（41104）

# 前 言

钢管混凝土（Concrete Filled Steel Tubular，以下简称 CFST）这种组合材料既能有效降低钢材局部屈曲破坏的概率，同时钢管对混凝土的套箍作用又能有效提高混凝土的抗压能力，避免混凝土脆性破坏的缺点，使 CFST 组合结构既有钢材承载能力高、延性好的特点，又有混凝土抗压时强度高、受压时稳定性好的特点；并且 CFST 结构方便施工、耐火性能好，在高层建筑、地下工程、桥梁、石油钻井平台以及输电塔等结构中得到了广泛的应用。

钢管混凝土节点是钢管混凝土结构中的重要部位，对于力的有效传递至关重要。国内外学者对其力学性能和特点也进行了不少理论和试验研究，但目前国内有关钢管混凝土管节点应力集中的书籍和资料不多，本书在前人的基础之上，主要对钢管混凝土结构的发展、管节点的分类和管节点应力集中的问题进行详细介绍，并通过笔者之前主持的几个试验对管节点应力集中问题进行展示和说明。

本书共分 6 章，主要内容如下：

第 1 章绪论介绍钢管混凝土在结构中的运用以及管节点应力集中的概念；第 2 章介绍管节点的分类以及应力集中的影响因素；第 3 章介绍钢管混凝土管节点应力集中的研究方法，分为试验研究和有限元分析两种；第 4~6 章主要通过试验测试和有限元分析的方法对不同节点类型的圆钢管混凝土和矩形钢管混凝土节点的应力集中进行研究与分析。文章在试验测试和有限元建模基础之上，对不同类型节点相贯线的应力集中现象进行了分析；对影响热点应力位置和应力集中系数大小的因素进行分析，并采用有限元参数建模的方法，通过对 $\beta$、$\tau$、$\gamma$ 等几何参数的变化，计算得出不同参数条件下应力集中系数值，最后对大量有限元计算结果进行参数回归，得到不同形状管节点应力集中系数的计算公式。西华大学硕士研究生邱常飞、李大壮和涂柳参与了本书中的管节点应力集中试验，硕士研究生何世懿参与了资料收集与整理的工作。

本书通过对不同形状钢管混凝土节点的研究和分析，展示了钢管混凝土节点各种形状的应力分布情况和应力集中的计算公式，可为该领域科研人员和工程人员以及在校的研究生等提供参考。

# 目 录

# 第 1 章
# 绪论

## 1.1 钢管结构的特点和发展

近几十年来，钢管结构作为钢结构中的一种，较为广泛地运用在海洋工程、桥梁工程、工业厂房、体育馆、火车站、飞机场等工业和民用建筑中。相较于普通钢结构，钢管结构优势相当明显，其在抗压、抗扭、抗震方面的力学性能都较好，并且相较于普通开口截面形式的型钢而言，闭口的钢管截面也有很大的优势；圆管截面更因为拥有平整光滑的外表面，相比其他截面形式的构件，具有外表面积小、截面风阻系数小、除尘便捷、防火涂料易于施工等优点。因此，无论是在腐蚀性环境还是在需要考虑风阻系数和水流阻力的地方，运用钢管结构都有着明显不同于普通钢结构的优势。并且钢管结构自重轻，外形美观，比型钢更省钱，在大跨度建筑中应用广泛；同时，它还可以利用空心管的内部空间填充混凝土，具有提高混凝土的承载力，延长耐火极限等优点。而在空心管中填充混凝土形成钢管混凝土结构之后，这种具有良好抗压性能的结构在大跨桥梁和超高层建筑中得到了广泛的应用。

### 1.1.1 钢管混凝土的特点

钢管混凝土结构是指在钢管内填充混凝土，使两者协同工作的一种组合结构形式。这种结构形式能够让钢管与混凝土一起工作时，充分发挥各自的优点，不仅继承了钢材强度高、延性好，以及混凝土抗压强度大、经济性好的优点，还可以使二者互补，从而提高结构整体的承载力、塑性、韧性及抗震、耐火性能。

钢管混凝土不仅有良好的力学性能，还有节省材料、施工快速等优秀的施工性能。这是因为在钢管内填充混凝土以后，填充的混凝土对钢管有径向支撑的作用（图 1-1），因此提高了钢管的刚度及稳定性，还改善了钢管容易发生局部屈曲从而导致失稳的缺点；又由于内部填充的混凝土能够减少用钢量，节约成本，从而提高了经济效益。同时，因为钢材和混凝土有着不同的泊松比，当在承受轴向压力时，钢管可以对核心混凝土产生约束作用，就使得内填混凝土处于三面受压状态，从而明显提高了混凝土的受压强度及延性，同时可以有效地延缓混凝土产生纵向裂缝时的开展速度。钢管和混凝土的组合实现了两种材料的共生，达到了组合结构的强度大于单独两种材料强度叠加的效果，实现了结构组合后一加一大于二的目的。其主要优点有：

（1）承载力高

钢管与混凝土的结合解决了钢管受压性能差的问题，在建筑中运用钢管混凝土可使得混凝土的受力状态由单向受力变为三向受力，在满足结构变形的同时还能满足强度要求。由于钢管内填充了密实的混凝土，从而避免了钢管失稳现象，增加了钢管的稳定性。两种材料的结合使得钢管混凝土的承载能力更强，远远高于单独可以承受的力。

（2）抗震性能好

钢管与混凝土结合形成钢管混凝土，增强了其承受力和弹性性能。在受力破坏时可以极大地发挥钢管的弹性性能，与钢结构和混凝土结构相比，具有较好的抗震性能。当钢管混凝土应用于高层建筑时，其安全性能较钢结构或混凝土结构更好。

（3）构造简单且施工方便

与钢筋混凝土柱相比，钢管混凝土无须使用模板，这也就减少了模板安装和拆卸步骤，在很大程度上为建筑施工带来了便利，特别是目前具有专门的泵送设备，可以将钢管和混凝土快速结合，为施工进度提供了保障，也便于施工人员操作。同时，由于钢管构件自重小，可以大大节省运输和吊装的费用。

（4）耐火性较好

钢管混凝土在遇到小火时，建筑结构不会破坏；即便是遇到大火时，也不会导致建筑结构坍塌。因而钢管混凝土建筑遇到火灾后修复或维修的费用较低。而钢结构在遇到火灾时，其稳定性会因为温度的升高而急剧降低，在高温的炙烤下，钢结构会产生扭曲和变形，而且在较大的火灾发生后，如果不能及时修复，建筑物的使用会造成很大的影响。

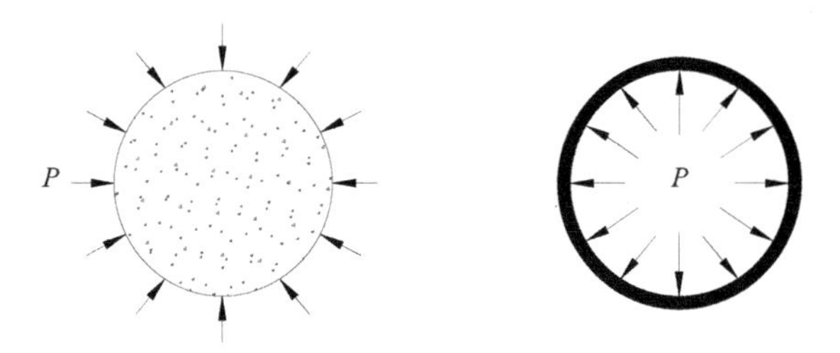


图 1–1 钢管混凝土应力示意

钢管混凝土的分类方式有很多种，按照截面形状的不同来进行分类，可主要分为圆形、矩形、方形这三种最常见的钢管混凝土（图 1–2）。其中圆形截面因其良好的力学性能和优良的外观等优点，在土木工程中得到了更为广泛的应用。同时，钢管混凝土也可以根据钢管内核心混凝土性质的不同分类，如普通混凝土、补偿收缩混凝土、高强膨胀混凝土、膨胀自应力混凝土、普通膨胀混凝土等。

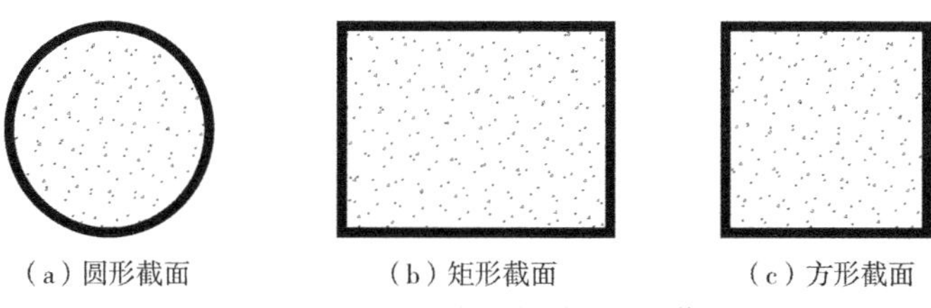


图 1–2 不同形状的钢管混凝土截面

随着科学技术和施工技术的发展，钢管混凝土结构发展迅速，钢管混凝土结构凭借其良好的承载能力、塑性变形能力，以及良好的经济效益和便利的施工方式，在高层、超高层、大跨度结构中得到了广泛的应用。

对钢管混凝土结构的深入研究始于20世纪六七十年代，早期的钢管混凝土结构采用的钢管多为热轧管，壁厚较大，且受到当时管内混凝土浇筑技术的限制，钢管混凝土的优势未得到有效发挥。20世纪80年代后，由于先进的泵送混凝土工艺解决了管内混凝土浇筑的难题，加上钢管混凝土的套箍效应能克服高强混凝土脆性的缺点，钢管混凝土的研究和运用进一步成为热门课题之一。

## 1.1.2 钢管混凝土在结构中的运用

最近20多年来，随着我国的交通运输的发展，为了满足交通运输的需求，大跨度的钢管混凝土拱桥及钢管混凝土拱桥发展迅速（图1–3），自1990年我国第一座大跨度的钢管混凝土拱桥——四川旺苍大桥（图1–4）建成，截至2020年，我国在建和已建成跨径在50m以上的钢管混凝土拱桥已超400座。目前最大的公路钢管混凝土拱桥，是有着668m主桥跨度的四川合江长江公路大桥（图1–5）。除了钢管混凝土拱桥外，钢管混凝土桁架桥的应用也十分广泛，如湖北秭归县向家坝大桥、广东南海紫洞大桥

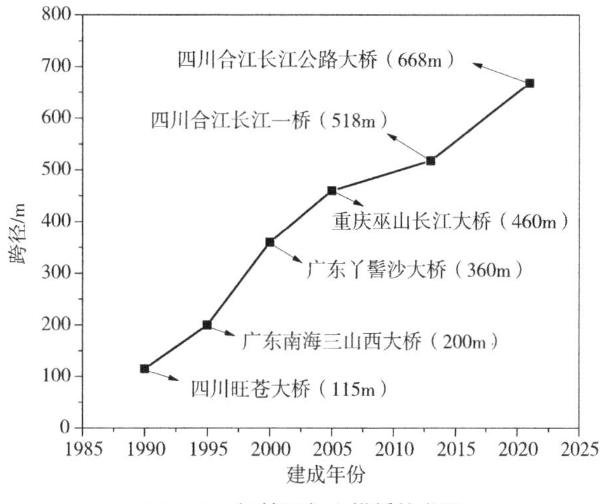


图 1–3 钢管混凝土拱桥的发展

图 1-4　四川旺苍大桥

图 1-5　四川合江长江公路大桥

图 1-6　广东南海紫洞大桥

图 1-7　汶马高速克枯大桥

（图 1-6）、四川干海子大桥、汶马高速克枯大桥（图 1-7）等。2020 年的卡哈洛金沙江特大桥，是我国首次在千米级悬索桥桥塔中应用钢管混凝土技术。目前，无论钢管混凝土桥的数量还是钢管混凝土桥的跨度，中国都已达到了世界领先水平。

建筑行业的飞速发展使钢管混凝土在高层和超高层建筑中均得到广泛应用。过去我国高层建筑一般都采用钢筋混凝土结构，进展到超高层时，由于钢筋混凝土结构的构件截面太大，结构的自重也太大，施工周期又长，因此采用钢管混凝土柱这样一种在当时相对较新的组合结构，带动了先进施工工艺和高强轻质材料的进一步发展，对整个建筑行业的技术、经济和建设速度的进步都具有重大意义。

在高层建筑结构中，钢管混凝土柱具有很强的相容性，它既可在混凝土结构体系中因地制宜地取代部分钢筋混凝土柱，以解决高层建筑底部的“胖柱”问题和高强钢筋混凝土柱的脆性破坏问题；也可在钢结构体系中取代钢柱，以减少钢材用量和减轻风致振动等。与普通钢筋混凝土柱比较，钢管混凝土柱具有更为优越的抗震性能。实践表明，在高层建筑中采用钢管混凝土柱后，除梁柱节点构造变动较大外，在施工程序上，与原来的结构体系几乎无差异。在经济上，钢管高强混凝土柱的造价基本上与钢筋混凝土柱的造价持平，性价比较高。

从钢管对混凝土的套箍效应上来讲，圆钢管对核心混凝土的约束作用要优于矩形钢管，但矩形钢管混凝土的优势在于其梁柱节点的处理比圆钢管混凝土要更简单。因此，无论是方钢管混凝土还是圆钢管混凝土，都在高层乃至超高层建筑中有着大量的运用，例如我国于1999年建成的高层建筑——深圳赛格广场（图1-8），高355.8m，是当时国内采用方钢管混凝土结构的最高建筑，其外围框架柱为方钢管混凝土柱，楼面梁为H形钢梁，核心筒为钢筋混凝土结构。方钢管混凝土柱采用Q345B钢材，截面尺寸为1600mm×1600mm×40mm~600mm×600mm×18mm，内填混凝土的强度等级为C35~C60。

而大连国际贸易中心（图1-9）采用圆钢管混凝土结构充当外框柱，钢管最大直径达到2000mm。该中心坐落于大连市中心区，地下5层，地上78层，建筑物高度325.1m，总建筑面积约28万m$^2$。该工程由大连建筑设计研究院设计，结构形式采用钢—混凝土组合结构，即钢筋混凝土核心筒、钢管混凝土柱以及钢梁。核心筒外筒壁厚度为1000~1500mm，外框柱为圆形钢管混凝土，直径为1200~2000mm。

杭州瑞丰国际商务大厦（图1-10）采用的是矩形钢管混凝土结构。该工程东塔楼高58.5m，西塔楼高88.2m，柱网尺寸为7.6m×7.6m，采用矩形钢管混凝土框架—筒体结构，除4根矩形钢管混凝土柱的截面尺寸为600mm×600mm之外，其余均为500mm×500mm，钢材材质为Q345B，内填混凝土强度等级为C35~C55。

其他比较典型的CFST结构在高层建筑中的运用例子，还有武汉民生银行大厦（图1-11）和中国台北101大楼（图1-12）。表1-1列出了部分CFST结构在高层建筑中的应用。

而钢管混凝土在国外的运用最早可以追溯到1879年英国建造赛文（Seven）铁路桥时，采用钢管混凝土充当桥墩，不但使钢管和混凝土共同工作承担压力，同时由于混凝土的填充，还有效地防止了钢管内壁的锈蚀。美国最早将钢管混凝土运用到建筑中是1897年在修建民用房屋建筑时，采用钢管混凝土充当承重柱，自此以后，钢管混凝土逐

图1-8　深圳赛格广场

图1-9　大连国际贸易中心

图1-10　杭州瑞丰国际商务大厦

渐运用在了单层和多层厂房结构中。20 世纪 80 年代，随着对钢管混凝土力学性能的进一步研究和了解，同时随着施工工艺和施工设备的发展与更新换代，钢管混凝土结构的运用和建设又再次兴起，比较有代表性的有：东京西新宿广场塔楼，该建筑高 550m，其框架体系中的框架柱全部采用方钢管混凝土；大阪菲尼克斯威尔大厦、淀川六番馆等工程中也采用了钢管混凝土结构；澳大利亚墨尔本的 46 层联邦中心大厦、帕斯的福雷斯特中心大厦（Forrest Center）和西瓦尼亚广场大厦（West Ralia Square）均采用了钢管混凝土结构；美国在 20 世纪 90 年代建造的第二联合广场大厦和太平洋中心大厦也运用了钢管混凝土柱。

图 1–11　武汉民生银行大厦

图 1–12　中国台北 101 大楼

表 1–1　CFST 在建筑中的应用

| 建筑物名称 | 地点 | 高度 /m | 钢管最大尺寸 | 建成年份 |
|---|---|---|---|---|
| 广州新中国大厦 | 广州 | 162 | 圆钢管 800mm | 1998 |
| 广州名汇商业大厦 | 广州 | 100 | 圆钢管 1150mm | 2000 |
| 深圳赛格广场 | 深圳 | 355.8 | 方钢管 1600mm × 1600mm | 1999 |
| 珠江国际大厦 | 广州 | 175 | 圆钢管 1100mm | 1998 |
| 瑞丰国际商务大厦 | 杭州 | 89.7 | 方钢管 600mm × 600mm | 2001 |
| 武汉民生银行大厦 | 武汉 | 242.9 | 方钢管 1400mm × 1400mm | 2010 |
| 大连国际贸易中心 | 大连 | 375 | 圆钢管 2000mm | 2020 |
| 华敏帝豪大厦 | 上海 | 258 | 方钢管 1000mm × 600mm | 2010 |
| 中国台北 101 大楼 | 台北 | 508 | 方钢管 2400mm × 3000mm | 2003 |
| 东京西新宿广场塔楼 | 东京 | 235 | 方钢管 4000mm × 2400mm | 1994 |

### 1.1.3　未来的应用前景

钢管混凝土具有独特的工程优势，虽然该技术的应用还存在一定的不足之处，相关规范也有待进一步完善，但是钢管混凝土具备的防火性能、耐久性能等优点，使其在大跨度桥梁工程、海洋工程、地下工程、超高层建筑中得到广泛应用，在使用过程中，技术人员对钢管混凝土的施工方式和结构性能进行不断的改进和优化，未来钢管混凝土必定会得到进一步的发展和应用。根据学者和技术人员的研究，钢管混凝土未来可朝如下方向发展：

①研发高强钢管、高强度膨胀混凝土及其替代材料，使钢管混凝土的承载力得到进一步提升。目前建筑行业推广使用纤维增强（FRP）复合材料，有学者提出可在钢管混凝土中使用该材料，形成全新的钢管空心组合圆柱（FRSTC），充分发挥钢管和复合材料的优点，进一步提升钢管混凝土结构的延展性和承载力。

②加大对钢管混凝土结构的耐火性能、耐火极限、防火性能的研究力度，从而提高钢管混凝土结构的耐火性能。同时加大对防火涂料的研究力度，进一步提升该结构体系的防火性能。

③研究钢管混凝土结构的抗震性能。目前国内缺乏对钢管混凝土结构抗震性能的研究，同时也缺少对抗震性能研究的理论指导，所以技术人员对钢管混凝土抗震性能的了解程度不高，缺乏抗震性能的标准规范，使该结构体系的应用受到一定阻力，明确该结构的抗震性能，才能更好地推进钢管混凝土的实践应用。

④进一步研究钢管混凝土结构的节点形式和组合形式。钢管混凝土结构的截面具有多变形式，改变截面形式可实现钢管混凝土结构抗弯、抗扭性能和稳定性的优化。所以不同截面形式的钢管混凝土具有不同的性能优势，可利用这一特性提升材料利用率。不同截面形式的钢管混凝土也存在其他方面的差异，如结构施工性能、装配性能等。

## 1.2　管节点的应力集中及疲劳破坏

### 1.2.1　管节点应力集中的概念

应力集中是指结构或构件的局部区域最大应力值比平均应力值高的现象。多出现于尖角、孔洞、缺口、沟槽以及刚性约束处及其邻域。应力集中会引起材料脆性断裂，使脆性和塑性材料产生疲劳裂纹。在应力集中区域，应力的最大值（峰值应力）与物体的几何形状和加载方式等因素有关。局部增高的应力值随与峰值应力点间距的增加而迅速衰减。由于峰值应力往往超过屈服极限而造成应力的重新分配，所以，实际的峰值应力常低于按弹性力学计算出的理论峰值应力。

而管节点的应力集中，更多的是由于主支管交接位置形状的变化而导致的应力变化（图1–13）。同时，当支管受轴向力时，随着轴力的逐渐增大，主管还会因径向刚度的不足而发生“失圆”现象，在这种情况下，会导致应力进一步升高；对于通过相贯线焊接形式进行连接的管节点来说，还会有因焊接

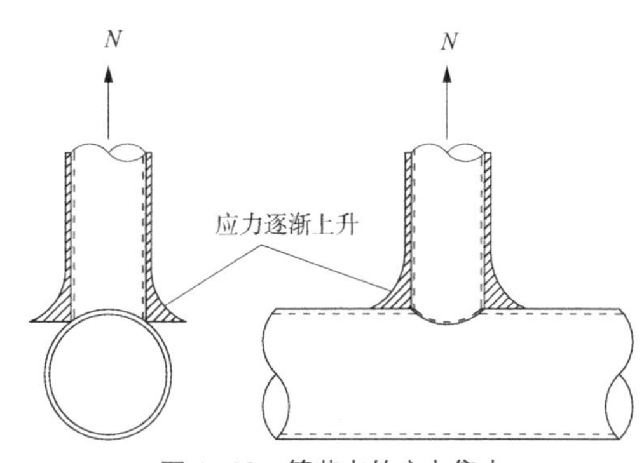

图1–13　管节点的应力集中

缺陷如尖角、孔洞、缺口等因素造成的进一步应力集中。上述多种因素相叠加，就导致在远离节点位置处，应力水平较低，而节点处应力会急剧升高，特别是对于承受循环荷载的结构，应力集中现象是导致结构发生疲劳破坏的一个重要因素。例如，在大量运用管节点的海洋平台结构中，焊接管节点的疲劳问题非常突出。

相较于空心管而言，钢管混凝土由于在空心管中填充了混凝土，增加了主管的径向刚度，使得由于径向刚度不足进而“失圆”所导致的应力集中现象有了较大的缓解。这也是钢管混凝土的应力集中以及疲劳性能要优于空心管节点的一个重要原因。

### 1.2.2 应力集中导致的工程问题

近年来随着桥梁施工技术和材料的发展，钢管混凝土拱桥及钢管混凝土桁架桥一般都呈现出大跨、高耸、重载和承受恶劣环境等态势。钢管混凝土结构主要是使用容许应力法来进行设计的，这种设计方法使结构的容许应力设计值小于材料的屈服强度，并且在设计时还会采用结构的重要性系数等提高结构整体安全的系数。这样的设计方法可以使结构设计较为安全。所以在如今的桥梁设计中，桥梁的承载能力问题基本上得到了保障，但是桥梁一般是处在动荷载与交变荷载的共同作用下的，由于管节点应力集中现象的存在，就会导致钢管混凝土结构在承受低于承载力设计值的荷载时，管节点位置出现较高的应力集中，从而引起疲劳裂缝的出现并逐渐扩展，最后导致结构失去承载能力，引发疲劳断裂破坏。

根据现有的桥梁状况的统计情况，钢管混凝土拱桥的疲劳开裂问题在桥梁的后期运营中已经慢慢开始出现。在钢管混凝土结构的实际工程中，有较多的桥梁破坏案例都是在钢管混凝土管节点焊缝处引起的疲劳破坏。且相较于拱桥结构，桁架桥的腹杆内力会更大，所以管节点位置就更加容易发生疲劳破坏。

管节点的疲劳行为表现为原生缺陷在复杂应力场驱动和环境激励下随机损伤不断累积而导致裂纹不断扩展的过程。疲劳裂纹通常发生在高应力区的初始缺陷处，常常在热点（即疲劳裂纹的起源部位，若焊接质量较好，则热点通常位于焊趾处）附近由表面裂纹扩展并穿透管壁，在荷载作用下裂纹会逐渐扩展最终导致节点破坏，使整个结构丧失承载能力。图 1-14 为典型的管节点相贯线位置焊缝出现裂缝的情况。

应力集中是导致节点疲劳破坏、影响节点疲劳性能和疲劳强度的重要因素，所以应力集中的情况，对结构疲劳性能和疲劳强度的高低有着决定性作用。

应力集中与结构的受力情况有关，对于管节点来说，荷载一般是从支管传至主管，而在应力由支管传向主管的过程中，由于主支管连接处的几何截面发生突变，导致应力也在该处发生突变。

应力集中的程度通常用应力集中系数来反映，它的大小与管节点材料、几何尺寸、焊接工艺等有关，通常是杆件的热点应力与名义应力之比。对于管节点来说，不同的接头类型，应力集中系数是不同的，其计算公式通常表现为组成管节点杆件参数的表达

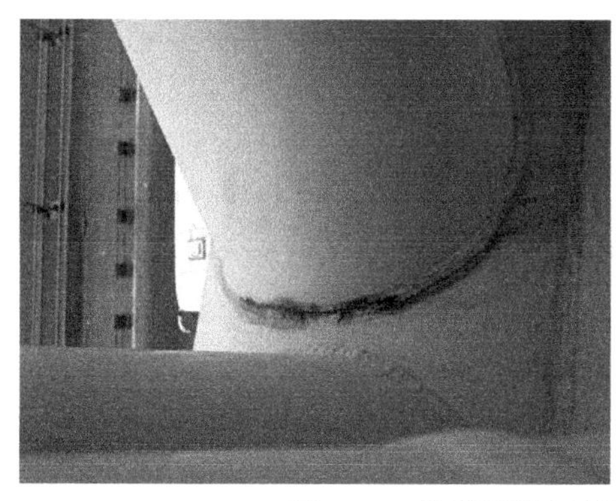
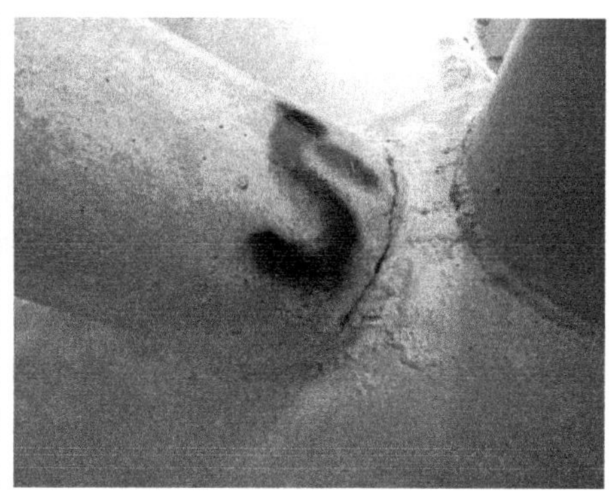

图 1–14 钢管混凝土结构管节点相贯线焊缝处开裂

式，常见的参数包括主支管管径、壁厚，以及管径比、壁厚比、径厚比等。应力集中系数反映的是管节点本身的特性，与外荷载的大小关系不大。从以往的试验结果来看，空心管节点的应力集中系数可达 10~15；钢管混凝土节点的应力集中系数则会大大小于这个值，约为 2~6。

在钢管混凝土桥的管节点中，管—管连接形式主要是钢管直接相贯焊接连接，由于焊缝的存在，也使得这些钢管连接成为疲劳研究的重点。常见的管节点连接形式与空心管节点类似，有 T 形、Y 形及 K 形等。管节点的连接处，焊缝也处于空间曲面上，因此应力的分布就变得非常复杂。管—管相贯处一般都有很高的应力集中，空心管的应力集中系数高的可达 10 以上，即热点应力是名义应力的 10 倍以上。管—管相贯处如此高的应力集中必然会严重影响节点的疲劳强度。

考虑到我国现存和在建的大量钢管混凝土结构以及钢管混凝土管节点，深入研究钢管混凝土管节点的应力分布规律，确定不同形状管节点应力集中系数的影响因素，对完善钢管混凝土管节点疲劳设计理论，对既有桥梁和结构进行疲劳验算、安全评估，对新的桥梁和结构的设计建造等都能起到更好的指导和规范作用；对提高实际工程结构中钢管混凝土管节点的疲劳寿命，促进钢管混凝土结构的进一步健康发展等方面都有着重要的意义。

# 第 2 章
# 管节点的分类及应力集中

工程建筑中使用的钢管结构按截面形式分类，可划分为圆形管截面、矩形管截面和方形管截面等；而钢管节点可分为焊接空心球和螺栓球节点、钢板节点、铸钢节点、相贯节点等，其中相贯节点在桥梁工程和建筑结构中最常用到，所谓相贯节点，就是在节点处将支管直接截断（通常采用相贯线切割机）然后焊接到主管上。通常情况下，我们把在节点位置贯通的钢管称为主管，把通过焊接固定在主管上的钢管称为支管。这种焊接节点不仅在材料方面更省钱，且具有更好的力学性能和较大的承载力。

## 2.1 管节点的分类

相贯节点是圆形钢管混凝土结构中非常普遍的一种节点形式（图 2–1），它是由支管焊接于主管表面形成的，主管和支管的相贯线是一条空间的三维曲线。随着多维数控切割技术的逐渐成熟，钢管结构中相贯节点切割困难的难题得以解决。相贯节点构造简单、外表美观、没有外凸的节点零件、易于维护。然而钢管相贯节点成本较高，材料消耗可能高出 25%，但由于具有较好的回转半径、惯性矩及有效截面面积，抗扭能力较开口截面要高得多，可使材料利用更有效，从而抵消材料成本高的缺点。此外，钢管截面为闭口，其抗扭性能、板件（平板或曲板）的稳定性、耐锈蚀能力都很强，并具有截面各主轴回转半径的等值性、外表面小（节省油漆），以及外周封闭所带来的简洁、美观、易清洁维护等优点。

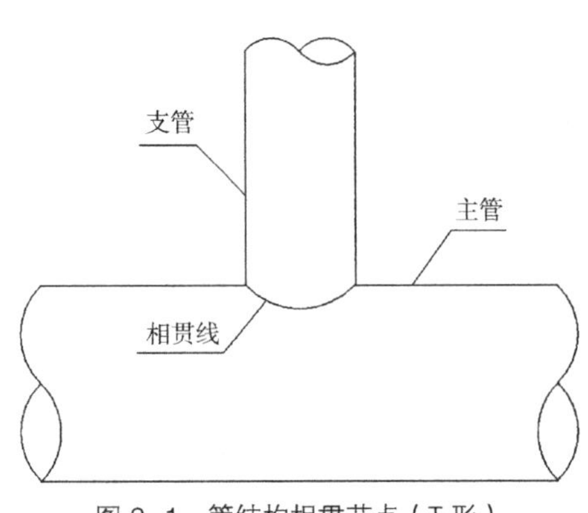

图 2–1　管结构相贯节点（T 形）

圆形钢管结构由于其自身各方面优异的力学性能，最早在海洋平台中运用最为广泛，但圆形钢管相贯节点由于其支管和主管之间相贯线复杂，对支、主管两者之间的焊接提出了更高的要求。1952 年，矩形钢管节点首次被提出，相较于圆形钢管节点支、主管间焊接复杂的问题，矩形钢管节点支管端部仅需平直切割，便可直接焊接在主管外表面，从而降低了加工制造成本；同时，矩形钢管运输方便、节点结构容易存放，在实际施工时可提供作业空间，因此，目前在桥梁工程和高层建筑中得到了广泛应用。

相较于圆形截面，采用矩形钢管截面的桥梁桁梁节点处的方钢管杆件可以平直地切割，支管和主管焊接节点处连接构造相对简单，上、下弦杆端部焊接处不需要切割相贯线，可以把弦杆端部加工处理后直接焊接在腹杆外表面上，在工程中，安装就位便利；桥梁的桥面板可以直接放置在矩形钢管弦杆上，由此相对简化了桥面连接构造；同时杆件端部截面材料属性相同的矩形钢管混凝土结构构件具有更大的抗弯刚度和承载力等优势。但是，矩形钢管混凝土中钢管对管内混凝土的套箍效应比圆管会有所减弱，因此，圆管和矩形钢管截面各有优劣。

如果按照相贯节点的外形来看，又有 T 形、Y 形、K 形、N 形、X 形、DY 形等，主管为节点处贯通的杆件，其余截断的管称为支管。近十几年来，随着钢管结构在大型工程中的广泛应用，原有的平面管节点已经不能满足工程需求，很多形式的空间管节点应运而生，所以，在常用的平面相贯节点基础之上，又发展出了众多空间相贯节点。二者的区别在于：所有支管和主管轴线处于同一平面内的节点称为平面相贯节点，否则便为空间相贯节点。常见的空间管节点形式有：DK 形节点、DX 形节点、DKT 形节点、三平面 KT 形节点等。

综上所述，若要对管节点进行分类，可按管截面形式、节点几何形式和截面组合形式等来对管节点进行划分。

### 2.1.1　按管截面形式划分

（1）圆形管截面

圆形管截面是最早得到应用的管状结构，这种圆管截面形式在各个不同方向上都具有良好的承载性能，在海浪冲击荷载和风荷载等众多恶劣环境下具有良好的适用性，因此在海洋平台结构中最早使用且应用最为广泛。

（2）矩形管截面

同圆管截面相比，在两个管的横截面面积相同的情况下，矩形钢管具有更优异的抗弯性能，而且矩形管与矩形管之间的相贯线也比圆形管与圆形管之间的相贯线构造简单，连接起来也比圆形管更加便捷。

（3）方形管截面

方形管截面可以把它看作是矩形管的特殊形式，方形管截面为正方形，通常情况下，方形截面管的节点性能与矩形截面管各方面性能十分接近。从实际的相贯节点工程应用中来看，方形管的应用要比矩形管运用得更多。

## 2.1.2 按节点几何形式划分

### （1）平面相贯节点

平面相贯节点是指所有支管和主管的轴线都处于同一平面的管节点，在工程应用和设计上，使用比较多的主要有 T 形、Y 形、X 形、十字形、K 形、TY 形等形式（图 2–2）。

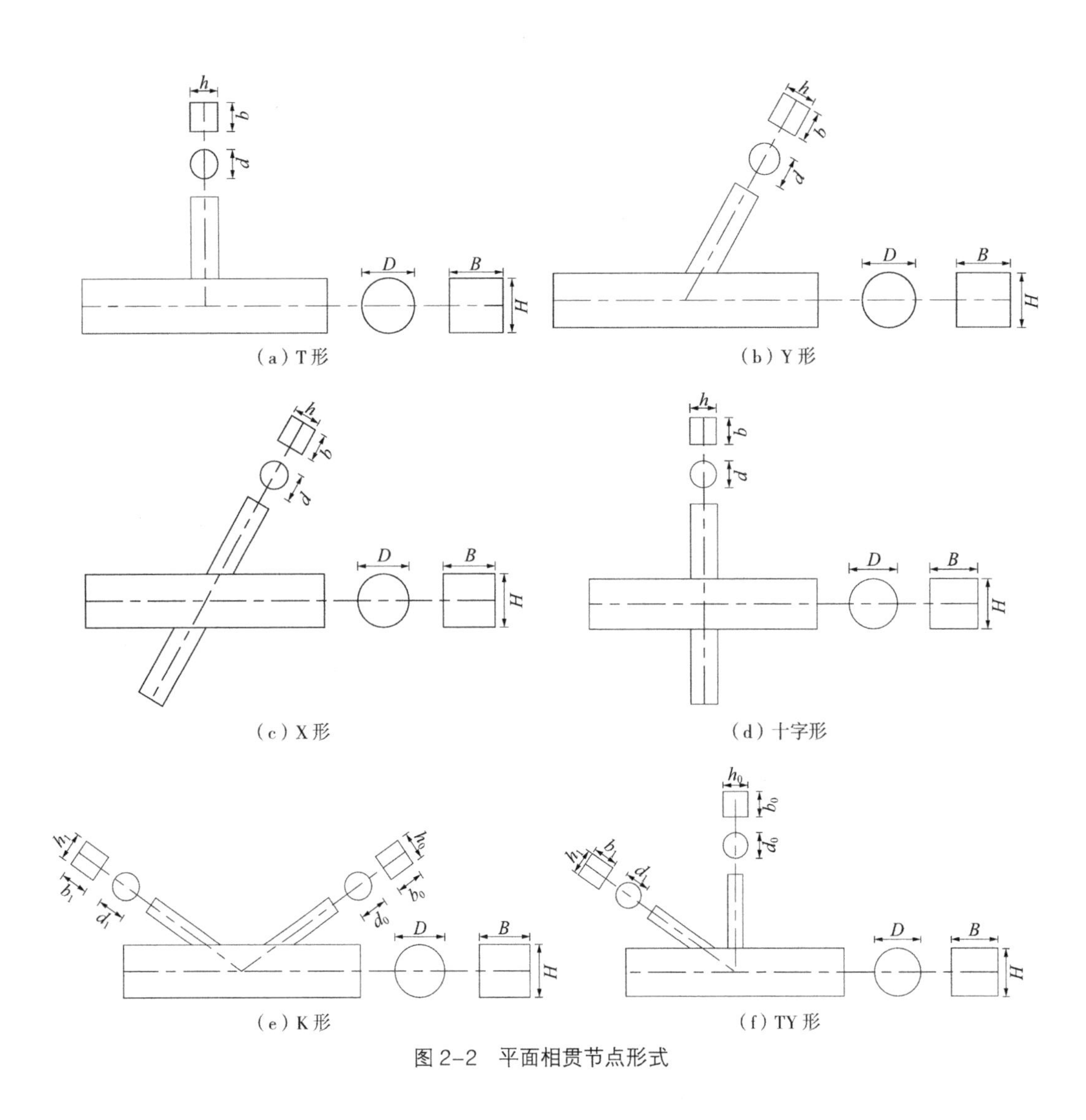


图 2–2 平面相贯节点形式

### （2）空间相贯节点

空间相贯节点是指构成空间节点的主管和支管的轴线不都是处于同一平面上，亦可以把它看作是由若干个平面节点组合而成，在一定程度上，它的力学性能与平面相贯节点有极大的相似性。在实际工程和设计上，常用的空间节点形式主要有 KK 形、XX 形、TX 形、TT 形等（图 2–3）。

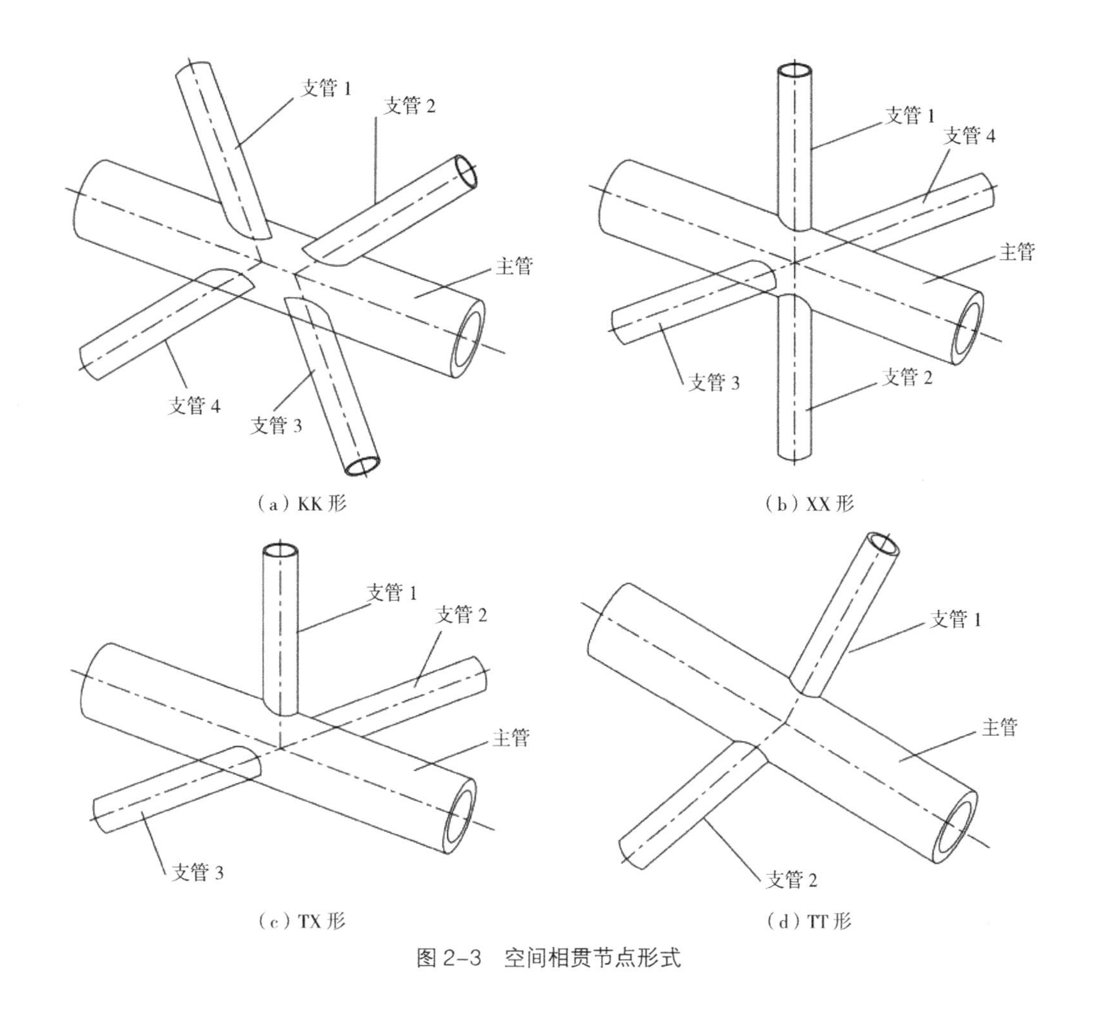


（a）KK 形　（b）XX 形

（c）TX 形　（d）TT 形

图 2-3　空间相贯节点形式

### 2.1.3　按截面组合形式划分

管节点可以具体分为：圆形—圆形钢管节点、圆形—矩形钢管节点、矩形—圆形钢管节点、矩形—矩形钢管节点，其节点构造形式如图 2-4 所示。

对于钢管混凝土结构而言，管节点是十分重要的部位，它是承载传递荷载的关键部位，但是管节点对于钢管混凝土来说也是整个结构中非常薄弱的部位，值得进一步细化

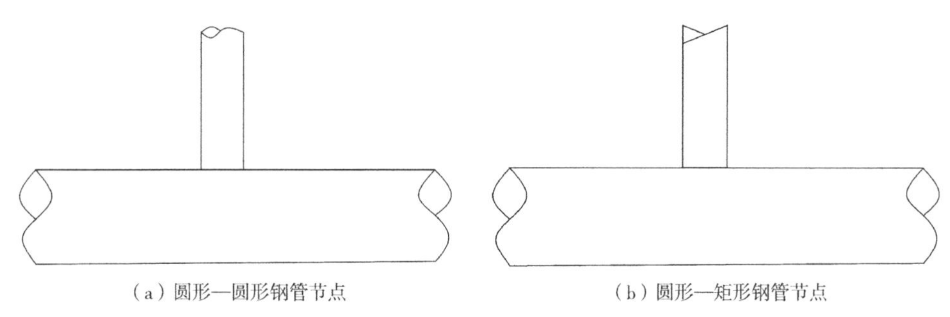

（a）圆形—圆形钢管节点　（b）圆形—矩形钢管节点

图 2-4　钢管节点构造形式

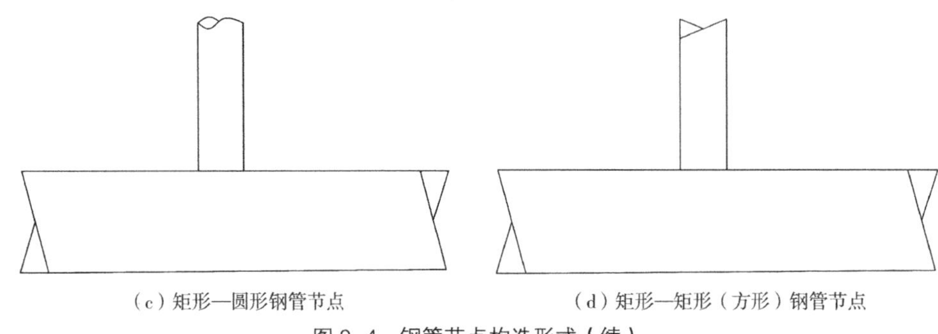


图 2-4　钢管节点构造形式（续）

研究。然而，无论多么复杂的空间管节点结构，其基础都是在基本的 T 形、Y 形、X 形、十字形、K 形基础之上进行组合，所以，对基本管节点的应力集中情况进行分析研究，是研究其他更复杂管节点应力情况的基础。

## 2.2　空心管节点的应力集中

### 2.2.1　管节点处的应力组成

管节点中的应力组成一般有 3 种，即名义应力、几何应力和缺口应力。名义应力又被称为公称应力，即是结构在远离截面突变处的均匀应力，可以用传统的杆梁模型计算得到；几何应力是由于在荷载作用下，需要保持相邻管子间的相容性而引起的应力；缺口应力是由于焊缝应力集中叠加的影响而产生的，这主要受节点焊缝尺寸的影响。3 种应力的分布示意如图 2-5 所示。

管节点的疲劳破坏主要是随着焊缝处表面裂纹的萌生和扩展产生的，因此垂直于该裂纹方向的应力对裂纹的扩展起主要作用。裂纹萌生扩展发生在热点位置，热点就是管节点位置承受最大应力作用的点，其所受的应力就称为热点应力。

学者邓（Den）推荐热点应力为“沿着焊缝处的极值应力”，他“考虑了管节点的几何参数的影响”，也就是最大主应力值，而范・温格德（Van Wingerde）等提出热点应力的定义为“垂直于焊缝的结构应力的外推插值结果”，这种定义与国际焊接学会（International Institute of Welding，简称 IIW）所提出的疲劳设计原则相一致，在工程实践中也被大多数设计者和研究者所采用。

### 2.2.2　管节点相贯线各点应力的差异

在管节点中，荷载的传递是通过支管传递给主管的。如果是空心管节点，由于支管

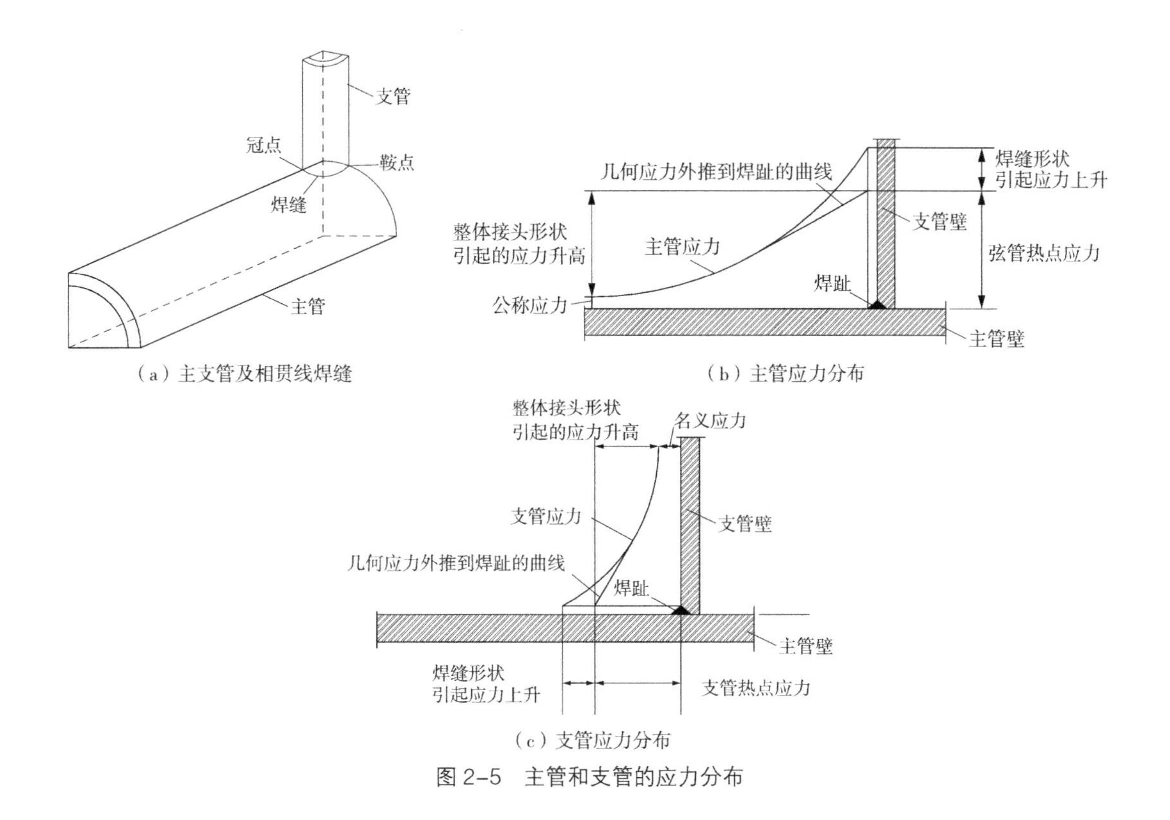


图 2–5　主管和支管的应力分布

在其轴向刚度远大于沿相贯线处的主管径向刚度，故支管沿相贯线上的轴向位移，可被认为基本上是均匀的，因此可以说主管是支撑支管的弹性基础。

在相贯线上，沿支管轴向的刚度越大，反力越大，每一点上的反作用力可分解成沿主管切向的力和沿主管径向的力。径向的力是导致主管管壁弯曲的主要因素，而切向的力则是导致主管产生中面应力的主要因素，主管在相贯线表面上的应力由这两种应力叠加而成，两种应力组合在一起就是几何应力。

图 2–6 为 T 形管节点相贯线冠点与鞍点受力情况。主管沿支管轴向的刚度，在沿相贯线一周是不均匀的，所以主管相贯线上沿支管轴向的反力是不同的。图中 $A$ 为鞍点，$B$ 为冠点，由于轴力 $N$ 的作用，使得 $A$ 点和 $B$ 点上的反力分别为 $p_a$ 和 $p_b$，其中 $p_b$ 垂直于 $B$ 点的切线，指向主管的圆心，其大小取决于主管的径向刚度；而 $p_a$ 与 $A$ 点的切线斜交，可分解为垂直于 $A$ 点切线的力 $p_1$ 和沿 $A$ 点切线的力 $p_2$，$p_1$ 取决于主管的径向刚度，而 $p_2$ 取决于主管的环向刚度，所以 $p_a$ 的大小，受到径向和环向刚度的影响，对于空心管来说，主管环向刚度是要大于径向刚度的，因

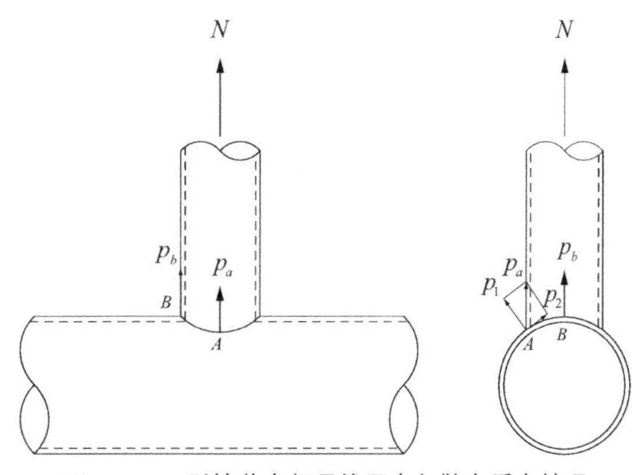


图 2–6　T 形管节点相贯线冠点与鞍点受力情况

此，$A$ 点沿支管轴向的刚度是要大于 $B$ 点沿支管的刚度，所以 $p_a>p_b$；而且从 $A$ 点到 $B$ 点，随着 $p_a$ 与主管切线的夹角逐渐变化，$p_a$ 沿主管切向的分力逐渐减小，环向刚度的参与也逐渐减小，所以，从 $A$ 点到 $B$ 点，主管沿支管轴向的刚度是逐渐减小的，承担的相应的轴力也逐渐减小。

图 2–7 为 Y 形管节点相贯线受力情况。主支管相贯线上各点沿支管轴向力的大小，与相贯线各点沿支管轴向刚度相关，$A$、$B$、$C$ 三点的位置如图所示。由于轴力 $N$ 的作用，使得 $A$、$B$、$C$ 上的反力分别为 $p_a$、$p_b$、$p_c$，各反力可沿水平方向和竖直方向进行分解，分解后水平方向的分力分别为 $p_a''$、$p_b''$、$p_c''$；而水平方向的刚度均为主管的轴向刚度，该方向 $A$、$B$、$C$ 三点的刚度是基本相同的，差异体现在垂直主管方向。所以，相贯线各点分配的力的大小，取决于竖直方向的刚度，分解后沿竖直方向的力与 T 形管节点的情况类似，$A$ 点沿支管轴向的刚度大于 $B$ 点（或 $C$ 点）沿支管的刚度，所以 $p_a' > p_b'=p_c'$；并且从 $A$ 点到 $B$ 点，随着 $p_a$ 与主管切线的夹角逐渐变化，$p_a'$ 沿主管切向的分力逐渐减小，环向刚度的参与也逐渐减小，所以，从 $A$ 点到 $B$ 点（或 $C$ 点），主管沿支管轴向的刚度是逐渐减小的，承担相应的轴力也逐渐减小。

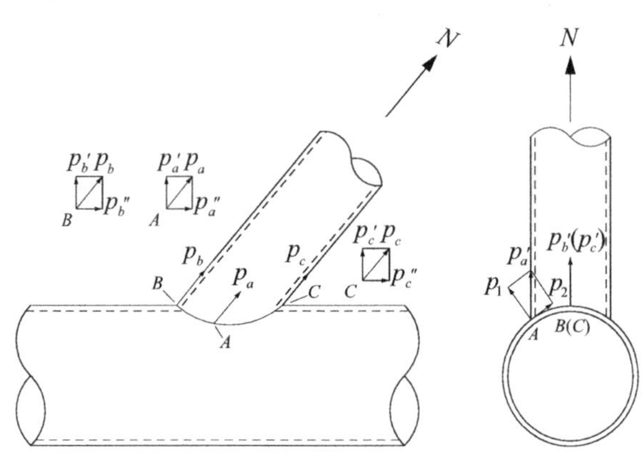


图 2–7　Y 形管节点相贯线受力情况

然而，如果我们从主管和支管相对位置的变化和裂纹开展的角度来分析，若 Y 形节点的支管受拉力，$A$、$B$、$C$ 三点中最易开裂的点是 $B$ 点，其容易出现张开型裂纹，裂纹的走向与支管受力的方向垂直；$C$ 点受到挤压作用，最不易出现裂纹，除非支管拉力持续增加，沿支管轴向的变形和位移持续增加，最终，$C$ 点会在相贯线其他各点均开裂之后开裂，从而导致主支管断开，二者分离。

如果在空心主管里填充混凝土，形成钢管混凝土管节点，则受力情况会受到很大的改变。因为混凝土填充到主管中之后，会使主管的径向刚度大大提升，无论是 T 形还是 Y 形管节点，$B$ 点沿支管轴向的刚度都会有很大提升，这种情况下，$B$ 点一定会分配到比之前更多的力。最终是否会超过 $A$ 点而成为相贯线上受力最大的点，这个问题会在后面第 4 章关于 T 形和 Y 形钢管混凝土应力集中的部分进行试验和研究。

### 2.2.3　管节点应力集中的影响因素

通过上一节管节点应力的分析，我们可以总结出，影响应力分布并导致应力集中的因素主要有以下几个方面。

（1）截面突变

这是产生几何应力的因素，应力集中一般都发生在截面突变的地方，对钢管混凝土拱桥来说，绝大多数管节点均是通过支管与主管焊接相连形成相贯节点，因此，在相贯线处产生应力集中现象。

（2）焊缝形状的影响

管节点是钢管通过焊接的方式形成的，因为焊接接头位置外形的几何变化、焊接过程中产生的残余应力、焊缝处曲率的不连续性和焊接时的初始几何缺陷（如：未溶合、未焊透、气孔、夹渣、咬边、裂纹等），使得焊缝在主支管几何变化导致的“几何应力”基础之上，额外产生所谓的“缺口应力”，从而累积产生很大的应力集中。所以在荷载的作用下，管节点的焊缝周围应力较大，很容易产生开裂的现象。

（3）局部刚度的影响

在主管相贯线上，各点上的应力可分解为沿主管轴向、径向、环向三个方向，对于相贯线的不同位置，这三个方向的刚度是不同的。因此，相贯线各点的应力也不同，刚度越大，应力越大。局部刚度的影响主要体现在以下几个方面。

①荷载传递

在腹管受轴向拉力作用时，由于它的轴向刚度相较弦管径向刚度来说较大，所以可近似地认为沿腹管与弦管交接线上弦管位移相等。又由于弦管顶部垂直方向的刚度最小，所以在冠点处弦管对腹管的反作用也小，相贯线越向下，弦管的垂直方向刚度越大，在最深的鞍点处刚度最大，所以在鞍点弦管对腹管的反作用力也最大。因此，腹管传给弦管的垂直载荷沿交接线的分布是不均匀的。根据应力按刚度分配的原则，弦管截面各点沿腹板方向刚度不同，冠点处刚度最小，分配的荷载最小，鞍点处刚度最大，分配的荷载也最大。

②弦管的横断面变形

当腹管承受轴向拉力时，弦管受沿腹管方向的作用力而发生变形，由于腹弦管之间的约束作用，会沿交接线处产生附加应力，对弦管、鞍点处产生正的附加应力，冠点处产生负的附加应力，这将使鞍点处所受的拉应力加大，冠点处的拉应力减小，甚至由原来的受拉变为受压。

③腹管的横断面变形

当腹管受轴向力作用时，腹管直径将有缩小的趋势，但由于弦管的约束，腹管将产生弯曲应力，使腹管管壁外表面拉应力加大，腹管这一局部弯曲作用同时也影响到了弦管的应力分布。

④弦管管壁变形

由于弦杆管壁具有柔性，在腹管作用下，弦杆管壁沿相贯线将有局部弯曲的趋势，由此产生的弯曲应力也很大。

## 2.3 钢管混凝土管节点的应力集中

对于钢管混凝土节点来说，由于填充了混凝土，使得节点刚度大大增加，在前文中提到的影响应力分布及应力集中的因素中，有三项涉及到主管的因素都因为混凝土的填充而发生了变化：

①荷载沿相贯线的分布。原先的主管径向刚度得到很大的加强，弦管顶部冠点沿支管轴向的变形变得非常困难，也就是说在填充混凝土后，无论是T形还是Y形，对于沿支管轴向的刚度，冠点变得大于鞍点或是与鞍点差不多，根据应力按刚度分配的原则，原先应力最大的鞍点有很大一部分应力转移到了冠点，应力的分布比空管要均匀的多。

②弦管断面的变形。由于混凝土的填充，弦管的变形受到很大的限制，由于混凝土的约束作用而使得原先的附加应力大大减小，冠点在支管较大轴向力的作用下，变形较空心管的时候大大减小。

③在腹管作用下，弦杆管壁虽仍有沿相贯线局部弯曲的趋势，但由此产生的弯曲应力相较空钢管已大大减小。

因此，钢管混凝土管节点与空心管节点相比，主管填充了混凝土，使得主管的变形受到约束，节点的刚度也得到了增强，应力的分布也趋于均匀，应力集中系数的大小也明显减小。从受力分析上来说，管状结构与一般形状截面的主要不同点，在于其半径方向的刚度较低，管节点的局部变形会产生一定的附加应力。以圆形截面钢管节点为例，图2-8为T形管节点支管受轴向荷载$P$时随主管变形产生的附加应力，由图可知，在$A$点产生附加拉应力，$B$点产生附加压应力，随着荷载的增加，应力分布发生显著的变化。当$A$点出现非常大的拉应力时，$B$点的应力也就从拉变为压了。

对于钢管混凝土管节点的应力集中研究从一开始就是建立在空心钢管研究成果的基础上，关于钢管混凝土的规范也在逐渐完善，对于钢管混凝土管节点位置处的应力集中现象，目前的研究也在逐渐增多。近20年间，国内外已有大量学者通过试验或者数值分析的方式对钢管混凝土节点展开了研究，并且已经取得了一定的成果，刚开始的管节点的应力分析静力测试基本上都集中在T形节点，或者支管与主管夹角变化的Y形，而后逐渐扩展到K形、N形，甚至空间的TT形、KK形等。

国际焊接学会（IIW）推荐的设计指南《焊接接头和构件的疲劳设计建议》（*Recommendations for Fatigue Design of Welded Joints and Components*）和国际管结构发展与研究委员会（CIDECT）推荐的《疲劳载荷作用下圆形和矩形空心截面焊接接头的

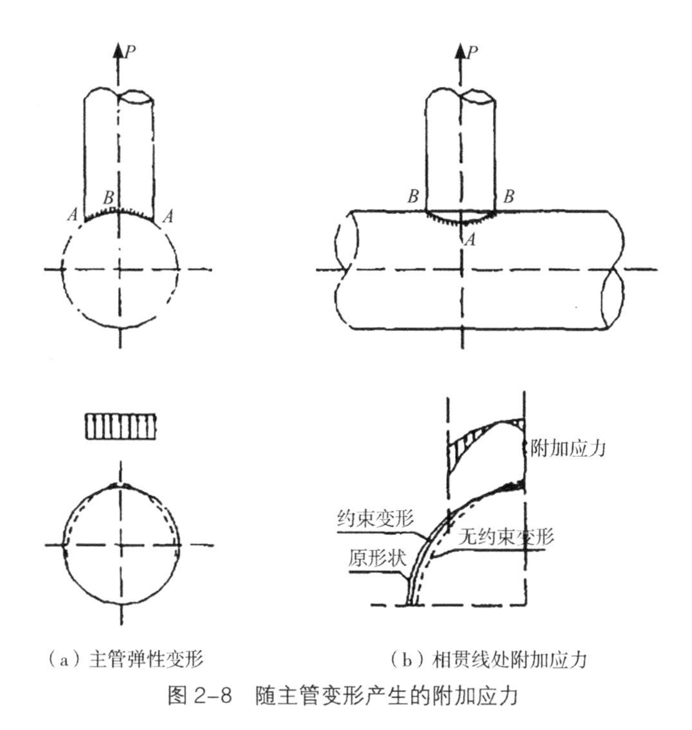


图 2-8　随主管变形产生的附加应力

设计指南》（*Design Guide for Circular and Rectangular Hollow Section Welded Joints Under Fatigue Loading*，以下简称 CIDECT《指南》），均给出了典型的空钢管节点的热点应力集中系数的计算公式。

目前，对于空钢管节点应力集中问题的研究已经取得了业界较为认可的成果，且有了相关规范和指南。然而对于钢管混凝土节点来说，由于主管内填了混凝土，再加上钢管几何参数的变化、焊接的影响等，使其性能更加复杂，对于钢管混凝土节点的应力集中的问题仍没有相关的统一标准，就研究的结果而言也有着一些差异。所以，为了促进钢管混凝土的发展，很有必要对钢管混凝土节点的应力集中问题进行深入的研究。

## 2.4　应力集中系数

应力集中系数（Stress Concentration Factor，SCF）是结构热点应力与名义应力的比值，是反映结构应力集中程度的一个重要参数。管节点中几何应力最大的点称为热点，相应的最大几何应力称为热点应力，热点应力可用 $\sigma_G$ 表示，相应的热点应力集中系数用 $SCF_h$ 表示，名义应力可用 $\sigma_N$ 表示，名义应力可采用简单的杆单元受力计算得到，而热点应力的大小可以根据应力集中系数 $SCF_h$ 与名义应力 $\sigma_N$ 的乘积获得，即：

$$\sigma_G = SCF_h \sigma_N \tag{2.1}$$

$$\sigma_N=4F/[\pi d^2-\pi(d-2t)^2] \tag{2.2}$$

式中：$\sigma_G$——管节点的热点应力；

$\sigma_N$——支管的名义应力；

$F$——支管所受轴力；

$d$——支管的直径；

$t$——支管的壁厚。

管节点的热点应力集中系数能够很直观地反映节点位置处应力集中的程度。一般认为，应力集中系数是结构自身的一种特性，与加载方式和制造工艺等没有关系，仅取决于结构本身，它的大小主要取决于结构的几何尺寸、形状和材料性能等。

对于焊接管节点来说，除最大几何应力外，由于焊缝的形状或是局部的焊缝几何缺陷，会导致应力在焊趾处进一步升高，考虑这一影响的最大应力称之为缺口应力，又叫局部应力，通常用 $\sigma_L$ 表示，相应的应力集中系数为 $SCF_W$，则

$$\sigma_L=SCF_W\sigma_N \tag{2.3}$$

在对管节点进行应力分析的过程中，更多的时候是选择热点应力而不是缺口应力，这是因为，相较于缺口应力，热点应力显然更容易准确测得，而缺口应力则受到诸多不利因素的影响：

①焊缝的形状、焊接质量及初始缺陷等导致 $\sigma_L$ 变化很大，而根据大量的试验表明，$\sigma_G$ 在邻近焊趾部分是稳定的，沿垂直焊缝方向基本上是按线性变化的，所以可以用直线外插的方法较为准确和方便测得。

② $\sigma_L$ 取决于焊缝形状和初始缺陷等因素，用有限元的方法也难以准确地建模，而 $\sigma_G$ 则主要取决于管节点的几何形状，无论建模还是计算都很方便。

③从断裂力学的角度来说，$\sigma_L$ 只对初始裂纹的萌生有较大影响，而对裂纹萌生之后的扩展影响较小，因此，更多的时候是将对裂纹扩展起主要作用的 $\sigma_G$ 作为主要的研究对象。

所以，本书后面涉及的应力集中系数均指结构热点应力与名义应力的比值。大量的试验证明，应力集中的程度与结构的疲劳强度及疲劳寿命有密切联系，因此，研究应力集中并求得应力集中系数对分析结构的疲劳强度和估算疲劳寿命有重要意义。同时，在进行管节点设计的时候，设计人员需要了解节点处应力集中现象的程度、应力的分布情况、热点应力的位置和大小，如果每次都进行有限元分析或者试验研究，对于工程设计来说，分析成本无疑会很高。所以如果能够推导出可以直接用来计算管节点焊趾处热点应力集中系数的计算公式，那么就可以有效、快速、精确地得到分析的结果并节省分析成本。

# 第 3 章
# 钢管混凝土管节点应力集中的研究方法

根据前一章所述，可以知道管节点的热点应力可以通过名义应力与热点应力集中系数相乘得到，因此热点应力集中系数也可以通过热点应力与名义应力相除得到，所以管节点的应力集中问题就具体转化为如何准确地求得管节点的应力集中系数的问题。

管节点应力集中系数的研究方法，目前主要分为试验研究和有限元分析两大类，两者各有优缺点，通常情况下，这两种研究手段是相辅相成的。

## 3.1 试验研究

### 3.1.1 试验设计

试验研究是最常用、最直观也最有效的方法。采用试验方法来研究管节点的应力分布情况，承载能力以及在试验过程中的结构刚度，不仅能获取各种形状管节点的力学性能参数，同时还可以让研究者根据试验结果调整和改进试验模型，进而对管节点的设计进行优化。目前试验研究的管节点模型一般都采用与实际结构相同强度等级的钢材和混凝土制作。

在模型试验中，模型的大小对试验结果也有一定的影响，模型太小会导致应变测量困难和不准确，焊缝、荷载大小都会因此而改变。因此，小模型需考虑和计算的细节要更多一些，此外，加载装置的设计等问题也需周密考虑。通常的管节点模型设计采用参数控制的方法，即保证试验模型中影响管节点应力集中的主要参数与实际管节点结构的参数相同，而模型的绝对尺寸与实际结构尺寸相比，按比例缩小，经常使用的缩尺比例为 1 ∶ 6~1 ∶ 2.5。图 3-1 为正在施工中的钢管混凝土拱桥主拱肋，拱肋钢管混凝土直径实际尺寸超过 1m，图 3-2 为制作完成的 T 形钢管混凝土管节点缩尺模型，钢管混凝土直径不到 15cm。

图 3–1 钢管混凝土拱桥主拱肋

图 3–2 制作完成的 T 形钢管混凝土管节点缩尺模型

研究表明，应力集中系数的大小主要受 $\beta$、$\gamma$、$\tau$、$\theta$ 等几个几何参数影响，空心钢管应力集中系数也是使用这几个几何参数进行计算的，因此，试验模型的设计通常都是围绕着这几个参数展开，通过对参数的控制和变化，来设计不同的试验模型，从而达到不同的试验目的。常用的管节点模型的几何参数和符号所代表的意义，通常都沿用欧洲共同体于 1981 年在巴黎召开的“国际海上用钢会议”中的有关规定，图 3–3 为圆钢管 T 形相贯节点几何参数示意。

$D$—主管外径；$d$—支管外径；

$T$—主管壁厚；$t$—支管壁厚；

$L$—主管长度；$l$—支管长度；

$\beta$—$d/D$（支管外径与主管外径之比）；

$\gamma$—$D/2T$（主管外径与主管壁厚之比）；

$\tau$—$t/T$（支管壁厚与主管壁厚之比）；

$\theta$—支管轴线与主管轴线的夹角；

$\alpha$—$2L/D$（2 倍主管长度与主管外径之比）。

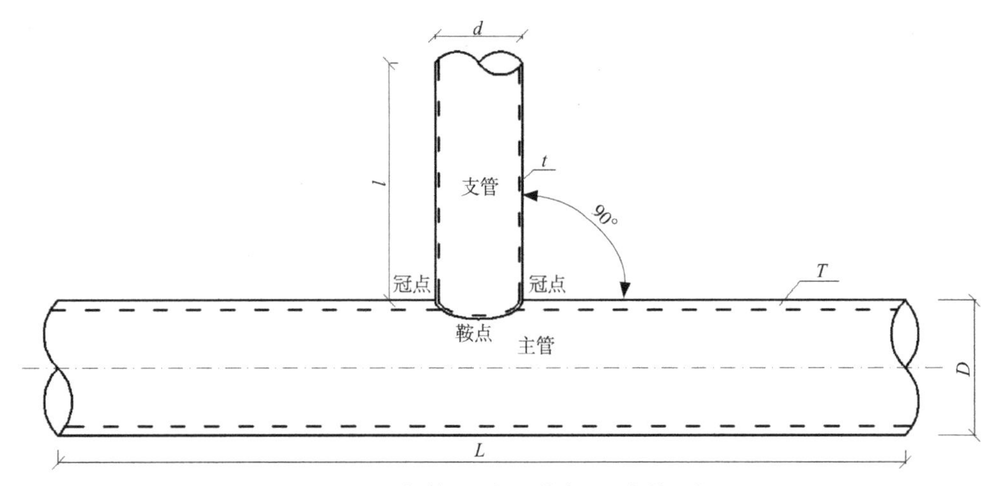


图 3–3 圆钢管 T 形相贯节点几何参数示意

## 3.1.2　试验测试

试验测试涉及管节点相贯线附近应力（应变）的测试，对于应使用哪个应力（应变）分量来确定应力集中系数，目前主要存在两种观点：一种是建议采用主应力（应变），另一种是建议采用垂直于焊趾的应力。然而，通过马歇尔（Marshall）等人的研究发现：在靠近焊趾附近，这两种应力之间的差异并不是很明显，而垂直于焊趾的应变可以简单地用应变计来测量，而主应力则需要较为重复的应变花来确定。因此，在试验测试的时候，通常建议采用垂直于焊趾的应力（应变）。

对于管节点的应力，通常通过粘贴应变片的方式，测量出相应的应变值后通过力学理论计算获得对应的应力。然而应变片是对一个区域内的平均应变的测量，它自身有一定的实际尺寸，所以在焊趾位置处无法直接粘贴应变片测得应变大小。为了获得焊趾处的热点应变大小，一般采用外推法，通过插值计算，计算出焊趾处的热点应变大小从而计算相应的热点应力值。而外推法是在距离焊趾一定的范围内，在垂直于焊缝的方向，粘贴两片或三片应变片，测出对应位置的应变大小，然后通过插值法计算出焊趾处的应变值。当粘贴两片应变时，称为两点线性外推法；当粘贴三片应变片时，称为三点二次外推法。

有专家曾提出两种插值方法：线性插值和二次插值。线性插值一般用于圆管节点，而国际上对于由试验值进行外插从而推定焊趾端部最大几何应力 $\sigma_G$ 的试验测试方法也作了相应的规定，应变片粘贴见图 3-4，支管上测得 $A_1$、$B_1$ 点或 $A_2$、$B_2$ 点的应力数值后再往焊趾方向直线外插得到支管最大几何应力；弦管上测得 $A_3$、$B_3$ 点的应力数值后再往焊趾方向直线外插得到主管最大几何应力，测点的布置方式及最小间距均作出了明确规定。

当在 $0.4t$、$1.0t$ 位置采集应力值进行线性外推或在 $0.4t$、$0.9t$、$1.4t$ 位置采集应力值进行二次外推，可通过式（3.1）计算出热点应力值；当在 $0.5t$、$1.5t$ 位置采集应力值进行线性外推或在 $0.5t$、$1.5t$、$2.5t$ 位置采集应力值进行二次外推，可通过式（3.2）计算出

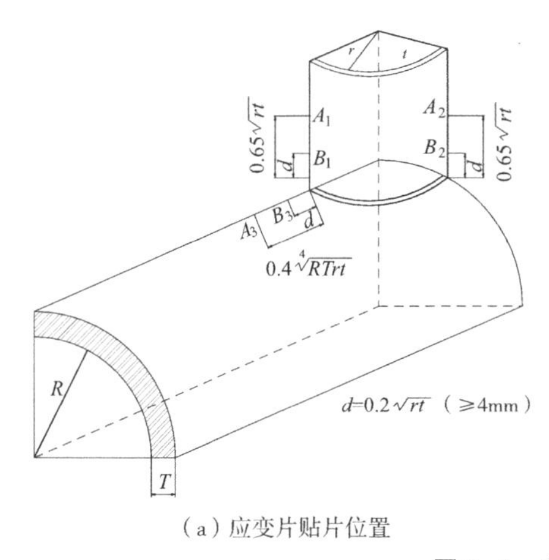


（a）应变片贴片位置

（b）试验模型的应变片粘贴

图 3-4　应变片的粘贴

热点应力值。

$$\begin{cases}\sigma_{\text{hot}} = 1.67 \cdot \sigma_{0.4t} - 0.67 \cdot \sigma_{1.0t} \\ \sigma_{\text{hot}} = 2.52 \cdot \sigma_{0.4t} - 2.24 \cdot \sigma_{0.9t} + 0.72 \cdot \sigma_{1.4t}\end{cases} \tag{3.1}$$

$$\begin{cases}\sigma_{\text{hot}} = 1.5 \cdot \sigma_{0.5t} - 0.5 \cdot \sigma_{1.5t} \\ \sigma_{\text{hot}} = 1.875 \cdot \sigma_{0.5t} - 1.25 \cdot \sigma_{1.5t} + 0.375 \cdot \sigma_{2.5t}\end{cases} \tag{3.2}$$

式中：$t$ 为管壁厚。

对于管节点应变片粘贴的位置与焊趾之间的距离应该有一个合理的范围，这个距离称为热点应力的理论外推距离。目前对于理论外推距离的计算是通过焊趾处的管壁的厚度来计算的，已经有了一些外推区域距离的计算方式，比如美国焊接学会（AWS）、美国石油学会（API）、国际管结构发展与研究委员会（CIDECT）、挪威船级社（DNV）和中国船级社（CCS）已经分别给出了主管冠点和鞍点、支管冠点和鞍点的外推距离计算参考点的位置。表 3-1 列出了不同机构提供的热点应力外推区域距离，表中：$L_{\min}$ 为外推点距离焊趾处的最小距离，$L_{\min}$ 不小于 4mm；$L_{\max}$ 为外推点距离焊趾处的最大距离；$R$、$T$ 分别为主管的半径和壁厚；$r$、$t$ 分别为支管的半径和壁厚。图 3-5 与图 3-6 分别为主管外推区域和支管外推区域示意图，图 3-7 为管节点应力集中的试验测试。

表 3-1　热点应力外推区域距离

| 机构 | 距离 | 主管冠点 | 主管鞍点 | 支管冠点 | 支管鞍点 |
|---|---|---|---|---|---|
| AWS、API | $L_{\min}$/mm | 6 | 6 | 6 | 6 |
| | $L_{\max}$/mm | $0.1\sqrt{RT}$ | $0.1\sqrt{RT}$ | $0.1\sqrt{RT}$ | $0.1\sqrt{RT}$ |
| CIDECT | $L_{\min}$/mm | $0.4T$ | $0.4T$ | $0.4t$ | $0.4t$ |
| | $L_{\max}$/mm | $0.09R$ | $0.4\sqrt[4]{RTrt}$ | $0.65\sqrt{rt}$ | $0.65\sqrt{rt}$ |
| DNV、CCS | $L_{\min}$/mm | $0.65\sqrt{RT}$ | $0.65\sqrt{RT}$ | $0.2\sqrt{rt}$ | $0.2\sqrt{rt}$ |
| | $L_{\max}$/mm | $\pi R/36$ | $0.4\sqrt[4]{RTrt}$ | $0.65\sqrt{rt}$ | $0.65\sqrt{rt}$ |

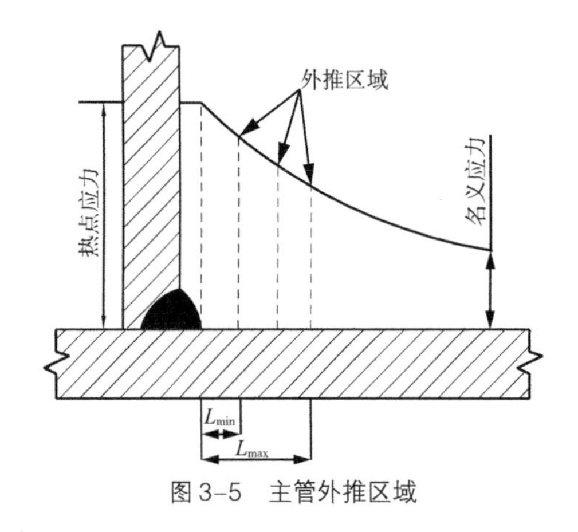


图 3-5　主管外推区域

图 3-6　支管外推区域

（a）T 形管节点支管受拉　　（b）X 形管节点支管受拉

图 3-7　管节点应力集中试验测试

## 3.2　有限元分析

在上一节中，介绍了钢管混凝土管节点采用模型试验进行研究的方法，虽然就模型试验研究的结果而言，一般是比较符合现实实际情况的，但对于管节点来说，由于节点类型和结构参数众多，而且进行模型试验时，对应不同参数的试件研究需要制作许多不同的试验试件，成本较高，试验所需的时间周期较长，试验试件一般无法重复使用，所以要对各种不同类型和同一类型不同参数的管节点进行试验研究势必耗费巨大的人力、物力和财力。为了能够在短期内研究不同参数、不同类型的模型，往往会采用有限元模拟软件建立钢管混凝土的模型进行数值分析研究。

有限元法就是将一个连续的整体进行划分，使其由数量有限的力学小单元组成，这些小单元也是在数量有限的连接点处相关。根据单元的类型和自由度数，采用分片插值的办法建立位移函数来近似表征连续整体的实际位移情况，并且作用在单元上的外力转变为作用在节点上的等效力；其次根据整体的受力情况引入相应的边界条件，按照一定的弹塑性准则导出一组以节点位移为未知量的方程组，该方程组可以求解单元内部任意一点的应变和应力。

因此，在对钢管混凝土管节点进行研究时，由于试验条件和材料特性的限制，利用有限元进行分析就成了一个很好的选择，有限元分析（FEA）是通过计算机软件建立管节点有限元模型，通过数值计算的方法来近似模拟管节点受力时真实的物理系统，在研究管节点应力集中这种影响因素众多的问题时，有限元分析具有独特的优势。

采用有限元对管节点进行模拟时影响因素众多，计算分析的重点和难点在于以下几个方面：

①几何模型的建立。管节点应力集中部位在相贯线附近区域，而相贯线是通过焊缝焊接的，应力集中对几何形状和截面突变非常敏感，因此，焊缝的尺寸和局部形状对应力集中有一定影响。如何较好地模拟焊缝的尺寸，反映焊缝的影响，是几何模型建立的好与坏的关键。

②材料的选用。空心管的材料较为单一，只有钢材，其材料特性可以通过拉伸试验测得，材料参数的获取并不困难；而钢管混凝土管节点，涉及钢与混凝土两种不同材料的特性和力学行为，其计算模型和材料的选择比空心管节点要复杂。由于混凝土是一种非线性材料，在受到钢管约束作用时，其特性与在单轴作用下是有很大差异的；而套箍效应需要在轴压力达到一定程度的时候才会比较明显。所以，如何在有限元中恰当地定义混凝土的材料特性，是需要特别注意的事情。

③单元的选择。ANSYS 中有各种单元，需要恰当选择适合混凝土和钢管特性的单元，同时也要考虑模型最终的收敛性问题，如 Solid65 单元具有模拟混凝土受拉开裂和受压压碎的功能，是 ANSYS 中在模拟混凝土时十分常用的一个单元，却常会遇到收敛困难的问题；而在低应力情况下，混凝土没有明显的开裂和压碎情况，是否可以考虑采用高阶单元以使得收敛更容易，也是在建模中需要综合考虑的问题。

④边界条件和荷载的施加。边界条件的设定以及等效荷载的施加，对模拟的真实性和计算结果的准确性也有较大的影响。

⑤其他因素。如需充分考虑材料和几何两个非线性因素的影响，并通过荷载步的设置，得出节点受载的全过程曲线，对钢管混凝土节点来说，涉及钢与混凝土两种不同材料的力学行为，其计算模型比空心管节点要复杂。

### 3.2.1 常用分析软件

随着当今计算机性能的发展，目前有限元法已经克服早期学习成本高、针对性强以及程序重复使用效率低等缺陷，被广泛运用到了工程和科研领域，在处理复杂的几何结构和解决各种物理问题时具有良好的可靠性。因此，在工程问题中运用有限元建模，在程序中充分考虑材料的特性和模型的边界条件，可以得到和真实试验同等的效果。常见的有限元软件如 ANSYS、ABAQUS、ADINA 和 MARC 等正被广泛应用于结构、流体、磁场、电场以及声场等领域的分析中。本书将重点采用 ANSYS 有限元分析软件建立钢管混凝土模型进行数值分析研究。

ANSYS 是 1970 年由美国的 ANSYS 公司开发的一款大型通用有限元软件，而 ANSYS Workbench（图 3-8）是由 ANSYS 公司在 ANSYS 7.0 时候开发推出的一个仿真平台，它可以处理产品研发中软件 CAE 出现异构的情况，做到与仿真环境协同。它与 ANSYS 经典版（ANSYS APDL）有着一些类似的地方，又有所不同；目前，随着 ANSYS 的版本更新，最新的已经有 ANSYS 2022 版，相应的 ANSYS Workbench 也更新到了最新版本。

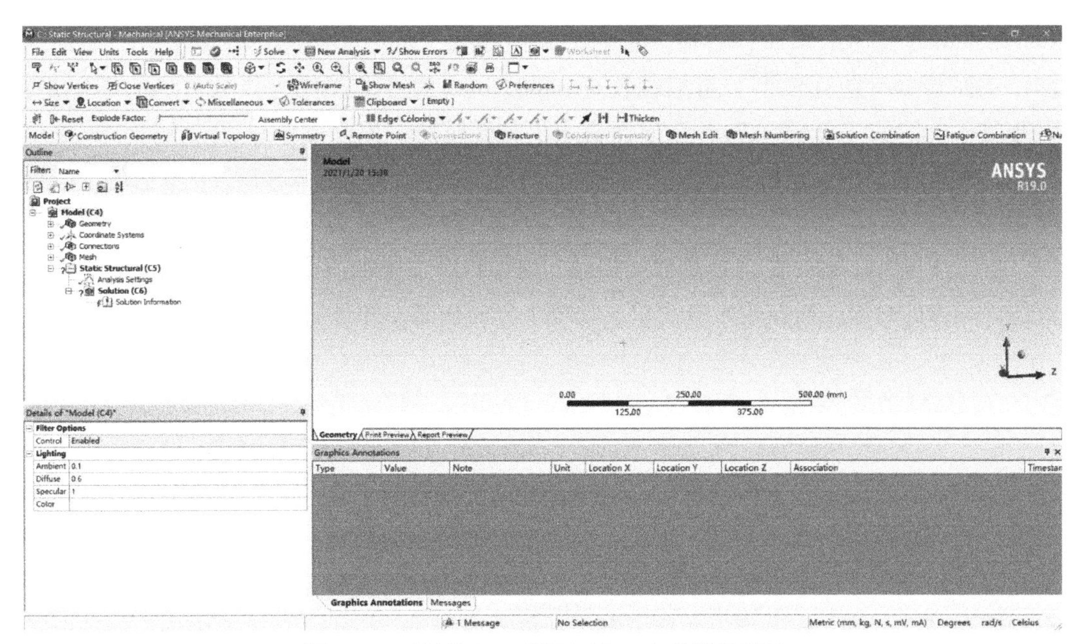


图 3-8　ANSYS 2019 版 Workbench 的操作界面

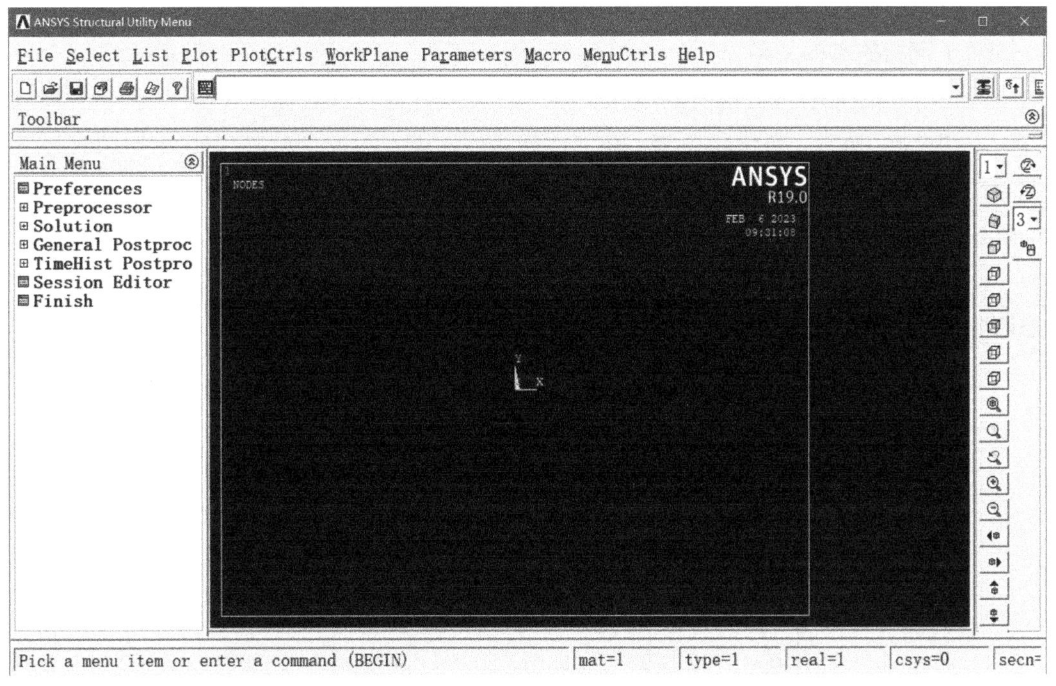


图 3-9　ANSYS 2019 版经典界面

在使用 ANSYS APDL 建立有限元模型的时候，需要使用 ANSYS 经典界面进行操作，如图 3-9 所示，可以采用人机交互的方式（GUI）建模，但更常用的是采用命令流的方法，这是使用一种程序编辑的思路来进行有限元模型的建立，而 ANSYS

Workbench 是绘制图形后，再输入相应的几何参数，是用几何的思维来进行模型的绘制，从而建立有限元模型。虽然相较于 SolidWorks 等专业三维建模软件还有着不足，但相较于传统的 ANSYS APDL 建模而言入手难度较低，界面操作也更加人性化、更加简洁，并且在 ANSYS APDL 里面所使用的命令流，在 ANSYS Workbench 里也可以识别使用。

ANSYS Workbench 在设置模型间接触、施加约束、施加荷载、划分网格、分析工程问题等操作的时候，操作也十分简单、处理十分的智能，并且后处理功能也较为强大。

### 3.2.2 材料本构关系

应力—应变关系是工程结构材料的物理关系，即材料本构关系。本构关系是结构在受力过程中材料力和变形关系的概括，同时也是材料内部微观机理的宏观行为表现，是结构强度和变形计算中不可或缺的依据。如果要进行钢管混凝土构件的荷载—变形关系曲线的全过程分析，就必须首先确定钢材和核心混凝土的应力应变关系模型，因为钢管混凝土管节点涉及两种材料：钢材和混凝土，因此，需要在有限元中定义的材料本构关系其实就是钢材的本构关系和混凝土的本构关系。

（1）钢材的本构关系

韩林海在研究中认为钢材的本构关系一般可以分为：弹性阶段（*oa*）、弹塑性阶段（*ab*）、塑性段（*bc*）、强化段（*cd*）和二次塑流段（*de*）等 5 个阶段，如图 3-10 所示为钢材的应力应变关系曲线，图中 $f_p$ 为钢材的比例极限，$f_y$ 为钢材的屈服极限，$f_u$ 为钢材的抗拉强度极限。

图中虚线为钢材实际的本构关系曲线，实线为简化的本构关系曲线，简化的本构关系曲线数学表达式如下：

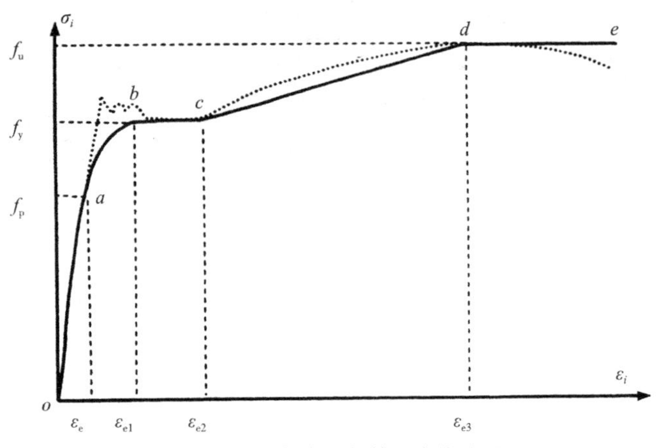

图 3-10　钢材实际与简化本构关系

$$\sigma_{s}=\begin{cases}E_{s}\varepsilon_{s} & \varepsilon_{s}\leqslant\varepsilon_{e}\\-A\varepsilon_{s}^{2}+B\varepsilon_{s}+C & \varepsilon_{e}<\varepsilon_{s}\leqslant\varepsilon_{e1}\\f_{y} & \varepsilon_{e1}<\varepsilon_{s}\leqslant\varepsilon_{e2}\\f_{y}\left[1+0.6\dfrac{\varepsilon_{s}-\varepsilon_{e2}}{\varepsilon_{e3}-\varepsilon_{e2}}\right] & \varepsilon_{e2}<\varepsilon_{s}\leqslant\varepsilon_{e3}\\1.6f_{y} & \varepsilon_{e3}\leqslant\varepsilon_{s}\end{cases} \tag{3.3}$$

式中：$\varepsilon_e=0.8f_y/E_s$，$\varepsilon_{e1}=1.5\varepsilon_e$，$\varepsilon_{e2}=10\varepsilon_{e1}$，$\varepsilon_{e3}=100\varepsilon_{e1}$，$A=0.2f_y/(\varepsilon_{e1}-\varepsilon_e)$，$B=2A\varepsilon_{e1}$，$C=0.8f_y+A\varepsilon_e^2-B\varepsilon_e$。

根据韩林海的研究成果，当钢材的屈服强度达到 295MPa 以上，此类钢材的本构关系曲线可以简化采用双线性的本构模型，即弹性阶段（*oa*）和强化阶段（*ab*），如图 3-11 所示，图中弹性阶段的斜率即为钢材的弹性模量 $E_s$，根据韩林海的建议，钢材在强化阶段的弹性模量可取钢材弹性阶段 $E_s$ 的 1%。

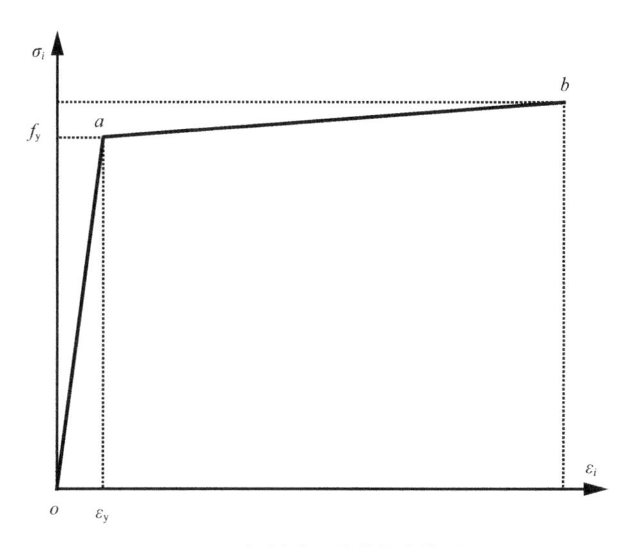


图 3-11　钢材进一步简化本构关系

因为钢管混凝土管节点发生疲劳破坏时，其名义应力都不大，属于低应力高循环的破坏特征。破坏主要是发生在模型的弹性形变阶段，是不包括下降段部分的，而简化的钢材本构关系可以采用双线性本构模型，所以有限元中钢材材料特性可选用双线性随动强化模型（BKIN）。双线性随动强化模型默认为冯・米塞斯（Von Mises）屈服准则，以两条直线线段来描述材料的应力—应变关系。通过弹性模量、屈服应力和切线模量来定义应力—应变关系曲线，其中 Mises 屈服准则可写为：

$$\sigma_e-\sigma_y=0 \tag{3.4}$$

$$\sigma_e=\sqrt{\frac{1}{2}\left[\left(\sigma_1-\sigma_2\right)^2+\left(\sigma_2-\sigma_3\right)^2+\left(\sigma_3-\sigma_1\right)^2\right]} \tag{3.5}$$

式中：$\sigma_e$ 为等效应力；$\sigma_y$ 为屈服应力；$\sigma_1$、$\sigma_2$、$\sigma_3$ 为三个主应力。

（2）混凝土的本构关系

混凝土的本质特点是材料的不均匀性，而且天生存在着微裂缝，因此混凝土的工作性能较为复杂。而在钢管混凝土中，核心混凝土被外包钢管所约束，使混凝土处于三向受压的复杂应力状态中；而混凝土的存在也对钢管有着径向支撑的作用，可以使钢管的屈曲延缓，这种钢管和混凝土之间的相互作用使得核心混凝土的工作性能又进一步的复杂，所以普通的混凝土本构关系模型已经不再适用于钢管混凝土中的核心混凝土了。

为了能利用有限元模拟数值分析的方法对钢管混凝土的性能进行正确分析，许多的学者一直在探究核心混凝土的本构关系模型，提出了许多核心混凝土的本构关系模型，如：线弹性模型、非线性弹性模型、塑性力学模型、塑性—断裂模型、损伤力学模型、内时理论模型等。

韩林海通过对内外大量的钢管混凝土短柱的轴压试验结果整理和分析后发现，钢管混凝土核心混凝土的应力—应变关系曲线和约束效应 $\xi$ 有关，$\xi$ 计算方法见下式：

$$\xi = \frac{A_s f_y}{A_c f_{ck}} = \alpha \times \frac{f_y}{f_{ck}} \tag{3.6}$$

式中：$A_s$、$A_c$——钢管横截面的面积、混凝土横截面的面积；

$f_y$、$f_{ck}$——钢管的屈服强度、混凝土轴心抗压强度标准值；

$\alpha$——钢管混凝土截面的含钢率。

钢管混凝土约束效应 $\xi$ 对于核心混凝土的本构关系的影响主要是表现为：$\xi$ 越大，钢管对核心混凝土的约束就越强，随着变形的增加，混凝土的应力—应变关系曲线的下降段就出现得越晚；反之 $\xi$ 越小，钢管对混凝土的约束就越小，混凝土的应力—应变关系曲线的下降段就出现得越早，且下降段下降的趋势也随着 $\xi$ 的变小而逐渐增大（图 3-12）。

刘威基于韩林海上述的研究成果，又总结了大量利用有限元模拟来对钢管混凝土进行分析研究的成果，在充分考虑约束效应系数的影响后，提出了圆钢管混凝土中核心混凝土的应力—应变关系模型，具体的数学表达式如下：

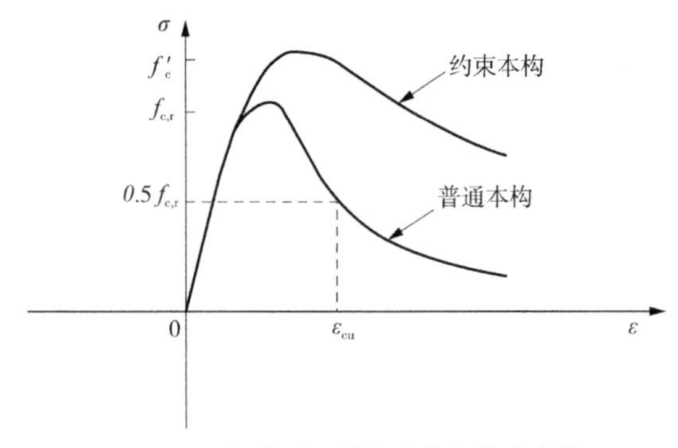


图 3-12　混凝土无约束本构与约束本构

$$y=\begin{cases} 2x-x^2 & (x\leqslant 1) \\ \dfrac{x}{\beta_0(x-1)^2+x} & (x>1) \end{cases} \tag{3.7}$$

式中：

$x=\dfrac{\varepsilon}{\varepsilon_0}$；

$y=\dfrac{\sigma}{\sigma_0}$；

$\sigma_0=f_c$；

$\varepsilon_0=\varepsilon_c+800\cdot\xi^{0.2}\cdot 10^{-6}$；

$\varepsilon_c=(1300+12.5\cdot f_c)\cdot 10^{-6}$；

$\beta_0=(2.36\times 10^{-5})^{[0.25+(\xi-0.5)^7]}\cdot f_c^{0.5}\cdot 0.5\geqslant 0.12$

其中：$f_c$ 为混凝土圆柱体的抗压强度，若试件采用的是强度等级为 C50 的混凝土，则 $f_c$、$f_{ck}$ 的换算关系为：$f_c$=1.22$f_{ck}$。

对于混凝土模型，采用多线性随动强化模型（MKIN）来进行混凝土模型的模拟，在选取合适的参数之后，利用此模型可以比较接近地模拟混凝土的实际情况。

（3）材料属性的设置

在 ANSYS Workbench 中默认的材料为钢材，但其软件自带的材料库中有着数量较多的材料。设置材料属性时，可以通过手动添加的方式进行添加，并且可以对已有的材料进行编辑修改或者删除不必要的属性，也可以通过自定义添加新材料，将实际测量的材料属性添加进自定义材料属性中。ANSYS 中材料选取及编辑的界面如图 3-13、图 3-14 所示。

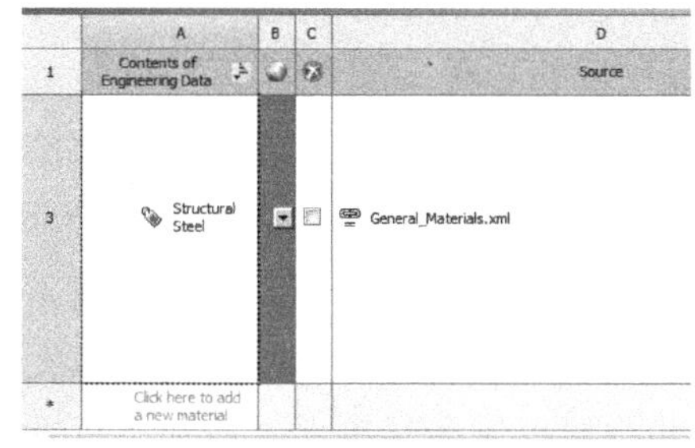


图 3-13　材料的选取界面

Properties of Outline Row 3: Structural Steel

| | A | B | C | D | E |
|---|---|---|---|---|---|
| 1 | Property | Value | Unit | | |
| 2 | Material Field Variables | Table | | | |
| 3 | Density | 7850 | kg m^-3 | | |
| 4 | Isotropic Secant Coefficient of Thermal Expansion | | | | |
| 6 | Isotropic Elasticity | | | | |
| 7 | Derive from | Young's Modu... | | | |
| 8 | Young's Modulus | 2E+11 | Pa | | |
| 9 | Poisson's Ratio | 0.3 | | | |
| 10 | Bulk Modulus | 1.6667E+11 | Pa | | |
| 11 | Shear Modulus | 7.6923E+10 | Pa | | |
| 12 | Alternating Stress Mean Stress | Tabular | | | |

图 3-14　材料的编辑界面

## 3.2.3　单元的选取

在进行有限元分析时需要根据结构的类型和受力条件建立有限元模型，首要的是选择合适的单元类型，其次是网格形状的选择与划分，最后是荷载的施加及引入正确的边界条件等。这些工作均影响着计算的规模和分析结果的精确性。在 ANSYS 中，有不同的单元类型和单元形状，对于不同的材料，要考虑其特性，选择与其受力特性相符的单元。

单元类型：有限元软件的数据库中包含了各种单元类型，主要包括固体力学单元、流体力学单元、热传导单元及电磁场单元等。固体力学单元中又可分为连杆、梁、实体单元、链接单元等类型。建模时需要根据不同的分析情况和结构形式选择合适的单元来进行分析。近年来，学者们在使用有限元软件建立钢管混凝土模型分析时，二维结构壳体单元和三维结构实体单元是常用的有限元分析单元，管节点的参数和有限元分析的目的是决定有限元单元选择的重要因素，与此同时也要保证选择的单元能够在计算的准确性和计算时间方面很好地协调。三维结构实体分析单元可以用来模拟整个管节点，并且其在计算管节点相贯线处应力时的精度和准确度比用二维结构壳体分析单元更高。但是三维结构实体分析单元的弊端也很明显，准确度和精度高也意味着计算时所需要花费的时间很长。二维结构壳体单元更适合计算弹性结构的应力，其优点是在管节点建模时，生成二维壳体单元网格比三维实体单元容易很多。本书是使用实体单元的方法对钢管混凝土进行建模分析。

单元形状：在有限元软件中，二维与三维实体单元为研究人员提供了不同的单元形状，同时每种形状还可以定义不同的节点数和阶次。以平面问题为例，求解的形状不规则时常用三角单元，而形状规则时常用四边形单元；边界的形状为直线边界时选择 3 节点三角单元或者 4 节点四边形单元，边界形状为曲线边界时选择 6 节点三角单元或 8 节点四边形单元。还需要注意的是，在应力梯度较大的区域应采用较高的单元阶次。近十几年来，在利用有限元模拟的方法对钢管混凝土节点进行分析时，一般是采用二维结构的壳单元或者三维结构的实体单元来进行建模分析，两种建模方式都有各自的优势，本书将采用实体单元的建模方法对钢管混凝土进行有限元的分析。

单元划分：网格的疏密程度影响着结构的精确性，网格划分越细越能提高计算精度，但是计算周期也会随之增加，在分析时网格数量的选择要兼顾计算精度与效率。通常在应力集中和应力梯度较大的区域采用较密的网格布置，在应力平缓变化的区域可采用较稀疏的网格布置。在解决应力变化复杂区域的问题时，通常可进行局部加密再分析或采用自适应的分析方法。结构采用不同密度的网格分布时，需要在疏密网格之间进行过渡处理。不同阶次的单元之间可以采用变节点法进行过渡，同阶单元的网格疏密程度不同时进行过渡的方法有不规则形状过渡、三角形单元过渡和多点约束法。

#### （1）钢管单元的选取

对于钢管的有限元建模，本书将采用 Solid187 单元来对钢管材料进行模拟。Solid187 单元能够较好地适应曲线边界，是高阶的三维 10 节点四面体结构实体单元，每个节点有 3 个自由度，即沿坐标系 $x$、$y$ 和 $z$ 方向的平动滑移，单元模型如图 3-15 所示，该单元支持塑性、超弹性、蠕变、应力刚化、大变形和大应变能力，还可采用混合模式模拟几乎不可压缩材料的弹塑性行为和完全不可压缩材料的超弹行为。

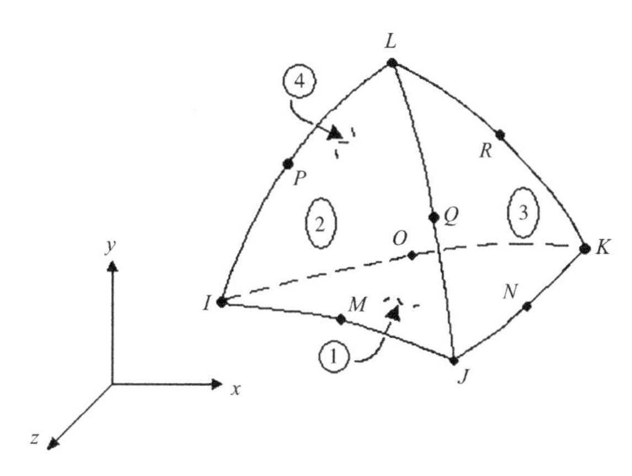

图 3-15　Solid187 单元三维实体结构示意

（2）混凝土单元的选取

对于核心混凝土的有限元建模，本书将采用 Solid65 单元来对混凝土进行模拟。Solid65 单元称为三维结构的加筋混凝土实体单元，主要是用来模拟无筋或者加筋的三维实体结构，并且具有受拉开裂（拉裂）和受压破碎（压碎）性能。它可以模拟混凝土开裂（3 个正交方向）、压碎、塑性变形及徐变，所以在利用有限元模拟来对混凝土性能的研究分析时，一般会采用 Solid65 单元。

Solid65 单元是由 8 个节点来定义的，每个节点有 3 个自由度，即沿坐标系 $x$、$y$ 和 $z$ 方向的平动滑移，并且可以定义 3 个方向的加筋情况，单元模型如图 3-16 所示，它可以退化为五面体的棱柱单元或者四面体单元。

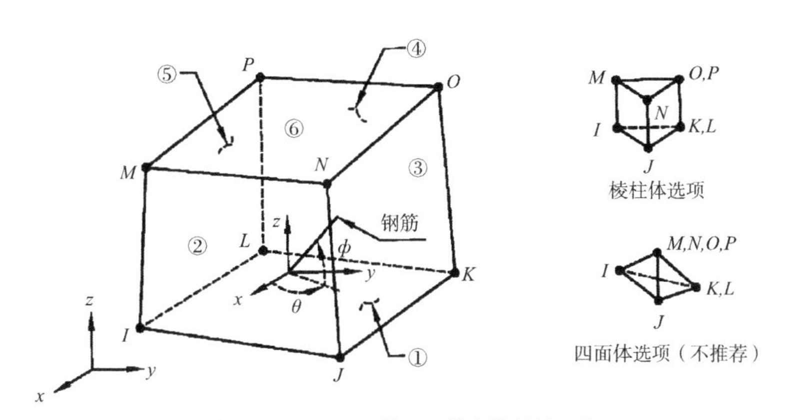

图 3-16　Solid65 单元三维实体结构示意

（3）接触面单元的选取

当钢管混凝土中钢管与混凝土协同工作的时候，会有相互作用，会发生相互挤压或者脱离，所以在利用有限元进行模拟分析时，有必要对二者的接触面建立接触面界面模型。ANSYS Workbench 针对接触问题主要有 3 种模型，分别是点—点模型、点—面模型、面—面模型。经综合分析对比后，本书认为钢管混凝土中钢管与混凝土接触面界面模型采用面—面模型较为合适，因此选取 CONTA174 单元和 TARGE170 单元来定义钢管和混凝土之间的接触面界面模型。其中 CONTA174 单元称为三维结构 8 节点面—面接触单元，TARGE170 单元为三维结构 3 节点目标单元（图 3-17）。

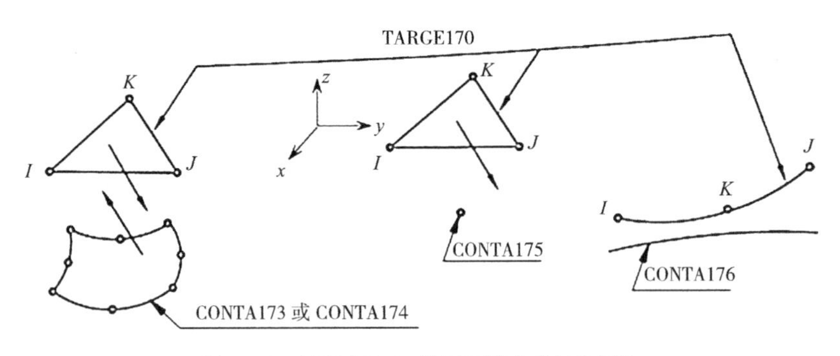


图 3-17　TARGE170 单元三维实体结构示意

## 3.2.4　模型的建立

使用 ANSYS Workbench 进行几何模型的建立，与使用 ANSYS APDL 进行几何模型的建立相比，差异较大。在 ANSYS Workbench 中是通过直接绘制草图的方法完成模型的建立，ANSYS Workbench 中自带有 DesignModeler 和 SpaceClaim，均可进行几何模型的绘图建模；在 DesignModeler 和 SpaceClaim 中进行图形绘制的时候，首先需要选取好坐标系再进行草图的绘制，图 3-18 和图 3-19 分别为 DesignModeler 和 SpaceClaim 的操作界面。草图绘制完毕后，进行模型平面尺寸的标注，然后根据模型的几何尺寸，进行草图的拉伸得到需要进行分析的几何模型，图 3-20 为利用上述程序建好的 T 形管节点几何模型。如果模型比较复杂，则需要不断地变换坐标系来进行模型的建立。如果建立的管节点数

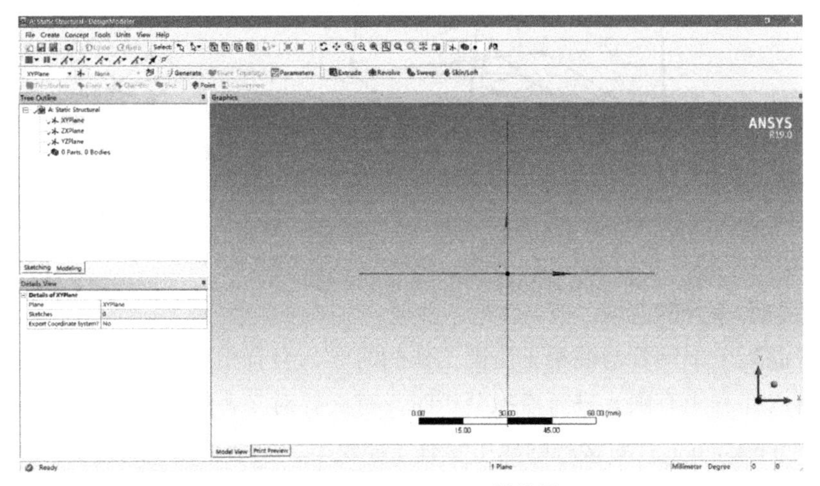


图 3-18　DesignModeler 操作界面

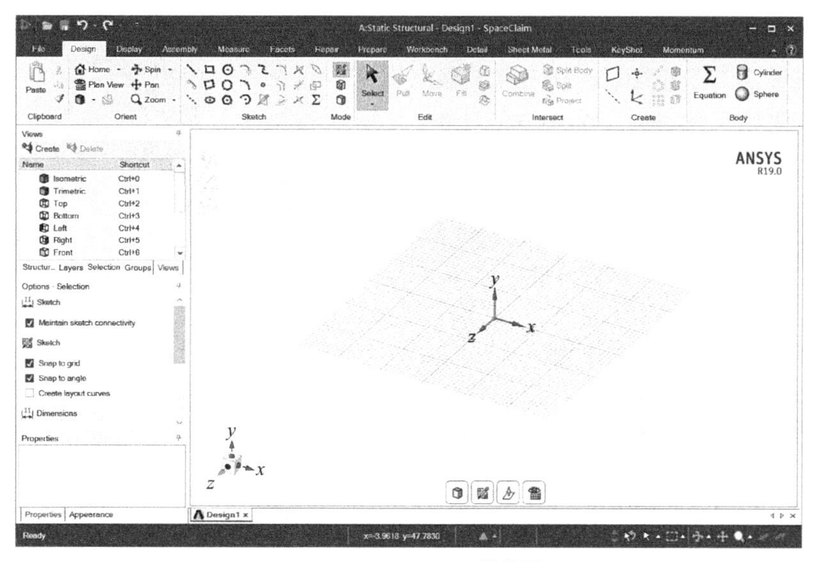

图 3-19　SpaceClaim 操作界面

图 3-20　T 形管节点几何模型

量较多，则可以考虑采用参数化设计语言（Ansys Parametric Design Language，APDL）建立命令流文件，从而实现对不同参数管节点的循环建模和计算。

钢管混凝土中主管和支管是通过焊接成为一体的，为了更加准确地体现主管与支管之间的刚度突变，在建模过程中，可以有两种选择：一是可以考虑焊缝形状对应力集中现象的影响，这也与实际相符；二是不考虑焊缝形状的影响，因为在焊接过程中，焊缝的形状会受人为因素的影响，不同的焊工焊的焊缝在细节形状上会有所差异，如果把焊缝形状纳入考虑，无形中又增加了一个变量，增加了研究问题的复杂性。

若要在建模过程中模拟焊缝的形状，可以采用 DesignModeler 中的 Chamfer 功能来进行对焊缝的模拟（图 3-21）。对于较宽可以实测的焊缝，直接采用实测数值；而部分焊缝可能无法通过直接测量获得具体的长度，对于这种类型的焊缝，在满足《钢结构焊接规范》GB 50661—2011 要求的情况下，根据美国焊接学会对焊缝模拟的建议，在冠点和鞍点位置取值，中间采用平滑过渡，为了方便计算，T 形管节点可以取焊脚尺寸 $h_f$=0.5$t$（$t$ 为支管壁厚）。由于焊缝与钢管采用同种材料，故焊缝的本构关系与单元选取均与钢管相同。

图 3-21　焊缝形状

### 3.2.5　钢管和混凝土的接触

几何模型建立完成以后，还需要将几何模型生成有限元模型来进行分析计算。因为本书研究对象是钢管混凝土，所以需要对钢管—混凝土之间的接触方式进行设置。在钢管混凝土相贯管节点试验构件中，钢管和核心混凝土之间接触，在支管受轴向力后钢管和混凝土会发生互相挤压甚至脱落，在有限元软件中，模型之间的接触是高度非线性的，模型之间的接触分析有两个重点问题：一个是不能准确地判断接触区域，接触区域会因为材料的不同和边界约束条件等各方面因素变化，这样在利用有限元计算分析时，需要一直迭代从而达到收敛；另一个是若涉及接触，一般来说是需要考虑到不同模块之间接触的摩擦作用，因为接触面之间不仅会发生法向的挤压或者脱空，还会发生切向的相对滑动，所以它们之间的摩擦也会对接触面的接触区域有影响。但是在混凝土相贯管节点中，混凝土与钢管的接触面是在一个复杂的应力场条件下，很难准确地把握它们之间的接触区域，所以在钢管混凝土相贯节点中的接触区域通过接触单元进行模拟。

有限元软件中常用的接触方式有 3 种，即点与点之间接触、点与面之间接触和面与面之间接触。在钢管混凝土相贯管节点有限元模拟中，钢管和核心混凝土相接触的区域都是一个规则的圆柱面，所以采用面与面之间的接触方式最为恰当。当我们在研究两个物体接触时，一个被称为接触面，另外一个被称为目标面，判断接触面和目标面的原则是：

①凸面与凹面或者是平面接触时，凹面或者平面可以作为目标面；

②面的网格划分大小或者疏密不一致时，网格划分大的或者稀疏的面宜为目标面，网格划分小的或者密的面宜作为接触面；

③当两个面其中一个面的刚度大于另一个面的刚度时，刚度较大的面适宜为目标面，刚度较小的面为接触面；

④当两个面采用的单元不一致时，低阶单元宜为目标面，高阶单元宜为接触面。

关于接触的类型，在 ANSYS Workbench 里面的接触类型主要有 6 种，分别是绑定（Bonded）、无分离（No Separation）、无摩擦（Frictionless）、静摩擦（Rough）、摩擦接触（Frictional）、滑动摩擦（Forced Frictional Sliding）。一般在进行模型的静力分析时常常选择绑定，主要是因为在管节点应力等中的试验对构件施加的荷载较小，钢管与混凝土表面无相对滑移，为了节省有限元计算的时间成本，所以钢管与混凝土的接触多数时候选用绑定的接触类型，混凝土面设置为目标面，钢管主管内侧为接触面（图 3–22）。

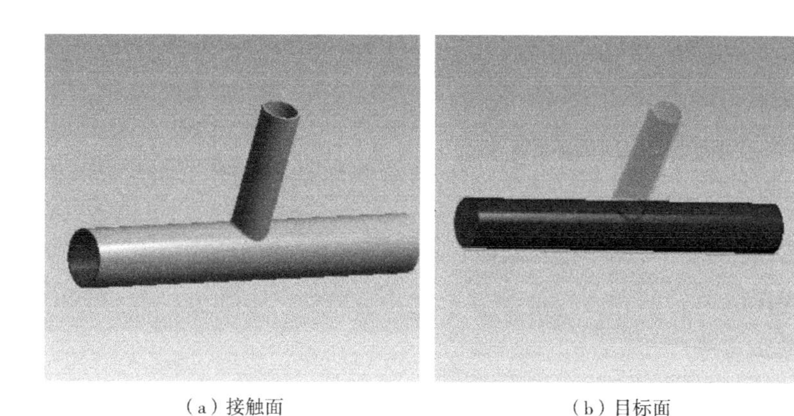

（a）接触面　　（b）目标面

图 3–22　接触区域

## 3.2.6　网格的划分

网格划分是有限元分析建模过程中十分重要的一环，网格划分的质量情况对于有限元计算结果来说，有着很大的影响。网格尺寸太大，可能会使有限元分析结果与实际相比出现较大偏差，甚至出现错误；网格尺寸太小，可能对计算结果的准确性没有帮助还会使计算过程过长，并且可能出现结果不收敛的问题。所以对于网格尺寸大小应该合理选择，使在得到正确的计算结果的同时，也节省时间。在 ANSYS APDL 里面进行网格划分的时候，基本上只是通过个人的经验来进行网格划分，对于网格质量的保证也比较主观，而在 ANSYS Workbench 里面可以在网格划分设置里查看网格质量（Element Quality），如图 3–23 所示，其质量平均值（Average）是 0.87634，标准差（Standard Deviation）为 0.18324。所以在 ANSYS Workbench 里面对于网格质量的保证更加地方便简单。

| Mesh Metric | Element Quality |
| --- | --- |
| Min | 1.3472e-003 |
| Max | 1. |
| Average | 0.87634 |
| Standard Deviation | 0.18324 |

图 3–23　网格质量查看表格

钢管混凝土的热点应力一般出现在相贯线两侧，所以对管节点、焊缝区域及焊缝附近区域的网格进行加密细分处理，而在远离焊缝区域位置的网格可划分较粗；经过相应的试算，加密区的网格大小采用 4mm，其他位置的网格大小采用 6mm，对于计算精度和计算速度而言，较为合适。有限元模型网格划分示意见图 3–24。

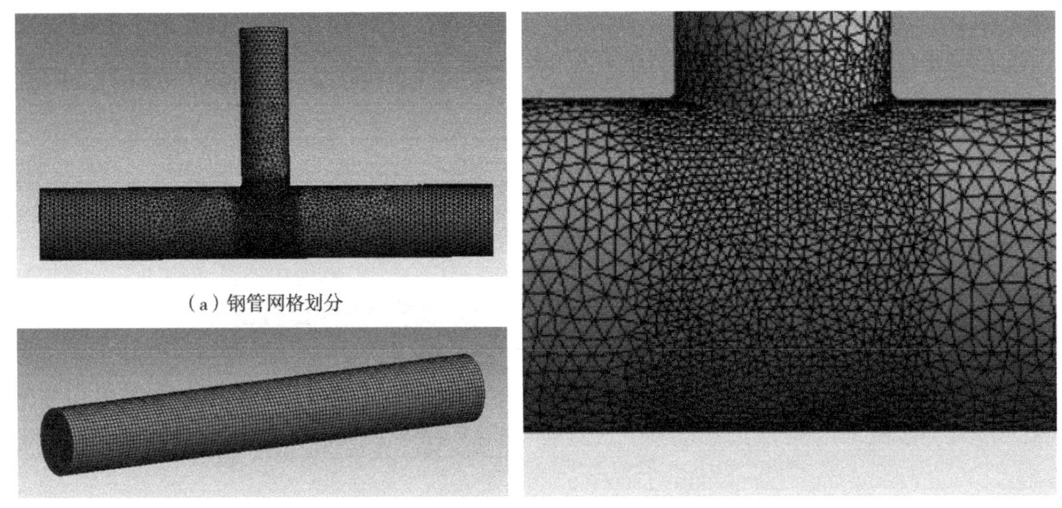
（a）钢管网格划分

（b）混凝土网格划分

（c）钢管节点加密区域网格划分

图 3-24　有限元模型网格划分示意

## 3.2.7　求解及后处理

模型建好之后，施加合适的边界条件和荷载，可对不同类型的管节点进行计算求解，求解完成后就可进入后处理，通过应力云图的生成，可查看不同类型应力的分布情况，图 3-25 为不同类型管节点的模型及求解后生成的应力云图。

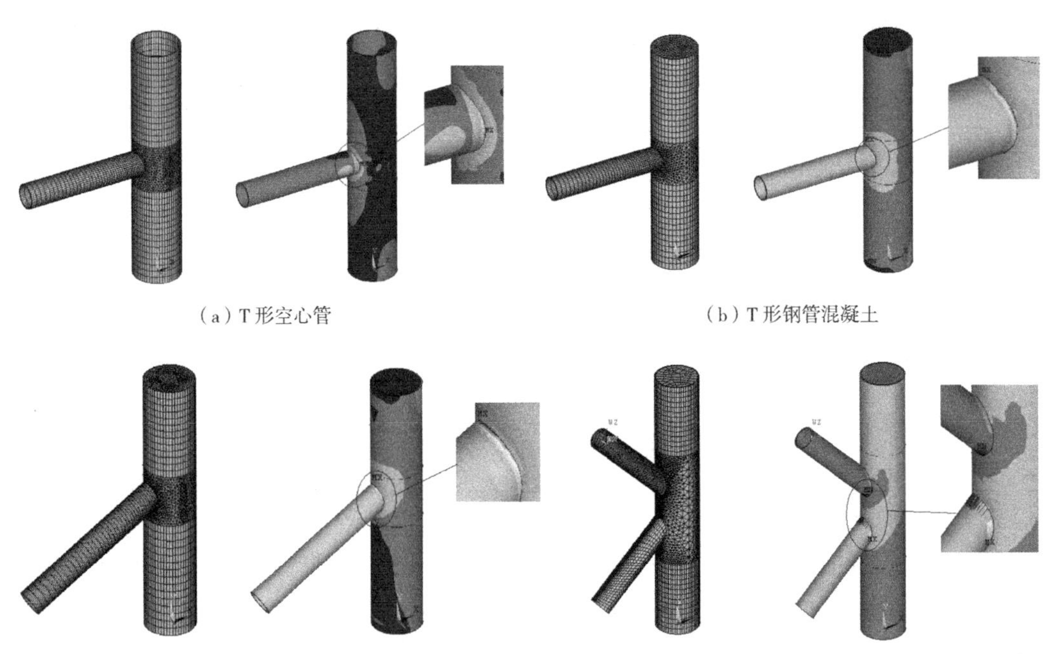
（a）T 形空心管

（b）T 形钢管混凝土

（c）Y 形钢管混凝土

（d）K 形钢管混凝土

图 3-25　不同类型管节点的模型及应力情况

# 第 4 章 钢管混凝土 T 形、Y 形管节点的应力集中

无论多复杂的管节点都是由 T 形、Y 形、K 形等几种类型演变而来，从简单的节点形式入手进行研究就可以获取该类节点性能的一般规律，并为今后研究更为复杂的节点应力集中以及疲劳性能奠定基础。本着这样的思路，可先将几何外形最简单、工程中常见的 T 形管节点作为研究对象，分析研究其节点处应力分布情况、应力集中现象的规律和热点应力集中系数。

## 4.1 T 形试验的设计

研究管节点的应力集中，首要的方法是采用试验的方式，首先对管节点模型的几何参数和符号所代表的意义进行定义，根据 1981 年在巴黎召开的“国际海上用钢会议”中的有关规定，可定义如下参数：

$D$——主管外径；$T$——主管壁厚；

$d$——支管外径；$t$——支管壁厚；

$L$——主管长度；$l$——支管长度；

$\beta$——$d/D$（支管外径与主管外径之比）；

$\gamma$——$D/2T$（主管外径与主管壁厚之比）；

$\tau$——$t/T$（支管壁厚与主管壁厚之比）；

$\theta$——支管轴线与主管轴线的夹角；

$\alpha$——$2L/D$（2 倍主管长度与主管外径之比）。

由前文所述可知，应力集中系数的大小主要受 $\beta$、$\gamma$、$\tau$、$\theta$ 等 4 个几何参数影响，空心钢管应力集中系数也是使用这几个几何参数进行计算，本章节将在此公式的基础上针对几何参数 $\beta$、$\gamma$、$\tau$、$\theta$ 的大小结合试验条件进行试件设计，从而研究几何参数对于管节点应力集中系数的影响。由于本次试验是对 T 形管节点进行试验研究，即 $\theta$=90°，所以本次试验主要研究几何参数 $\beta$、$\gamma$、$\tau$ 对节点性能的影响（图 4–1）。

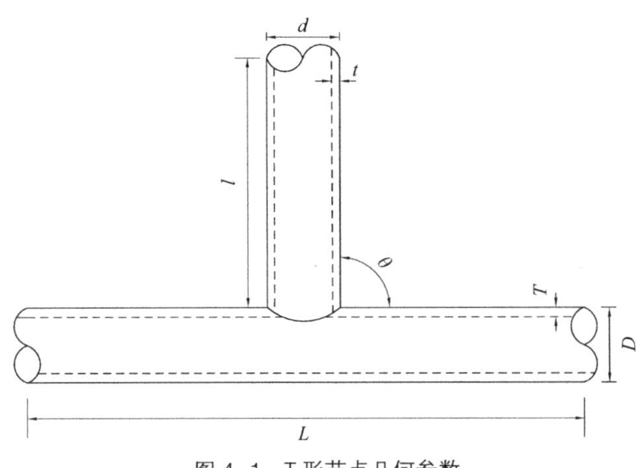


图 4–1　T 形节点几何参数

试件包含空心钢管和钢管混凝土在内一共 8 个构件，具体实际尺寸见表 4–1。由于本章节研究对象为圆管 T 形相贯节点，所以几何参数 $\theta$ 的值为定值，即 $\theta$=90°，且主管长度为定值，所以几何参数 $\alpha$ 的值为定值。其中 CHS 表示空心钢管圆管截面（Circular Hollow Section），CFCHS 表示内填混凝土钢管圆管截面（Concrete Filled Circular Hollow Section）。本次试验中的 8 个构件被分为 4 个对照组，其中试验构件中 CHS、CFCHS–1 为第 1 组对照试验试件组，本组的试验试件是对主管内填混凝土的钢管混凝土节点与空钢管节点作一个对比分析，研究主管内填混凝土以后节点处应力集中现象的变化。试件具体尺寸、几何参数设置情况见表 4–1、表 4–2。

表 4–1　T 形节点第 1 对照组试件的实际尺寸　　单位：mm

| 试件编号 | 主管 | | | 支管 | | |
|---|---|---|---|---|---|---|
| | $D$ | $T$ | $L$ | $d$ | $t$ | $l$ |
| CHS | 114 | 6 | 740 | 76 | 6 | 250 |
| CFCHS–1 | 114 | 6 | 740 | 76 | 6 | 250 |

表 4–2　T 形节点第 1 对照组试件的几何参数

| 试件编号 | $\alpha$ | $\beta$ | $2\gamma$ | $\tau$ | $\theta$/（°） |
|---|---|---|---|---|---|
| CHS | 12.98 | 0.67 | 19 | 1 | 90 |
| CFCHS–1 | 12.98 | 0.67 | 19 | 1 | 90 |

试验构件 CFCHS–1、CFCHS–2、CFCHS–3 设为第 2 个对照试验组，本组的试验试件是对几何参数 $\beta$ 的影响进行考察，设计了 3 个不同大小的几何参数 $\beta$，研究几何参数 $\beta$ 的大小对钢管混凝土管节点应力集中现象的影响。试件具体尺寸、几何参数设置情况见表 4–3、表 4–4。

表 4–3　T 形节点第 2 对照组试件的实际尺寸　　　　单位：mm

| 试件编号 | 主管 | | | 支管 | | |
|---|---|---|---|---|---|---|
| | $D$ | $T$ | $L$ | $d$ | $t$ | $l$ |
| CFCHS–1 | 114 | 6 | 740 | 76 | 6 | 250 |
| CFCHS–2 | 114 | 6 | 740 | 57 | 6 | 250 |
| CFCHS–3 | 114 | 6 | 740 | 89 | 6 | 250 |

表 4–4　T 形节点第 2 对照组试件的几何参数

| 试件编号 | $\alpha$ | $\beta$ | $2\gamma$ | $\tau$ | $\theta$/（°） |
|---|---|---|---|---|---|
| CFCHS–1 | 12.98 | 0.67 | 19 | 1 | 90 |
| CFCHS–2 | 12.98 | 0.50 | 19 | 1 | 90 |
| CFCHS–3 | 12.98 | 0.78 | 19 | 1 | 90 |

试验构件 CFCHS–1、CFCHS–4、CFCHS–5 设为第 3 个对照试验组，本组的试验试件是对几何参数 $\tau$ 的影响进行考察，设计了 3 个不同大小的几何参数 $\tau$，研究几何参数 $\tau$ 的大小对钢管混凝土管节点应力集中现象的影响。试件具体尺寸、几何参数设置情况见表 4–5、表 4–6。

表 4–5　T 形节点第 3 对照组试件的实际尺寸　　　　单位：mm

| 试件编号 | 主管 | | | 支管 | | |
|---|---|---|---|---|---|---|
| | $D$ | $T$ | $L$ | $d$ | $t$ | $l$ |
| CFCHS–1 | 114 | 6 | 740 | 76 | 6.0 | 250 |
| CFCHS–4 | 114 | 6 | 740 | 76 | 4.5 | 250 |
| CFCHS–5 | 114 | 6 | 740 | 76 | 3.0 | 250 |

表 4–6　T 形节点第 3 对照组试件的几何参数

| 试件编号 | $\alpha$ | $\beta$ | $2\gamma$ | $\tau$ | $\theta$/（°） |
|---|---|---|---|---|---|
| CFCHS–1 | 12.98 | 0.67 | 19 | 1.00 | 90 |
| CFCHS–4 | 12.98 | 0.67 | 19 | 0.75 | 90 |
| CFCHS–5 | 12.98 | 0.67 | 19 | 0.50 | 90 |

试验构件 CFCHS–1、CFCHS–6、CFCHS–7 设为第 4 个对照试验组，本组的试验试件是对几何参数 $\gamma$ 的影响进行考察，设计了 3 个不同大小的几何参数 $\gamma$，研究几何参数 $\gamma$ 的大小对钢管混凝土管节点应力集中现象的影响。试件具体尺寸、几何参数设置情况见表 4–7、表 4–8。

表 4-7 T 形节点第 4 对照组试件的实际尺寸 单位：mm

| 试件编号 | 主管 | | | 支管 | | |
|---|---|---|---|---|---|---|
| | $D$ | $T$ | $L$ | $d$ | $t$ | $l$ |
| CFCHS-1 | 114 | 6 | 740 | 76 | 6 | 250 |
| CFCHS-6 | 114 | 5 | 740 | 76 | 5 | 250 |
| CFCHS-7 | 114 | 4 | 740 | 76 | 4 | 250 |

表 4-8 T 形节点第 4 对照组试件的几何参数

| 试件编号 | $\alpha$ | $\beta$ | $2\gamma$ | $\tau$ | $\theta$/（°） |
|---|---|---|---|---|---|
| CFCHS-1 | 12.98 | 0.67 | 19.0 | 1 | 90 |
| CFCHS-6 | 12.98 | 0.67 | 22.8 | 1 | 90 |
| CFCHS-7 | 12.98 | 0.67 | 28.5 | 1 | 90 |

静力试验中试件的主管与支管钢材均采用 20 号无缝钢管，节点相贯线处焊缝为全熔透对接焊缝，焊接情况符合《钢结构焊接规范》GB 50661—2011 内的相关要求。主管内填混凝土采用工程中常用的强度等级为 C50 的混凝土。试件在制作的过程中，应该对各部分材料进行相关的性能测试。对钢材进行标准材料性能试验，试验所需的试件应该取与静力试验中所用同一批次的钢材中截取，材料截取的位置，材料试验中试件的具体形状、尺寸要求及试验方法，按照国家的相关规定从钢管上切割成型，测得钢材的屈服强度为 303MPa，弹性模量为 206GPa，泊松比 $\upsilon$ 为 0.3。对混凝土进行 28d 抗压强度试验，混凝土标准立方体试件由本章节试验试件中所用的混凝土在同条件下制作并成型、养护，严格按照国家标准《普通混凝土力学性能试验方法标准》GB/T 50081—2002 进行测试，测得混凝土材料的立方体抗压强度为 50.3MPa，弹性模型为 35GPa，泊松比 $\upsilon$ 为 0.2。

## 4.2 T 形试验测试

### 4.2.1 加载方案及装置

在以往研究不同工况下的热点应力集中系数时，人们发现，对于钢管混凝土 T 形相贯节点，支管在承受轴向拉力和轴向压力的时候，相贯节点处的热点应力集中系数的大小基本不变、应力的分布规律也基本一致。所以本次静力试验仅研究支管在承受轴向拉力的荷载工况时，相贯节点处的热点应力集中系数及应力的分布规律。

加载装置为 600kN 微机控制电液伺服万能试验机（图 4-2），通过加载装置对支管施加轴向荷载，且施加的轴向荷载应该保证试件节点处始终处于弹性形变范围以内。

静力试验采用逐步加载的方式进行控制，为了使试件在试验过程中始终处于弹性阶段，且为了保证试件的固定装置能够正常地对试件进行约束固定，最大的轴向拉力取 20kN。加载方式通过力的大小控制加载速度，以 200N/s 的加载速率进行加载，待荷载加载至 20kN 后，力保持 2 分钟，以便进行数据的多次采集。

试件通过制作的工装固定于加载装置上（图 4–3）。工装通过下部两肋板之间的钢筋固定于加载装置上，试件主管的两端通过工装两侧的板进行固定。实际的试件加载图见图 4–4 和图 4–5。

图 4–2　试验加载装置

图 4–3　试件固定工装

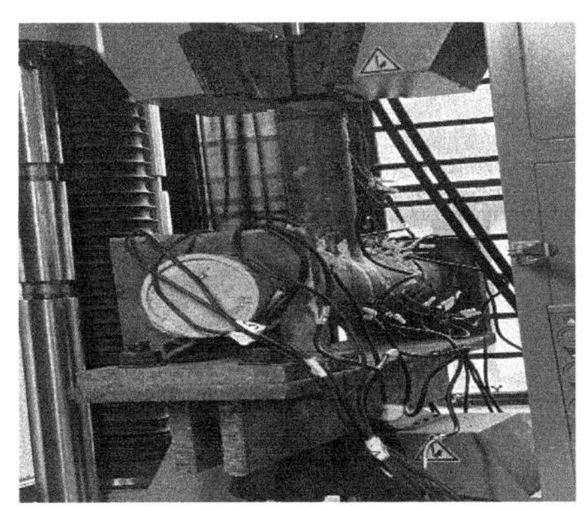

图 4–4　试件加载（1）

图 4–5　试件加载（2）

## 4.2.2　应力测点的布置

静力试验的目的主要是研究相贯节点附近的应力分布规律、热点位置及热点应力集中系数。通过近年来的一些学者研究发现，热点位置一般是在冠点或鞍点附近，所以本章节主要以主管的鞍点、冠点区域和支管的鞍点、冠点区域为对象，对热点应力集中系数及应力分布规律进行研究。

电阻应变片的粘贴位置可以根据 CIDECT 的《指南》中的推荐和试件的几何参数确定。在试件的主管和支管划分相应的外推区域，在此区域内根据不同的外推法，选取不同的位置粘贴电阻应变片，再根据应变片的读数外推出所需要的焊缝位置的垂直应变。

当试件的管径比 $\beta$ 小于 1 的时候，对于 T 形节点的外推法的选择，可以直接采用线性外推的方法，且外推计算结果较为准确。根据本次试验试件的几何参数，本次试验对于垂直应变的外推法的选择可以直接选用线性外推法，即在外推区域内选取 2 个点进行实际测量，从而推出垂直于焊缝的应变大小。

为了能对应力分布趋势的情况进行研究，本次试验将在节点处沿着相贯线，以每 45° 为界，分别在主管和支管的外推区域内粘贴垂直于焊缝的 2 片应变片（图 4–6）。

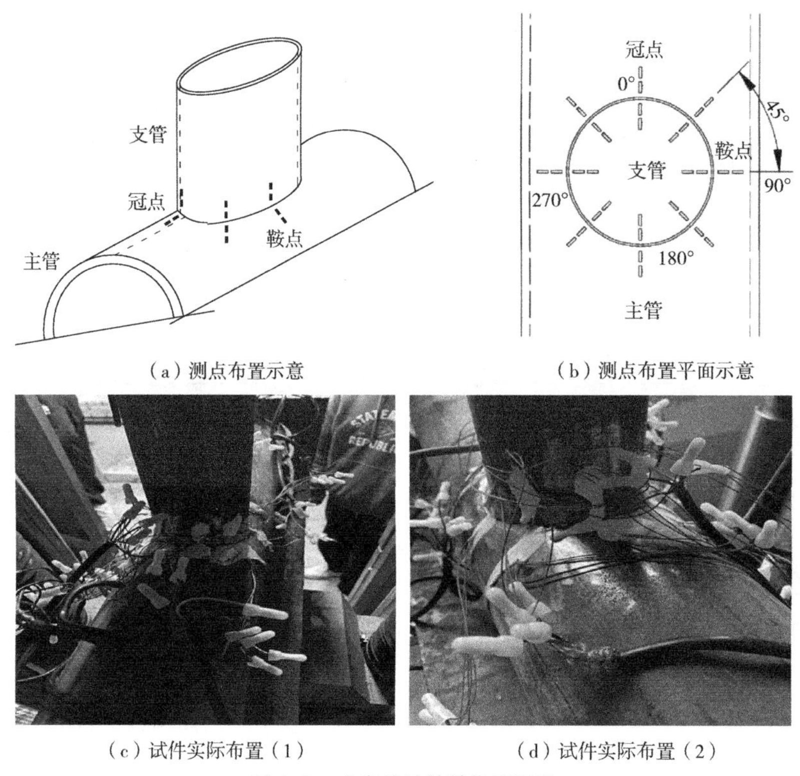


（a）测点布置示意　（b）测点布置平面示意

（c）试件实际布置（1）　（d）试件实际布置（2）

图 4–6　应变片的粘贴位置示意

## 4.2.3　应力集中系数的计算

本文的静力试验是粘贴电阻应变片后，通过使用 TST3826 静态应变测试仪测出相贯线焊趾附近的热点应变（图 4–7），计算出热点应变集中系数 SNCF，再通过热点应变集中系数转化为热点应力集中系数 SCF。

图 4-7　TST3826 应变检测仪

热点应变集中系数 SNCF 由下列公式进行计算：

$$\mathrm{SNCF}=\frac{\varepsilon_1}{\varepsilon_n} \tag{4.1}$$

式中：$\varepsilon_1$ 表示焊缝位置的垂直应变，通过垂直于焊缝的应变片读数后进行外推得到；$\varepsilon_n$ 表示管节点的名义应变，通过粘贴在支管上端的应变片读数得到。

热点应力集中系数 SCF 可以通过下式计算得到：

$$\mathrm{SCF}=c\times\mathrm{SNCF} \tag{4.2}$$

式中：$c$ 为热点应力集中系数与热点应变集中系数的比值，根据相关研究成果建议，$c$ 可以取 1.2 进行计算。其中 $c$ 的推导见式（4.3），由虎克定律可以得到节点焊缝位置的应力—应变关系：

$$\begin{aligned}
&\varepsilon_1=\frac{1}{E}\left[\sigma_1-\upsilon\left(\sigma_2+\sigma_3\right)\right]\\
&\varepsilon_2=\frac{1}{E}\left[\sigma_2-\upsilon\left(\sigma_1+\sigma_3\right)\right]\\
&\sigma_3=0
\end{aligned} \tag{4.3}$$

由式（4.3）可以得到：

$$\begin{aligned}
&E\varepsilon_1=\sigma_1-\upsilon\sigma_2\\
&E\varepsilon_2=\sigma_2-\upsilon\sigma_1\\
&E\frac{\varepsilon_1}{\varepsilon_n}=\frac{\sigma_1-\upsilon\sigma_2}{\varepsilon_n}\\
&\frac{\varepsilon_1}{\varepsilon_n}=\frac{\sigma_1-\upsilon\sigma_2}{E\varepsilon_n}=\frac{\sigma_1}{\sigma_n}-\frac{\upsilon\sigma_2}{\sigma_n}\\
&\mathrm{SNCF}=\mathrm{SCF}-\frac{\upsilon\sigma_2}{\sigma_n}=\mathrm{SCF}-\frac{\upsilon\left(E\varepsilon_2+\upsilon\sigma_1\right)}{\sigma_n}
\end{aligned}$$

$$\mathrm{SNCF}=\mathrm{SCF}-\left[\frac{E\upsilon\varepsilon_2}{\sigma_n}+\frac{\upsilon^2\sigma_1}{\sigma_n}\right]=\mathrm{SCF}-\left[\frac{E\upsilon\varepsilon_2}{\sigma_n}+\mathrm{SCF}\cdot\upsilon^2\right]$$

$$\mathrm{SNCF}=\left(1-\upsilon^2\right)\mathrm{SCF}-\frac{\upsilon\varepsilon_2}{\varepsilon_n}$$

$\frac{\varepsilon_2}{\varepsilon_n}$可以转换为$\frac{\varepsilon_2}{\varepsilon_1}\cdot\frac{\varepsilon_1}{\varepsilon_n}$

即$\frac{\varepsilon_2}{\varepsilon_n}=\frac{\varepsilon_2}{\varepsilon_1}\cdot\mathrm{SNCF}$

$$\mathrm{SCF}=\frac{\left(1+\frac{\varepsilon_2}{\varepsilon_1}\right)}{1-\upsilon^2}\cdot\mathrm{SNCF}=c\times\mathrm{SNCF}$$

式中：$E$ 为弹性模量；$\varepsilon_2$ 为平行于焊缝的应变；$\sigma_1$、$\sigma_2$、$\sigma_3$ 为 3 个方向的正应力；$\upsilon$ 为泊松比。

### 4.2.4 试验结果

本次试验一共分为了 4 个对照组进行试验，试验结果见图 4–8~ 图 4–11。图中的横坐标的值与应变测点布置平面图一致，图中横坐标的 0°、180°、360° 为冠点位置（360° 与 0° 为重合位置），90°、270° 为鞍点位置。

第 1 组 CHS 和 CFCHS–1 对主管是否内填混凝土对节点位置应力集中现象的影响进行了分析，结果如图 4–8 所示；第 2 组 CFCHS–1、CFCHS–2、CFCHS–3 对管径比 $\beta$ 对节点位置的应力集中现象的影响进行了分析，结果如图 4–9 所示；第 3 组 CFCHS–1、CFCHS–4、CFCHS–5 对壁厚比 $\tau$ 对节点位置的应力集中现象的影响进行了分析，结果如图 4–10 所示；第 4 组对照组 CFCHS–1、CFCHS–6、CFCHS–7 对径厚比 $\gamma$ 对节点位置的应力集中现象的影响进行了分析，结果如图 4–11 所示。

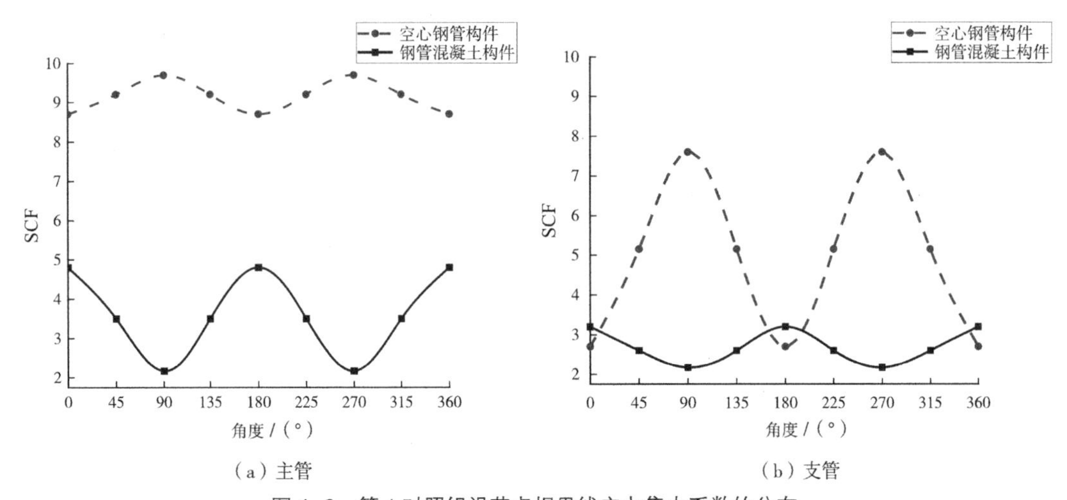

（a）主管　（b）支管

图 4–8　第 1 对照组沿节点相贯线应力集中系数的分布

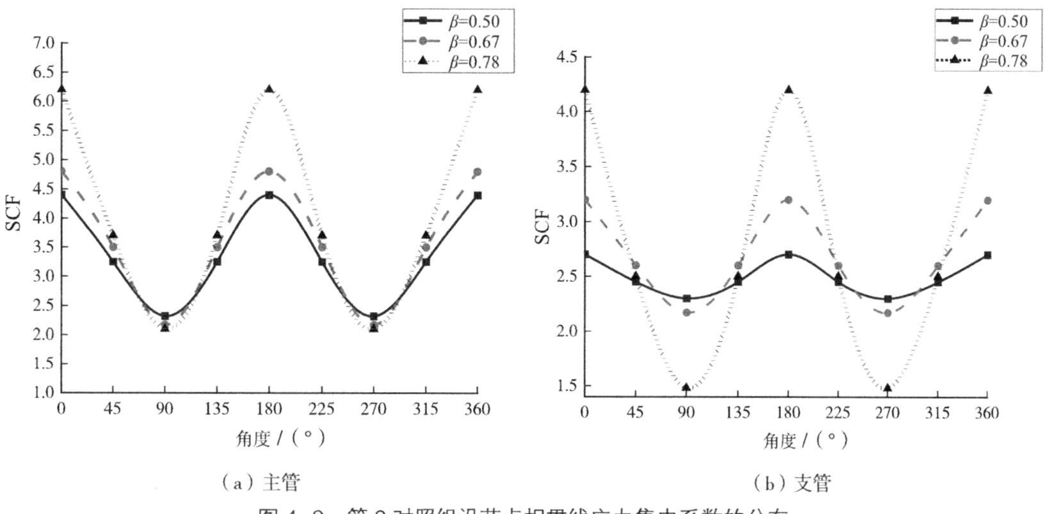


图 4-9　第 2 对照组沿节点相贯线应力集中系数的分布

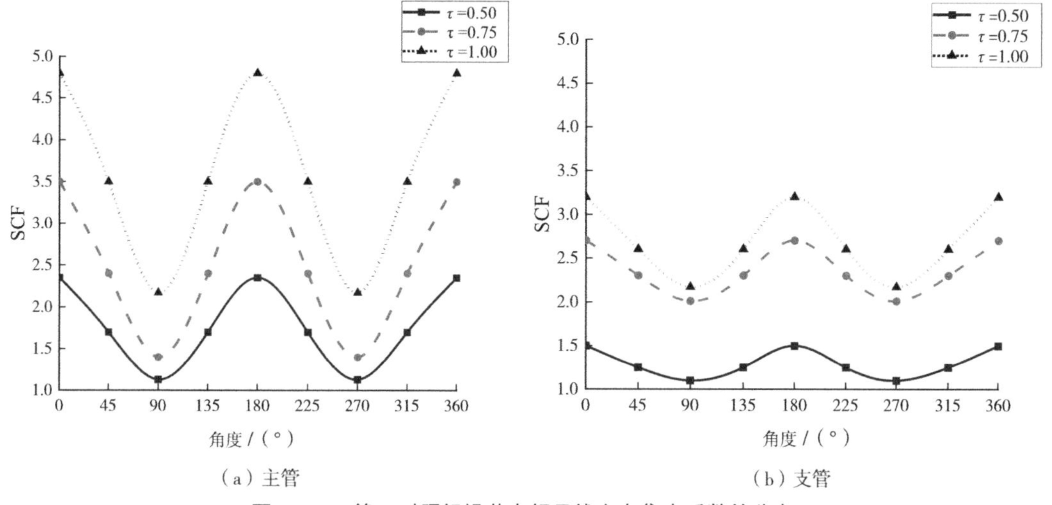


图 4-10　第 3 对照组沿节点相贯线应力集中系数的分布

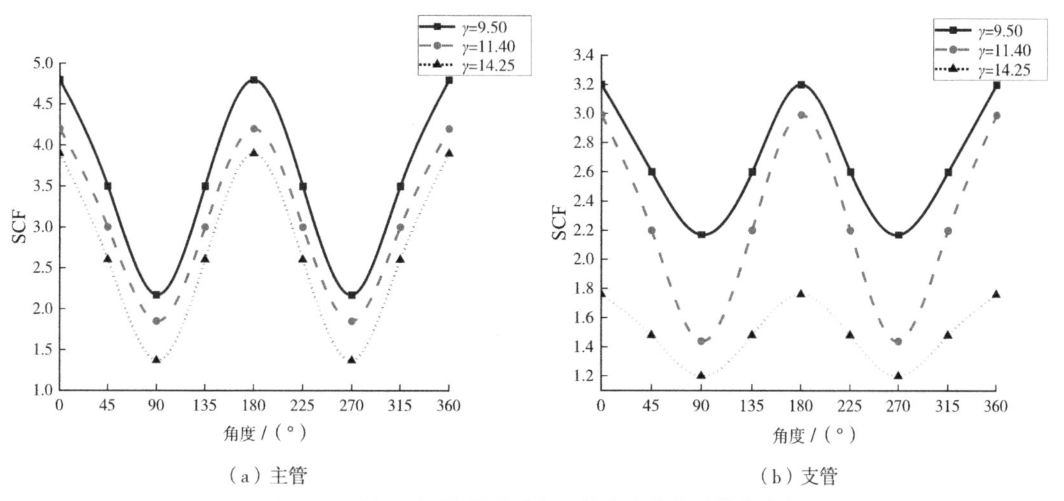


图 4-11　第 4 对照组沿节点相贯线应力集中系数的分布

由上述的试验结果可以得到以下结论：

①空心钢管节点位置的应力集中现象十分明显，除在支管冠点的应力集中系数较小外，在主管冠点、鞍点、支管鞍点的应力集中系数值都较大，其热点应力位置发生在主管的鞍点位置，热点应力集中系数的值达到了 9.7，主管焊趾位置的应力集中系数比支管焊趾位置的应力集中系数更大。

②当主管内填混凝土以后，提高了节点的整体刚度，节点处应力集中的现象得到了明显的缓解，应力集中系数的值有所降低，特别是在主管鞍点位置的应力集中系数减小的幅度较大，所以就导致了内填混凝土以后热点应力的位置发生了转移，钢管混凝土管节点的热点应力发生在了主管冠点位置，热点应力系数值减小到了 4.8，内填混凝土以后，主管上焊趾处的应力集中系数仍比支管焊趾位置的应力集中系数大。

③主管冠点位置和支管冠点位置的应力集中系数值随着管径比 $\beta$ 的增大而增大，主管鞍点位置的应力集中系数基本不变，支管鞍点位置的应力集中系数随着管径比 $\beta$ 的增大而减小，热点应力位置不随着管径比 $\beta$ 的变化而转移，始终发生在主管冠点位置，热点应力集中系数值随着管径比 $\beta$ 增大而增大。

④主管焊趾处和支管焊趾处的应力集中系数值随着壁厚比 $\tau$ 的增大而增大，热点应力集中系数值增加的幅度较大，且支管焊趾沿着相贯线的应力分布更加均匀。壁厚比 $\tau$ 较小时，主管焊趾沿着相贯线的应力分布较为均匀，热点应力位置不随着壁厚比 $\tau$ 的变化而转移，始终发生在主管冠点位置，热点应力集中系数值随着壁厚比 $\tau$ 增大而增大。

⑤主管焊趾处和支管焊趾处的应力集中系数值随着径厚比 $\gamma$ 的增大而减小，主管焊趾位置的应力沿着相贯线的分布趋势较为一致，热点应力位置不随着径厚比 $\gamma$ 的变化而转移，始终发生在主管冠点位置，热点应力集中系数值随着径厚比 $\gamma$ 增大而减小，但减小的幅度不大。

## 4.3 T 形有限元模型的计算

### 4.3.1 模型的建立

几何模型图形绘制是采用 ANSYS Workbench 中的程序 DesignModeler（简称“DM”）来进行几何模型的绘图建模。本章建立的有限元模型的具体尺寸如表 4-9 所示。根据表中尺寸，需要先在 DM 中进行图形的绘制，首先需要选取好坐标系再进行草图的绘制，再进行适当的拉伸等操作，得到管节点的几何模型（图 4-12）。坐标方向为平行于支管的方向为坐标系的 $y$ 方向，平行于主管的方向为坐标系的 $z$ 方向，垂直于主管且垂直于支管的方向为坐标系的 $x$ 方向。

为更加真实模拟实际的约束情况，边界条件为主管两端固接，约束通过“Remote Displacement”来设置。支管上表面通过“Displacement”施加沿着支管竖直向下的位移（图 4–13）。

表 4–9　有限元模型的几何参数

| 试件编号 | $D\times T$/（mm×mm） | $d\times t$ /（mm×mm） | $L$/mm | $l$/mm | $\beta$ | $\gamma$ | $\tau$ | 内填混凝土等级 |
|---|---|---|---|---|---|---|---|---|
| CHS–1 | 114×6 | 76×6 | 740 | 250 | 0.67 | 9.5 | 1 | 无 |
| CFCHS–1 | 114×6 | 76×6 | 740 | 250 | 0.67 | 9.5 | 1 | C50 |

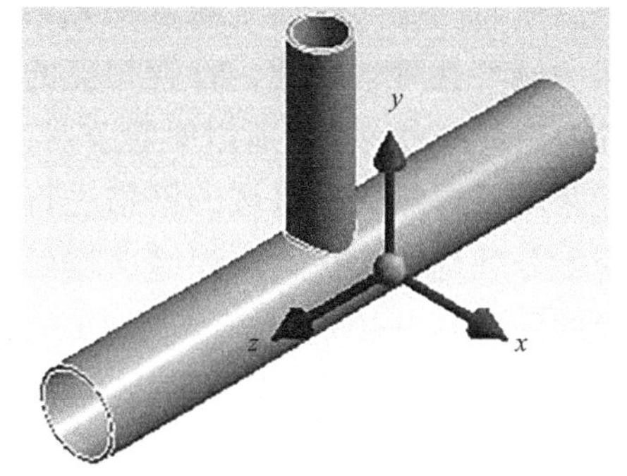


图 4–12　管节点几何模型

图 4–13　边界条件

对于钢管的有限元建模，采用 Solid187 单元来对钢管材料进行模拟。Solid187 单元能够较好地适应曲线边界，Solid187 单元是高阶的三维 10 节点四面体结构实体单元，每个节点有 3 个自由度，即沿坐标系 $x$、$y$ 和 $z$ 方向的平动滑移，该单元支持塑性、超弹性、蠕变、应力刚化、大变形和大应变能力，还可采用混合模式模拟几乎不可压缩材料的弹塑性行为和完全不可压缩材料的超弹行为。

对于核心混凝土的有限元建模，本章节将采用 Solid65 单元来对混凝土进行模拟。Solid65 单元称为三维结构的加筋混凝土实体单元，主要是用来模拟无筋或者加筋的三维实体结构，并且具有受拉开裂（拉裂）和受压破碎（压碎）性能。它可以模拟混凝土开裂（3 个正交方向）、压碎、塑性变形及徐变，所以在利用有限元模拟来对混凝土性能的研究分析时，一般会采用 Solid65 单元。

当钢管混凝土中钢管与混凝土一同工作的时候，会有相互作用，会发生相互挤压或者脱离，所以在利用有限元进行模拟分析的时候有必要对二者的接触面建立接触面界面模型。ANSYS Workbench 针对接触问题主要有三种模型，分别是点—点模型、点—面模型、面—面模型，经综合分析对比后，本书认为钢管混凝土中钢管与混凝土接触面界面模型采用面—面模型较为合适，因此选取 CONTA174 单元和 TARGE170 单元来定义钢管和混凝土之间的接触面界面模型。其中 CONTA174 单元称为三维结构 8 节点面—面接触单元，TARGE170 单元为三维结构 3 节点目标单元。

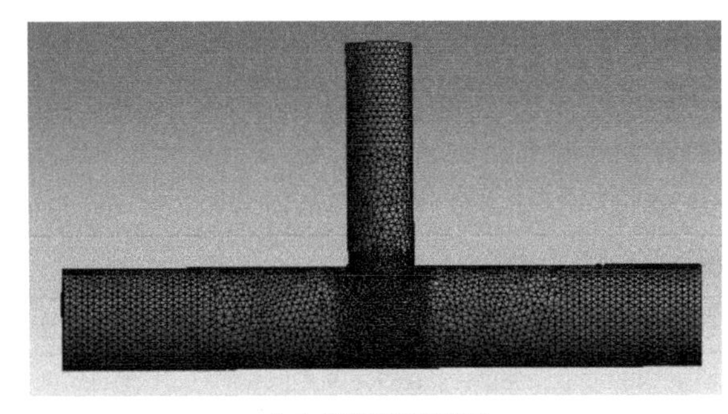

（a）钢管网格划分图

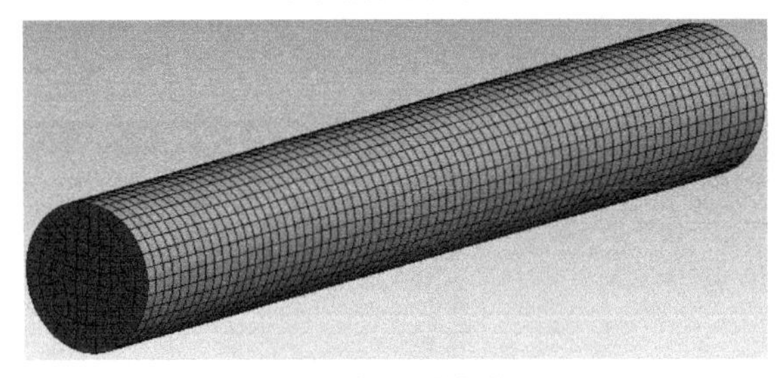

（b）混凝土网格划分图

图 4-14　有限元模型网格划分示意

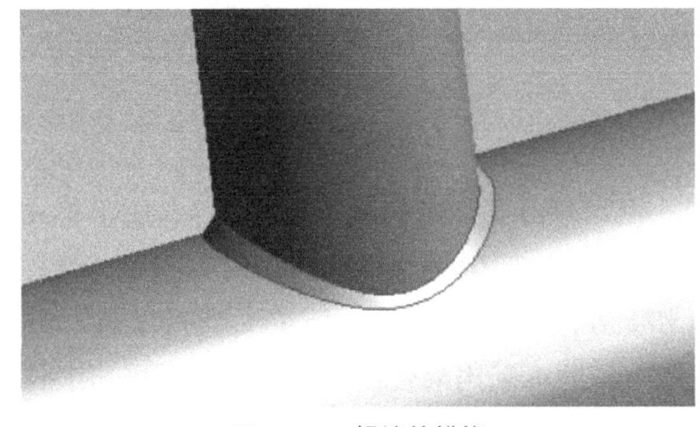

图 4-15　焊缝的模拟

钢管和混凝土的材料特性按第 3 章的要求来选取和确定。

模型建好之后，需要进行网格划分，通过不同大小的网格尺寸对结构进行计算，综合分析后得出：钢管采用 6mm 大小的四面体网格，混凝土采用 6mm 大小的六面体网格时，与其他网格尺寸计算得到的等效应力变化幅度相差较小，同时，由于本书主要研究热点应力问题，而热点通常在截面形状急剧变化处，因此，管管相交的位置为热点应力区域，所以对管节点、焊缝区域及焊缝附近区域的网格进行加密细分处理，而在远离焊缝区域的位置的网格划分较粗，经过进一步的测试，加密区的网格大小缩小到 4mm，对于计算精度和计算的速度而言，较为合适，最终网格的平均质量达到了 0.83，满足计算精度的要求且能够节省一定的计算时间，网格划分示意如图 4-14 所示。

对于焊缝的模拟，采用了 DM 中 Chamfer 功能来进行（图 4-15），对于焊缝的尺寸，参考了实际构件的焊接情况，尽量与实际相符。由于本书中对构件施加的荷载较小，且力的方向为沿支管轴向，对主管的钢管与混凝土表面之间的相对滑移影响非常小，同时也为了节省有限元计算的时间成本，所以本书选用绑定的接触类型，混凝土面设置为目标面，钢管主管内侧为接触面。

## 4.3.2　模型的可靠性验证

将有限元模型的结果与相应的试验研究结果进行对比分析，其应力集中系数沿着相贯线分布的趋势如图 4-16、图 4-17 所示。

由有限元分析结果和实际试验结果可以看出，本书中使用 ANSYS Workbench 软件建立的有限元模型，在支管承受轴向拉力的工况下，其应力集中系数沿着相贯线的分布趋势与实际试验中的应力分布趋势基本吻合，热点应力集中系数在有限元结果中都稍大于

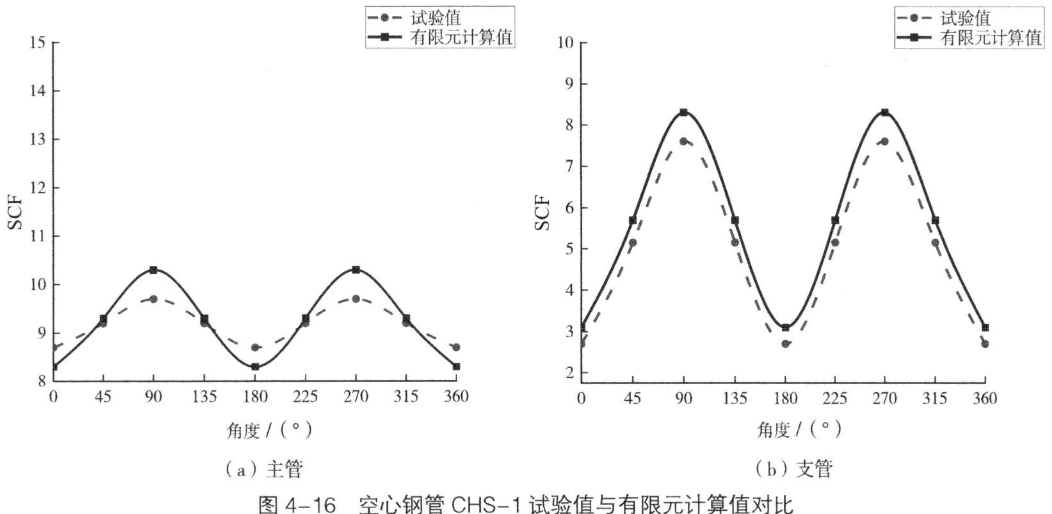


图 4-16　空心钢管 CHS-1 试验值与有限元计算值对比

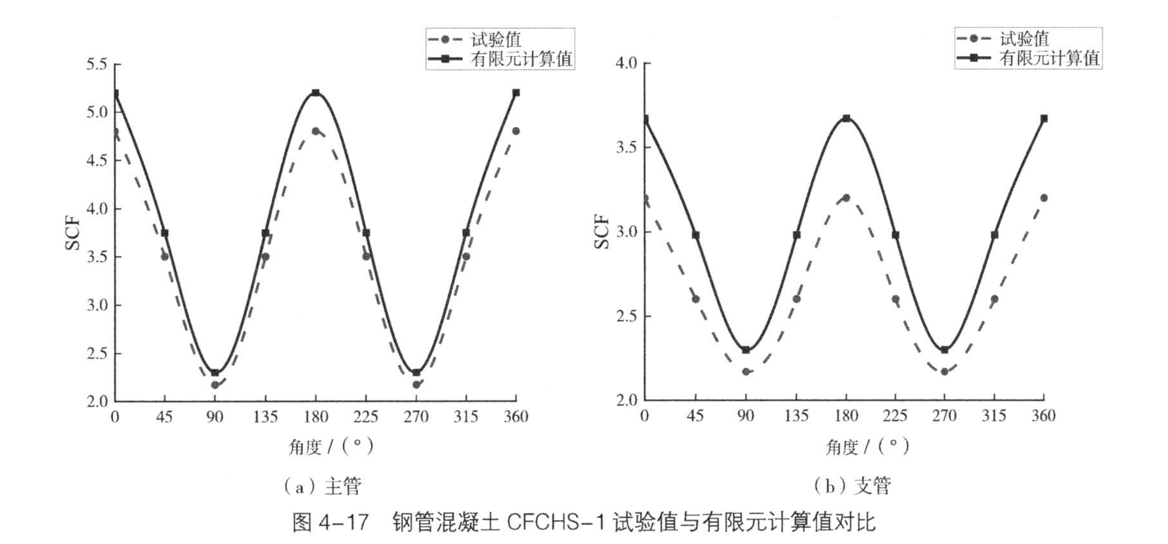


图 4-17　钢管混凝土 CFCHS-1 试验值与有限元计算值对比

试验结果值。除空心钢管主管鞍点位置试验值稍微高于有限元计算结果外，其他位置通过有限元分析计算出的应力集中系数的值的大小都比试验结果值稍高，但二者的大小相差不大，所以可以认为通过本章所使用的建模方法进行有限元分析得到的结果与试验结果较为吻合，本章使用有限元软件建立的有限元模型较为可靠。

## 4.4　T 形应力集中系数

前文使用 ANSYS Workbench 建立了有限元模型并进行了计算分析，验证了建立的有限元模型计算结果和实际试验的结果较为吻合。为了使研究内容更具有一般规律，本节将在前述有限元模型的基础之上，对不同的几何参数进行拓展，进一步深入分析研究钢管混凝土的无量纲参数对节点应力分布规律及应力集中系数的影响。

### 4.4.1 空心管和钢管混凝土节点应力集中系数的比较

当主管内填混凝土以后，可以增加节点位置处的刚度，从而有效降低应力集中的程度，减小应力集中系数。为了对比分析内填混凝土对节点应力集中系数的影响，本章将建立几何参数相同的两个有限元模型来对空钢管节点和钢管混凝土节点的应力集中系数进行比较。有限元模型几何参数见表 4–10，约束条件为主管两端固结，支管受轴向荷载作用。

为了使研究结果更加符合实际，轴向荷载的大小应该符合相关的规定，本章将根据对支管轴向承载能力进行计算。在计算结果的基础上，保证模型始终处于弹性阶段，来选取施加在有限元模型支管上的轴向荷载。

由《公路钢管混凝土拱桥设计规范》JTG/TD 65–06—2015 中节点承载力计算公式可得，支管的轴向拉力限值为 186kN，为保证有限元模型始终处于弹性阶段且施加的荷载不会过小，从而对结果造成影响，取支管轴向拉力为 30kN。

表 4–10　有限元模型编号及几何尺寸

| 模型编号 | 主管 | | 支管 | | 夹角 $\theta$/（°） | 混凝土强度等级 |
|---|---|---|---|---|---|---|
| | $L$/mm | $D\times T$/（mm × mm） | $l$/mm | $d\times t$/（mm × mm） | | |
| 1 | 740 | 114 × 6 | 250 | 76 × 6 | 90 | 无 |
| 2 | 740 | 114 × 6 | 250 | 76 × 6 | 90 | C50 |

使用 CIDECT《指南》中的应力集中系数计算公式对空钢管圆管 T 形管节点的应力集中系数进行计算，主管两端固结，公式如式（4.4）~ 式（4.7）所示，其计算结果与有限元模型的分析结果对比见表 4–11。

主管鞍点位置：

$$SCF=F_1\cdot T_1$$

$$T_1=\gamma\tau^{1.1}[1.11-3\cdot(\beta-0.52)^2]\cdot\sin^{1.6}\theta \tag{4.4}$$

主管冠点位置：

$$SCF=\gamma^{0.2}\tau[2.65+5\cdot(\beta-0.65)^2]+\tau\beta(0.25\alpha-3)\sin\theta \tag{4.5}$$

支管鞍点位置：

$$SCF=F_1\cdot T_2$$

$$T_1=1.3+\gamma\tau^{0.52}\cdot\alpha^{0.1}[0.187-1.25\cdot\beta^{1.1}(\beta-0.96)]\cdot\sin^{(2.7-0.01\alpha)}\theta \tag{4.6}$$

支管冠点位置：

$$\mathrm{SCF}=3+\gamma^{1.2}\cdot(0.12e^{-4\beta}+0.011\cdot\beta^{2}-0.045)+\beta\tau\cdot(0.1\alpha-1.2) \tag{4.7}$$

式中：

$$\begin{cases} F_1=1.0 \quad \alpha \geqslant 12 \\ F_1=1-(0.83\beta-0.56\beta^2-0.02)\cdot\gamma^{0.23}\cdot e^{(-0.21\cdot\gamma^{-1.16}\cdot\alpha^{2.5})} \quad \alpha \leqslant 12 \end{cases}$$

表 4-11　SCF 有限元计算值与公式计算值对比

| 模型编号 | 应力集中系数 | | | |
|---|---|---|---|---|
| | 主管冠点 | 主管鞍点 | 支管冠点 | 支管鞍点 |
| 1 | 4.55 | 10.2 | 2.05 | 7.27 |
| 2 | 3.25 | 1.67 | 2.32 | 1.58 |
| 公式计算值 | 4.32 | 9.90 | 2.47 | 6.39 |

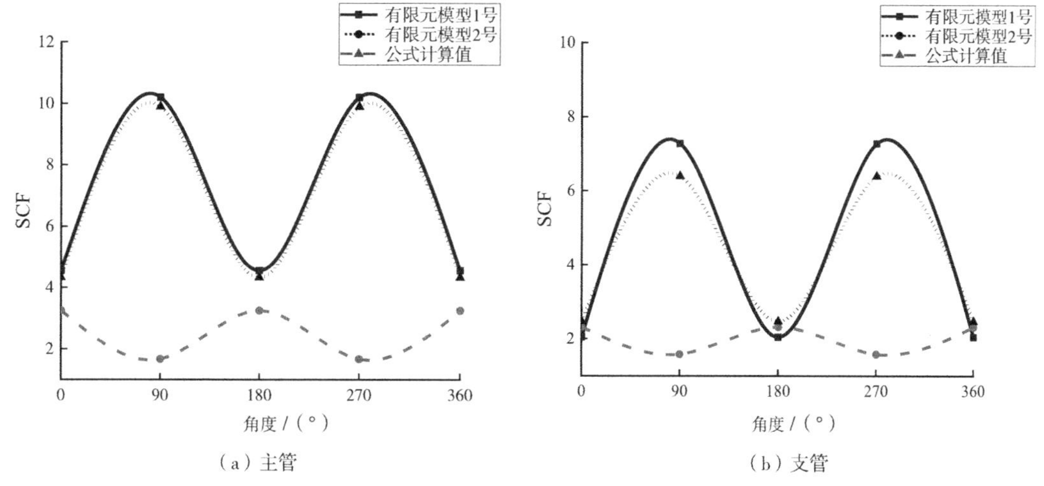


图 4-18　沿节点相贯线应力集中系数的分布

由表 4-11 及图 4-18 所示的结果可以得到以下结论：

①在支管承受轴向拉力的情况下，空钢管圆管 T 形节点在焊趾位置的应力集中系数较大，沿着相贯线方向应力集中系数分布不均匀，主管和支管鞍点位置的应力集中系数要远远大于主管和支管冠点位置的应力集中系数，其中空钢管圆管 T 形节点在焊趾位置的应力集中系数的最大值发生在主管鞍点处，即空钢管的热点应力位置为主管鞍点位置，达到了 10.2。在主管冠点位置的应力集中系数大于在支管冠点位置的应力集中系数，在主管鞍点位置的应力集中系数也大于在支管鞍点位置的应力集中系数。

②在支管承受轴向拉力的情况下，钢管混凝土圆管 T 形节点焊趾位置的应力集中系数较小，沿着相贯线方向应力集中系数分布较为均匀，鞍点位置的应力集中系数与冠点

位置的应力集中系数相差不大，其中钢管混凝土圆管 T 形节点在焊趾位置的应力集中系数的最大值发生在主管的冠点位置，即钢管混凝土的热点应力位置为主管的冠点位置，达到了 3.25。在主管冠点位置的应力集中系数大于在支管冠点位置的应力集中系数，在主管鞍点位置的应力集中系数也大于支管鞍点位置的应力集中系数。

③使用公式计算出的空钢管圆管 T 形节点在主管冠点、鞍点和支管冠点、鞍点的应力集中系数的值与使用有限元分析法得到的结果较为一致，只有在支管鞍点处的数值相差较大。

④钢管混凝土圆管 T 形节点的应力集中系数相较于空钢管圆管 T 形节点的应力集中系数有所减小，应力集中程度得到了一定程度的缓解，特别是主管鞍点位置、支管鞍点位置的应力集中系数减小的幅度较大，其中在钢管混凝土圆管 T 形节点主管鞍点位置的应力集中系数相较于空钢管圆管 T 形节点主管鞍点位置的应力集中系数由 10.2 减小到了 1.67，减少的幅度达到了 6.1 倍；在圆管钢管混凝土 T 形节点支管鞍点位置的应力集中系数相较于空钢管圆管 T 形节点支管鞍点位置的应力集中系数由 7.27 减小到了 1.58，减少的幅度达到了 4.6 倍。

⑤当主管内填混凝土后，由于内填混凝土对主管的径向变形起到了一定程度的约束作用，改善了在节点周围的应力分布，增大了主管在节点处的径向刚度，从而有效地减小了在主管焊趾鞍点位置处的应力集中的程度，使应力集中系数在鞍点位置减小的幅度较大。由于主管焊趾附近的变形受到了约束，也导致了支管的变形受到了一定程度的约束，支管鞍点位置的应力集中系数也有一定程度减小。对于空钢管节点，支管轴向刚度远大于主管径向刚度，主管冠点位置在轴力作用下沿支管轴向变形且主钢管约束这种变形的能力较小；对于钢管混凝土，由于内填混凝土对于钢管混凝土节点的冠点位置处的刚度影响不太明显，所以在钢管混凝土、空钢管的冠点位置处的应力集中程度基本没有发生变化。这也就导致了节点处的最大应力集中系数的位置发生了改变，从主管鞍点位置转移到了主管冠点位置，即当主管内填混凝土以后，热点应力的位置从主管鞍点转移到了主管冠点位置。

### 4.4.2 支主管直径比 $\beta$ 的影响

为了分析研究管径比 $\beta$ 对钢管混凝土管节点应力集中系数的影响，建立 3 个 $\beta$ 值不同、其他几何参数相同的有限元模型进行对比分析，其 $\beta$ 分别为：0.5、0.67、0.85。约束条件为主管两端固结，支管受轴向荷载作用，取支管轴向拉力为 30kN（表 4–12、表 4–13）。

主管、支管在焊趾处应力集中系数的分布情况及变化趋势如图 4–19、图 4–20 所示，其中，图 4–19 为主管、支管应力集中系数沿着相贯线的分布情况，图 4–20 为主管冠点、鞍点位置和支管冠点、鞍点位置的应力集中系数随着管径比 $\beta$ 变化而变化的趋势。

表 4–12　$\beta$ 变化的有限元模型编号及几何尺寸

| 模型编号 | 主管 | | 支管 | | 夹角 $\theta$/（°） | 混凝土强度等级 |
|---|---|---|---|---|---|---|
| | $L$/mm | $D \times T$/（mm × mm） | $l$/mm | $d \times t$/（mm × mm） | | |
| 1 | 740 | 114 × 6 | 250 | 57 × 6 | 90 | C50 |
| 2 | 740 | 114 × 6 | 250 | 76 × 6 | 90 | C50 |
| 3 | 740 | 114 × 6 | 250 | 97 × 6 | 90 | C50 |

表 4–13　$\beta$ 变化的有限元模型几何参数

| 试件编号 | 管径比 $\beta$ | 径厚比 $\gamma$ | 壁厚比 $\tau$ |
|---|---|---|---|
| 1 | 0.5 | 9.5 | 1 |
| 2 | 0.67 | 9.5 | 1 |
| 3 | 0.85 | 9.5 | 1 |

当 $\beta$ 取 0.5~0.85 时，由图 4–19 和图 4–20 可以得到以下结论：

①管径比 $\beta$ 的大小对钢管混凝土圆管 T 形节点的应力集中系数影响较为明显，随着管径比 $\beta$ 的增大，钢管混凝土圆管 T 形节点的分布会更加不均匀，特别是支管焊趾处。钢管混凝土主管冠点、鞍点位置的应力集中系数始终大于支管冠点、鞍点位置的应力集中系数，其应力集中系数的最大值始终处于主管冠点位置。

②主管冠点位置的应力集中系数始终大于主管鞍点位置的应力集中系数。随着管径比 $\beta$ 的增大，主管冠点位置的应力集中系数将随之逐渐增大，增大的趋势较为平缓，而主管鞍点位置的应力集中系数随之逐渐减小，减少的趋势较为平缓。

③支管冠点位置的应力集中系数始终大于支管鞍点位置的应力集中系数。随着管径比 $\beta$ 的增大，支管冠点位置的应力集中系数将随之逐渐增大，增大的趋势较为平缓，而

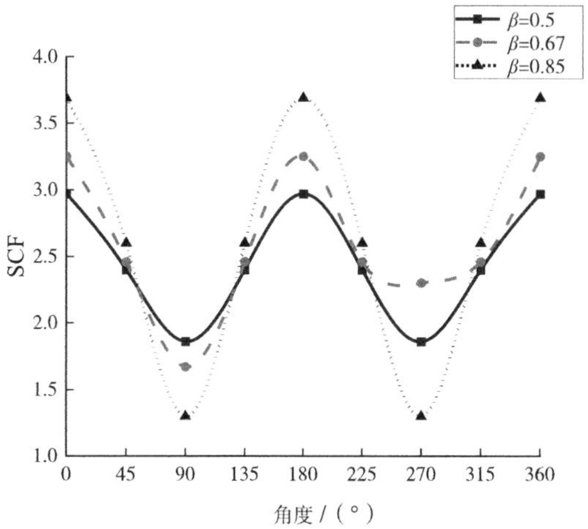

（a）主管

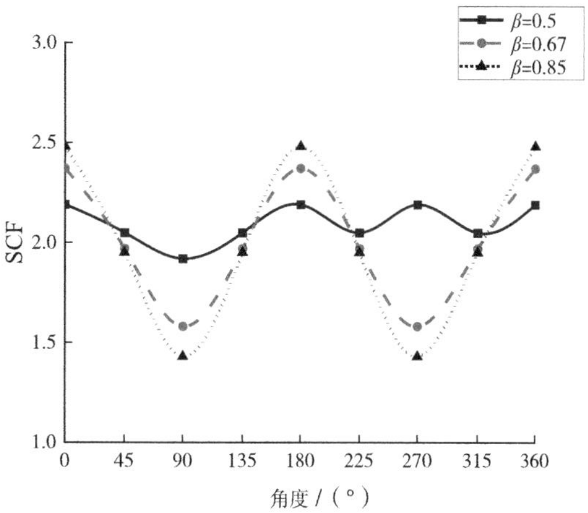

（b）支管

图 4–19　沿节点相贯线应力集中系数的分布

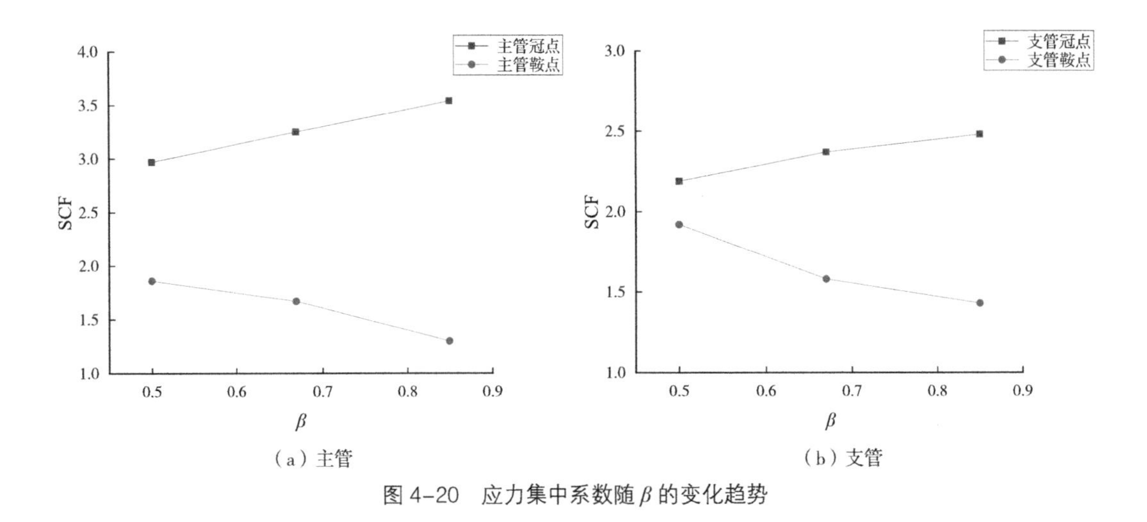


（a）主管　　（b）支管

图 4-20　应力集中系数随 $\beta$ 的变化趋势

支管鞍点位置的应力集中系数随之逐渐减小，减小的趋势相比于支管冠点位置的应力集中系数的增长趋势较快。

④由于设计的有限元模型始终保持主管的直径不变，随着管径比 $\beta$ 的增大，支管的直径在不断增大，从而导致相贯线曲线的弧度更大、相贯线的几何空间性更强，主管的轴向刚度相较于支管的轴向刚度更小，所以随着管径比 $\beta$ 的增大，在冠点位置的应力集中系数逐渐增大。随着支管的管径增大，因为主管和支管是以相贯节点的方式进行连接，支管与主管径向位置的接触区域增大，特别是在相贯线上的鞍点位置，主管与支管之间的焊接连接的过渡更加平缓，所以在鞍点位置的应力集中系数随着管径比 $\beta$ 的增大而逐渐减小。

⑤随着管径比 $\beta$ 的增大，钢管混凝土圆管 T 形管节点的热点应力集中系数逐渐增大。

### 4.4.3　主管径厚比 $\gamma$ 的影响

为了分析研究主管对钢管混凝土管节点应力集中系数的影响，建立 3 个 $\gamma$ 值不同，其他几何参数相同的有限元模型进行对比分析，取 $\gamma$ 分别为：9.5、11.4、14.25。约束条件为主管两端固结，支管受轴向荷载作用，取支管轴向拉力为 30kN（表 4-14、表 4-15）。

表 4-14　$\gamma$ 变化的有限元模型编号及几何尺寸

| 模型编号 | 主管 | | 支管 | | 夹角 $\theta$/（°） | 混凝土强度等级 |
|---|---|---|---|---|---|---|
| | $L$/mm | $D\times T$/（mm × mm） | $l$/mm | $d\times t$/（mm × mm） | | |
| 1 | 740 | 114 × 6 | 250 | 76 × 6 | 90 | C50 |
| 2 | 740 | 114 × 5 | 250 | 76 × 5 | 90 | C50 |
| 3 | 740 | 114 × 4 | 250 | 76 × 4 | 90 | C50 |

表 4-15　$\gamma$ 变化的有限元模型几何参数

| 试件编号 | 管径比 $\beta$ | 径厚比 $\gamma$ | 壁厚比 $\tau$ |
|---|---|---|---|
| 1 | 0.67 | 9.5 | 1 |
| 2 | 0.67 | 11.4 | 1 |
| 3 | 0.67 | 14.25 | 1 |

主管、支管在焊趾处应力集中系数的分布情况及变化趋势见图 4-21、图 4-22，其中，图 4-21 为主管、支管应力集中系数沿着相贯线的分布情况，图 4-22 为主管、支管冠点、鞍点位置的应力集中系数随着径厚比 $\gamma$ 变化而变化的趋势。

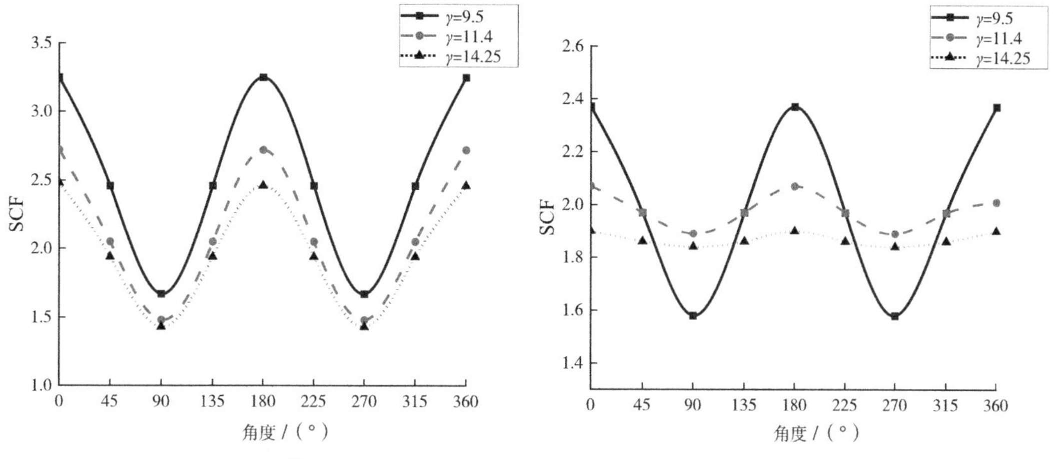

（a）主管　（b）支管

图 4-21　沿节点相贯线应力集中系数的分布

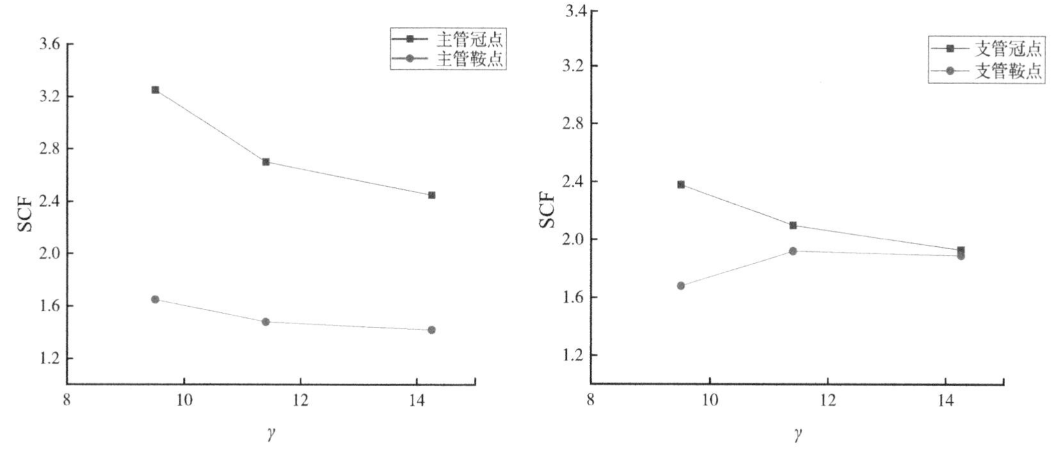

（a）主管　（b）支管

图 4-22　应力集中系数随 $\gamma$ 的变化趋势

当 $\gamma$ 取 9.5~14.25 时，由图 4-21 和图 4-22 可以得到以下结论：

①随着径厚比 $\gamma$ 的增大，钢管混凝土圆管 T 形管节点支管的应力集中系数沿着相贯线分布规律会更加均匀，而其主管的应力集中系数沿着相贯线分布的规律基本保持一

致，主管与支管的应力集中系数沿着相贯线分布规律有所差异。钢管混凝土主管冠点位置的应力集中系数始终大于支管冠点位置的应力集中系数，钢管混凝土主管鞍点位置的应力集中系数始终大于支管鞍点位置的应力集中系数，其应力集中系数的最大值始终处于主管冠点位置。

②主管冠点位置的应力集中系数始终大于主管鞍点位置的应力集中系数。随着径厚比 $\gamma$ 的增大，主管冠点位置的应力集中系数随之逐渐减小，减小的趋势较快，而主管鞍点位置的应力集中系数随之逐渐减小，减小的趋势较为平缓，应力集中系数的变化不大。

③支管冠点位置的应力集中系数始终大于支管鞍点位置处的应力集中系数。随着径厚比 $\gamma$ 的增大，支管冠点位置的应力集中系数将随之逐渐减小，减小的趋势较为平缓，而支管鞍点位置的应力集中系数将随之增大后减小，增减的幅度较小，应力集中系数的变化不大。

④径厚比 $\gamma$ 的大小对主管冠点位置的应力集中系数影响较为明显，对主管鞍点位置和支管的应力集中系数影响较小。

⑤随着径厚比 $\gamma$ 的增大，钢管混凝土圆管 T 形管节点的热点应力集中系数逐渐减小。

### 4.4.4 支主管壁厚比 $\tau$ 的影响

为了分析研究壁厚比 $\tau$ 对钢管混凝土管节点应力集中系数的影响，建立 3 个 $\tau$ 值不同，其他几何参数相同的有限元模型进行对比分析，取 $\tau$ 分别为：0.5、0.75、1。约束条件为主管两端固结，支管受轴向荷载作用，取支管轴向拉力为 30kN（表 4-16、表 4-17）。

表 4-16 $\tau$ 变化的有限元模型编号及几何尺寸

| 模型编号 | 主管 | | 支管 | | 夹角 $\theta$/（°） | 混凝土强度等级 |
|---|---|---|---|---|---|---|
| | $L$/mm | $D \times T$/（mm × mm） | $l$/mm | $d \times t$/（mm × mm） | | |
| 1 | 740 | 114 × 6 | 250 | 76 × 3 | 90 | C50 |
| 2 | 740 | 114 × 6 | 250 | 76 × 4.5 | 90 | C50 |
| 3 | 740 | 114 × 6 | 250 | 76 × 6 | 90 | C50 |

表 4-17 $\tau$ 变化的有限元模型几何参数

| 试件编号 | 管径比 $\beta$ | 径厚比 $\gamma$ | 壁厚比 $\tau$ |
|---|---|---|---|
| 1 | 0.67 | 9.5 | 0.5 |
| 2 | 0.67 | 9.5 | 0.75 |
| 3 | 0.67 | 9.5 | 1 |

主管、支管在焊趾处应力集中系数的分布情况及变化趋势见图 4–23、图 4–24，其中，图 4–23 为主管、支管应力集中系数沿着相贯线的分布情况，图 4–24 为主管、支管冠点、鞍点位置的应力集中系数随着壁厚比 $\tau$ 变化而变化的趋势。

当 $\tau$ 取 0.5~1 时，由图 4–23、图 4–24 可以得到以下结论：

①随着壁厚比 $\tau$ 的增大，钢管混凝土圆管 T 形管节点的应力集中系数沿着相贯线分布会更加不均匀，主管与支管的应力集中系数沿着相贯线分布规律基本一致。钢管混凝土主管冠点位置的应力集中系数始终大于支管冠点位置的应力集中系数，钢管混凝土主管鞍点位置的应力集中系数始终大于支管鞍点位置的应力集中系数，其应力集中系数的最大值始终处于主管冠点位置。

②主管冠点位置的应力集中系数始终大于主管鞍点位置的应力集中系数。随着壁厚比 $\tau$ 的增大，主管冠点位置的应力集中系数将随之逐渐增大，增大的趋势较快，主管鞍

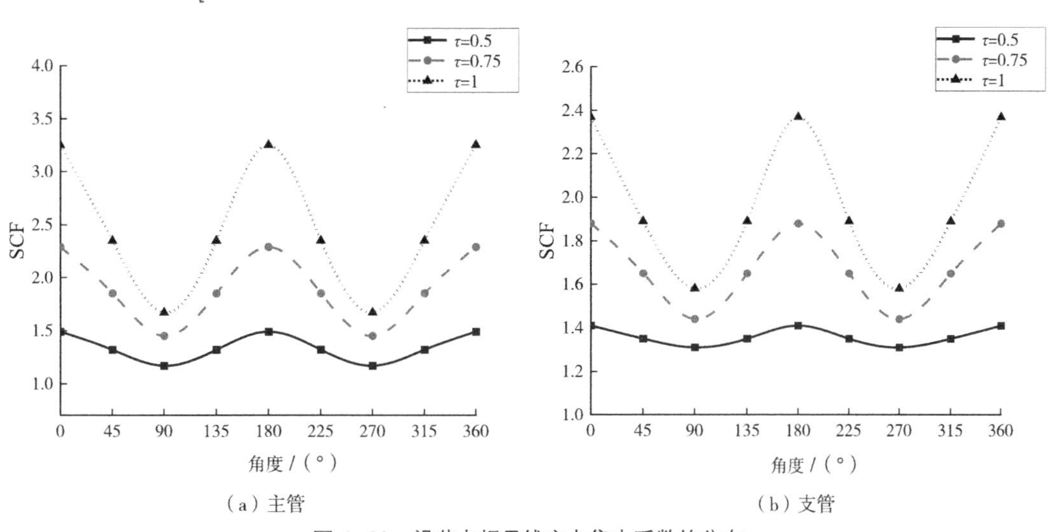


（a）主管　　（b）支管

图 4–23　沿节点相贯线应力集中系数的分布

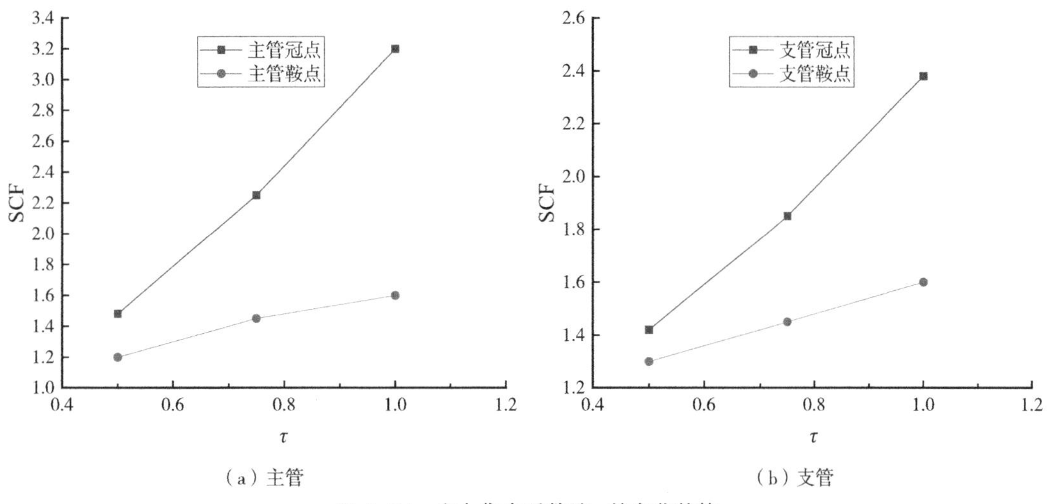


（a）主管　　（b）支管

图 4–24　应力集中系数随 $\tau$ 的变化趋势

点位置的应力集中系数将随之逐渐增大，增大的趋势较为平缓，应力集中系数值的大小变化不大。

③支管冠点位置的应力集中系数始终大于支管鞍点位置的应力集中系数。随着壁厚比 $\tau$ 的增大，支管冠点位置的应力集中系数将随之逐渐增大，增大的趋势较快，支管鞍点位置的应力集中系数将随之逐渐增大，增大的趋势较为平缓，应力集中系数的大小变化不大。

④主管与支管的应力集中系数随壁厚比 $\tau$ 变化的规律基本一致，壁厚比 $\tau$ 的大小对主管和支管冠点位置的应力集中系数影响较为明显，对主管鞍点位置和支管鞍点位置的应力集中系数影响较小。

⑤随着壁厚比 $\tau$ 的增大，钢管混凝土圆管 T 形管节点的热点应力集中系数逐渐增大。

## 4.5 Y 形管节点

T 形管节点其实是 Y 形管节点的特殊形式，是支管和主管的夹角为 90° 时的形态；若将 T 形管节点的支管与主管夹角变化一下，则可得到 Y 形管节点，下面对 Y 形管节点的参数变化进行研究。

### 4.5.1 支主管夹角 $\theta$ 的影响

为了分析研究支管和主管的夹角 $\theta$ 对钢管混凝土管节点应力集中系数的影响，建立 3 个 $\theta$ 值不同，其他几何参数相同的有限元模型进行对比分析，取 $\theta$ 分别为：45°、60°、75°。约束条件为主管两端固结，支管受轴向荷载作用，取支管轴向拉力为 30kN（表 4-18、表 4-19）。

表 4-18　有限元模型编号及几何尺寸

| 模型编号 | 主管 | | 支管 | | 夹角 $\theta$/（°） | 混凝土强度等级 |
|---|---|---|---|---|---|---|
| | $L$/mm | $D\times T$/（mm × mm） | $l$/mm | $d\times t$/（mm × mm） | | |
| 1 | 740 | 114 × 6 | 250 | 76 × 6 | 45 | C50 |
| 2 | 740 | 114 × 6 | 250 | 76 × 6 | 60 | C50 |
| 3 | 740 | 114 × 6 | 250 | 76 × 6 | 75 | C50 |

表 4-19　有限元模型几何参数

| 试件编号 | 管径比 $\beta$ | 径厚比 $\gamma$ | 壁厚比 $\tau$ |
|---|---|---|---|
| 1 | 0.67 | 9.5 | 1 |
| 2 | 0.67 | 9.5 | 1 |
| 3 | 0.67 | 9.5 | 1 |

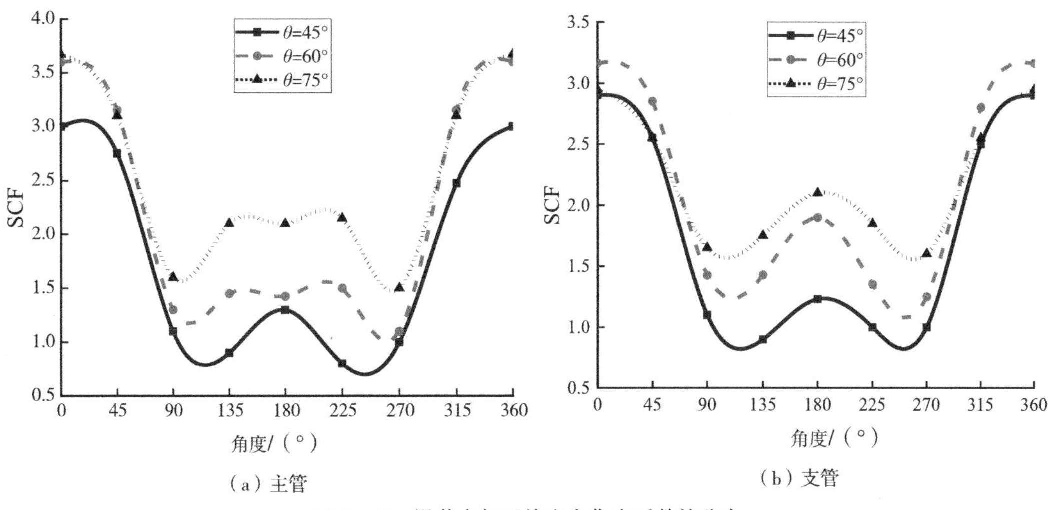


图 4-25　沿节点相贯线应力集中系数的分布

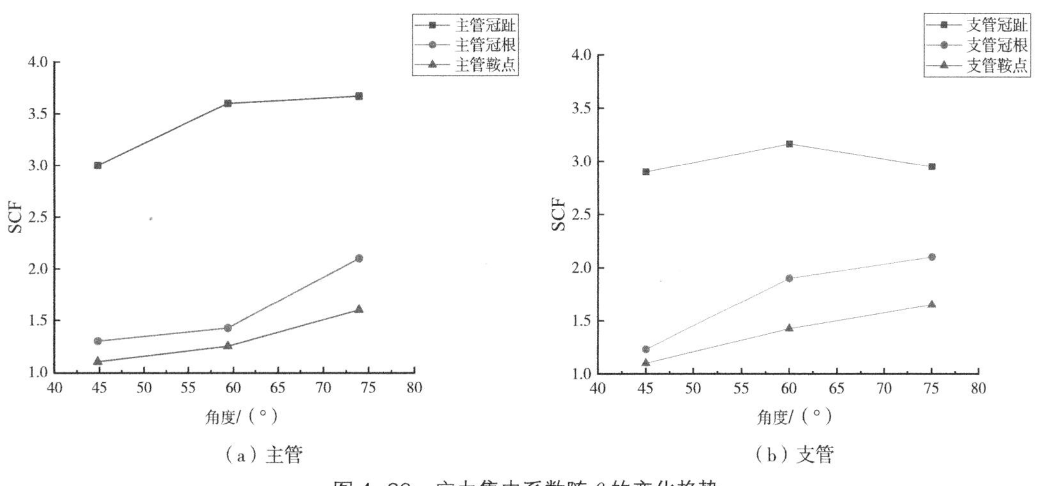


图 4-26　应力集中系数随 $\theta$ 的变化趋势

主管、支管在焊趾处应力集中系数的分布情况及变化趋势如图 4-25、图 4-26 所示，其中，图 4-25 为主管、支管应力集中系数沿着相贯线的分布情况，图 4-26 为主管和支管冠趾、冠根、鞍点位置的应力集中系数随着夹角 $\theta$ 变化而变化的趋势。

当 $\theta$ 取 45°~75° 时，由图 4-25 和图 4-26 可以得到以下结论：

①随着夹角 $\theta$ 的增大，钢管混凝土圆管 Y 形管节点主管和支管的应力集中系数沿着相贯线的分布会更加均匀，主管与支管的应力集中系数沿着相贯线分布规律基本一致。钢管混凝土主管冠趾位置的应力集中系数始终大于支管冠趾位置的应力集中系数，应力集中系数的最大值始终处于主管冠趾范围内，即热点应力在主管冠趾范围内出现；钢管混凝土主管，冠根、鞍点位置的应力集中系数与支管冠根、鞍点位置的应力集中系数相差不大，都远远小于冠趾位置的应力集中系数。

②主管冠趾位置的应力集中系数始终大于主管冠根和鞍点位置的应力集中系数，主管冠根位置的应力集中系数略大于主管鞍点位置的应力集中系数。随着夹角 $\theta$ 的增大，主管冠趾位置的应力集中系数将随之逐渐增大，增大的趋势由快到慢，最后基本在一个值附近波动，大小基本保持不变，主管冠根和鞍点位置的应力集中系数将随之逐渐增大，增大的趋势较快。

③支管冠趾位置的应力集中系数始终大于支管冠根和鞍点位置的应力集中系数，支管冠根位置的应力集中系数略大于支管鞍点位置的应力集中系数。随着夹角 $\theta$ 的增大，支管冠趾位置的应力集中系数将随之增大后减小，增减的幅度较小，变化不明显，支管冠根和鞍点位置的应力集中系数将随之逐渐增大，增大的趋势较快。

④主管与支管的应力集中系数随夹角 $\theta$ 的变化规律基本一致，夹角 $\theta$ 的大小对主管和支管冠点位置的应力集中系数影响较为明显，对主管鞍点位置和支管鞍点位置的应力集中系数影响较小。

⑤随着夹角 $\theta$ 的增大，钢管混凝土圆管 Y 形管节点焊趾处的热点应力集中系数逐渐增大。

### 4.5.2 支主管直径比 $\beta$ 的影响

为了分析研究管径比 $\beta$ 对钢管混凝土管节点应力集中系数的影响，建立 3 个 $\beta$ 值不同，其他几何参数相同的有限元模型进行对比分析，取 $\beta$ 分别为：0.5、0.67、0.85。约束条件为主管两端固结，支管受轴向荷载作用，取支管轴向拉力为 30kN，取 $\theta$=60°（表 4–20、表 4–21）。

主管、支管在焊趾处应力集中系数的分布情况及变化趋势见图 4–27、图 4–28，其中，图 4–27 为主管、支管应力集中系数沿着相贯线的分布情况，图 4–28 为主管和支管冠趾、冠根、鞍点处的应力集中系数随着管径比 $\beta$ 变化而变化的趋势。

表 4–20　有限元模型编号及几何尺寸

| 模型编号 | 主管 | | 支管 | | 夹角 $\theta$/（°） | 混凝土强度等级 |
|---|---|---|---|---|---|---|
| | $L$/mm | $D\times T$/（mm × mm） | $l$/mm | $d\times t$/（mm × mm） | | |
| 1 | 740 | 114 × 6 | 250 | 57 × 6 | 60 | C50 |
| 2 | 740 | 114 × 6 | 250 | 76 × 6 | 60 | C50 |
| 3 | 740 | 114 × 6 | 250 | 97 × 6 | 60 | C50 |

表 4–21　有限元模型几何参数

| 试件编号 | 管径比 $\beta$ | 径厚比 $\gamma$ | 壁厚比 $\tau$ |
|---|---|---|---|
| 1 | 0.5 | 9.5 | 1 |
| 2 | 0.67 | 9.5 | 1 |
| 3 | 0.85 | 9.5 | 1 |

主管、支管在焊趾处应力集中系数的分布情况及变化趋势见图 4–27、图 4–28，其中，图 4–27 为主管、支管应力集中系数沿着相贯线的分布情况，图 4–28 为主管和支管冠趾、冠根、鞍点位置的应力集中系数随着管径比 $\beta$ 变化而变化的趋势。

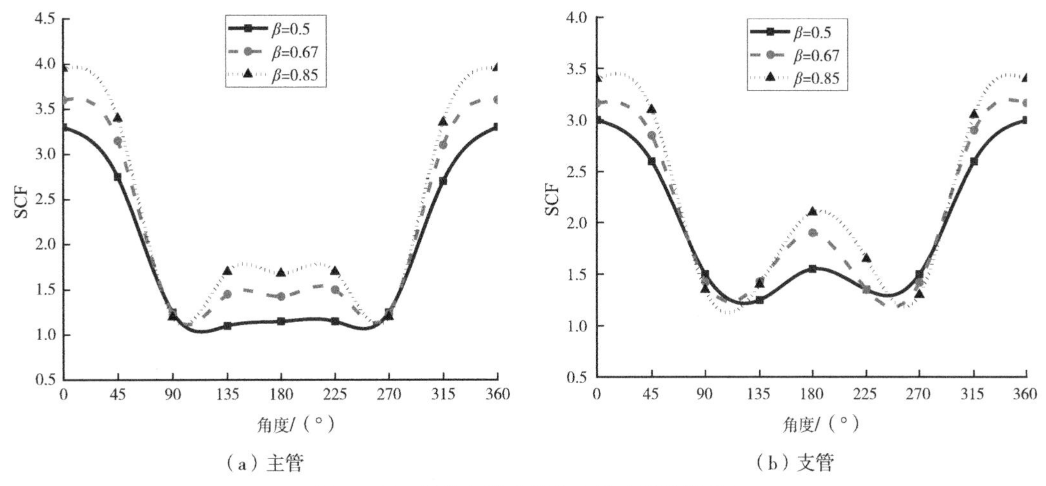


图 4–27 沿节点相贯线应力集中系数的分布

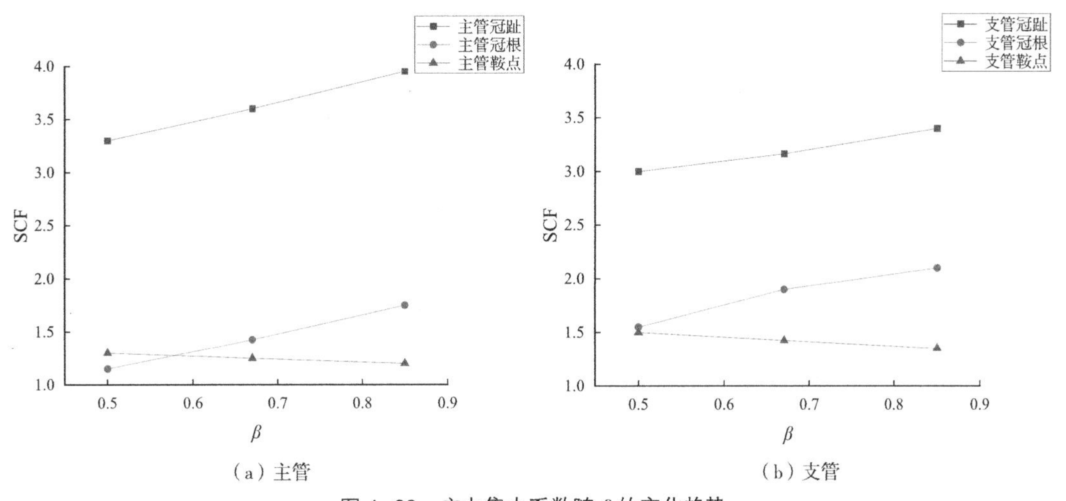


图 4–28 应力集中系数随 $\beta$ 的变化趋势

当 $\beta$ 取 0.5~0.85 时，由图 4–27 和图 4–28 可以得到以下结论：

①管径比 $\beta$ 的大小对钢管混凝土圆管 Y 形管节点应力集中系数沿着相贯线分布规律基本没有影响。钢管混凝土主管冠趾位置的应力集中系数始终大于支管冠趾位置的应力集中系数，应力集中系数的最大值始终处于主管冠趾范围内，即热点应力在主管冠趾范围内出现；钢管混凝土主管，冠根、鞍点位置处的应力集中系数与支管冠根、鞍点位置的应力集中系数相差不大都远远小于冠趾位置的应力集中系数。

②主管冠趾位置的应力集中系数始终大于主管冠根和鞍点位置的应力集中系数，主管冠根位置的应力集中系数和主管鞍点位置的应力集中系数相差不大。随着管径比 $\beta$ 的

增大，主管冠趾位置和主管冠根位置的应力集中系数将随之逐渐增大，鞍点位置的应力集中系数将随之逐渐减小，但减小的幅度很小。

③支管冠趾位置的应力集中系数始终大于支管冠根和鞍点位置的应力集中系数，支管冠根位置的应力集中系数略大于支管鞍点位置的应力集中系数。随着管径比$\beta$的增大，支管冠趾位置和支管冠根位置的应力集中系数将随之增大，鞍点位置的应力集中系数将随之逐渐减小，但减小的幅度很小。

④主管与支管的应力集中系数随管径比$\beta$的变化规律基本一致，管径比$\beta$的大小对节点冠趾、冠根处的应力集中系数影响较大，对鞍点位置处的应力集中系数影响较小。

⑤随着管径比$\beta$的增大，钢管混凝土圆管Y形管节点焊趾处的热点应力集中系数逐渐增大。

### 4.5.3 主管径厚比$\gamma$的影响

为了分析研究主管径厚比$\gamma$对钢管混凝土管节点应力集中系数的影响，建立3个$\gamma$值不同，取$\gamma$分别为：9.5、11.4、14.25。约束条件为主管两端固结，支管受轴向荷载作用，取支管轴向拉力为30kN，取$\theta$=60°（表4–22、表4–23）。

表4–22　$\gamma$变化的有限元模型编号及几何尺寸

| 模型编号 | 主管 | | 支管 | | 夹角 $\theta$/（°） | 混凝土强度等级 |
|---|---|---|---|---|---|---|
| | $L$/mm | $D\times T$/（mm × mm） | $l$/mm | $d\times t$/（mm × mm） | | |
| 1 | 740 | 114 × 6 | 250 | 76 × 6 | 60 | C50 |
| 2 | 740 | 114 × 5 | 250 | 76 × 5 | 60 | C50 |
| 3 | 740 | 114 × 4 | 250 | 76 × 4 | 60 | C50 |

表4–23　$\gamma$变化的有限元模型几何参数

| 试件编号 | 管径比$\beta$ | 径厚比$\gamma$ | 壁厚比$\tau$ |
|---|---|---|---|
| 1 | 0.67 | 9.5 | 1 |
| 2 | 0.67 | 11.4 | 1 |
| 3 | 0.67 | 14.25 | 1 |

主管、支管在焊趾处应力集中系数的分布情况及变化趋势见图4–29、图4–30，其中，图4–29为主管、支管应力集中系数沿着相贯线的分布情况，图4–30为主管和支管冠趾、冠根、鞍点位置的应力集中系数随着径厚比$\gamma$变化而变化的趋势。

当$\gamma$取9.5~14.25时，由图4–29和图4–30可以得到以下结论：

①径厚比$\gamma$的大小对钢管混凝土圆管Y形管节点应力集中系数沿着相贯线分布规律基本没有影响。钢管混凝土主管冠趾位置处的应力集中系数始终大于支管冠趾位置处的应力集中系数，应力集中系数的最大值始终处于主管冠趾范围内，即热点应力在主管冠

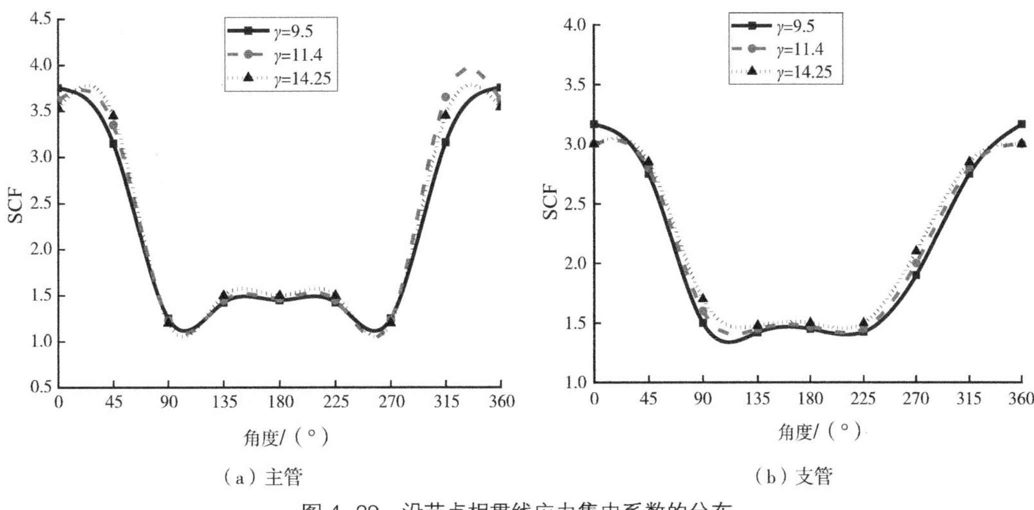


（a）主管　（b）支管

图 4-29　沿节点相贯线应力集中系数的分布

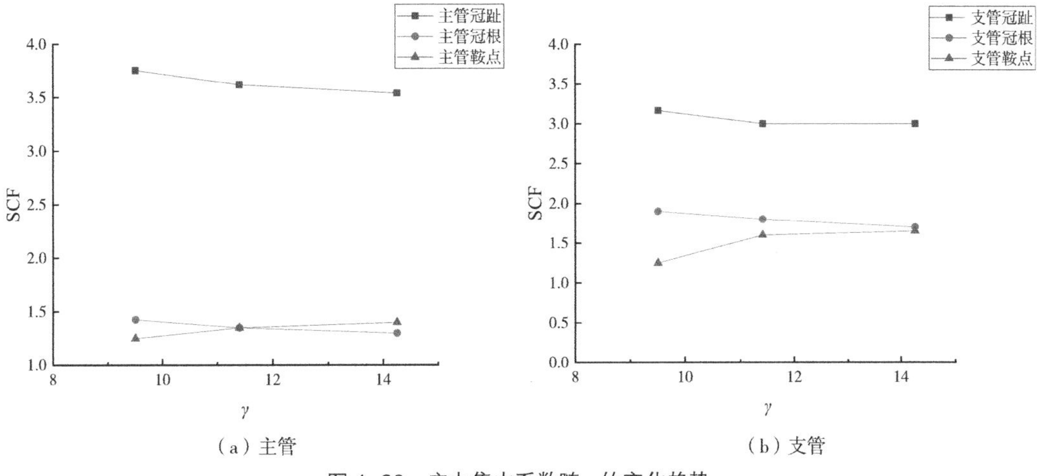


（a）主管　（b）支管

图 4-30　应力集中系数随 $\gamma$ 的变化趋势

趾范围内出现；钢管混凝土主管，冠根、鞍点位置处的应力集中系数与支管冠根、鞍点位置处的应力集中系数相差不大都远远小于冠趾位置处的应力集中系数。

②主管冠趾位置处的应力集中系数始终大于主管冠根和鞍点位置处的应力集中系数，主管冠根位置的应力集中系数和主管鞍点位置处的应力集中系数相差不大。随着径厚比 $\gamma$ 的增大，主管冠趾位置和冠根位置的应力集中系数将随之逐渐减小，减小幅度很小，主管鞍点位置处的应力集中系数将随之逐渐增大，但增大的幅度很小。

③支管冠趾位置处的应力集中系数始终大于支管冠根和鞍点位置处的应力集中系数，支管冠根位置的应力集中系数和支管鞍点位置处的应力集中系数相差不大。随着径厚比 $\gamma$ 的增大，支管冠趾位置和冠根位置的应力集中系数将随之逐渐减小，减小幅度很小，支管鞍点位置处的应力集中系数将随之逐渐增大，但增大的幅度很小。

④主管与支管的应力集中系数随径厚比 $\gamma$ 的变化规律基本一致，径厚比 $\gamma$ 的大小对 Y 形节点冠趾、冠根位置的应力集中系数影响不明显。

### 4.5.4 支主管壁厚比 $\tau$ 的影响

为了分析研究支管与主管壁厚比 $\tau$ 对钢管混凝土管节点应力集中系数的影响，建立3个 $\tau$ 值不同，取 $\tau$ 分别为：0.5、0.75、1。约束条件为主管两端固结，支管受轴向荷载作用，取支管轴向拉力为30kN，取 $\theta$=60°（表4-24、表4-25）。

表4-24　$\tau$ 变化的有限元模型编号及几何尺寸

| 模型编号 | 主管 | | 支管 | | 夹角 $\theta$/（°） | 混凝土强度等级 |
|---|---|---|---|---|---|---|
| | $L$/mm | $D\times T$/（mm×mm） | $l$/mm | $d\times t$/（mm×mm） | | |
| 1 | 740 | 114×6 | 250 | 76×3 | 60 | C50 |
| 2 | 740 | 114×6 | 250 | 76×4.5 | 60 | C50 |
| 3 | 740 | 114×6 | 250 | 76×6 | 60 | C50 |

表4-25　$\tau$ 变化的有限元模型几何参数

| 试件编号 | 管径比 $\beta$ | 径厚比 $\gamma$ | 壁厚比 $\tau$ |
|---|---|---|---|
| 1 | 0.67 | 9.5 | 0.5 |
| 2 | 0.67 | 9.5 | 0.75 |
| 3 | 0.67 | 9.5 | 1 |

主管、支管在焊趾处应力集中系数的分布情况及变化趋势见图4-31、图4-32，其中，图4-31为主管、支管应力集中系数沿着相贯线的分布情况，图4-32为主管和支管冠趾、冠根、鞍点位置的应力集中系数随着壁厚比 $\tau$ 变化而变化的趋势。

当 $\tau$ 取0.5~1时，由图4-31和图4-32可以得到以下结论：

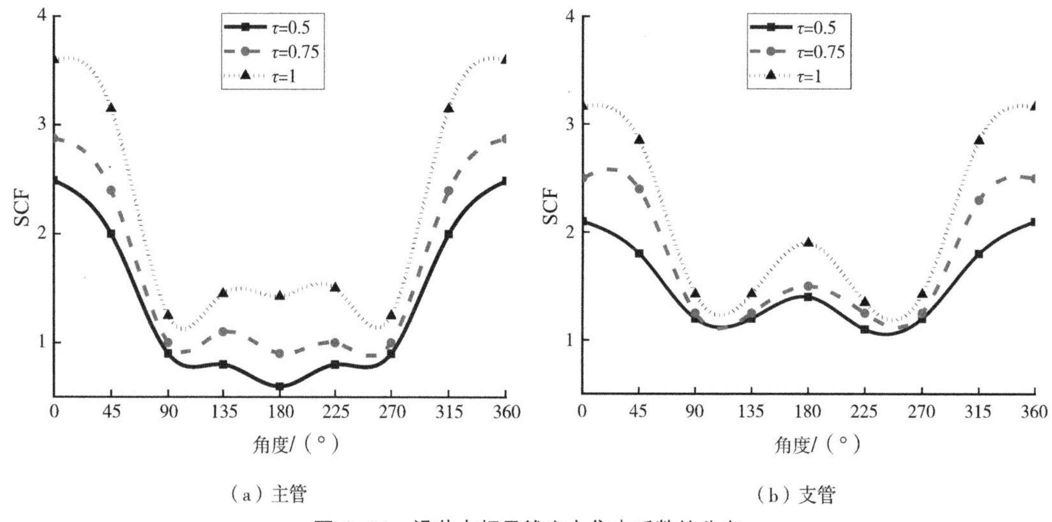


（a）主管　（b）支管

图4-31　沿节点相贯线应力集中系数的分布

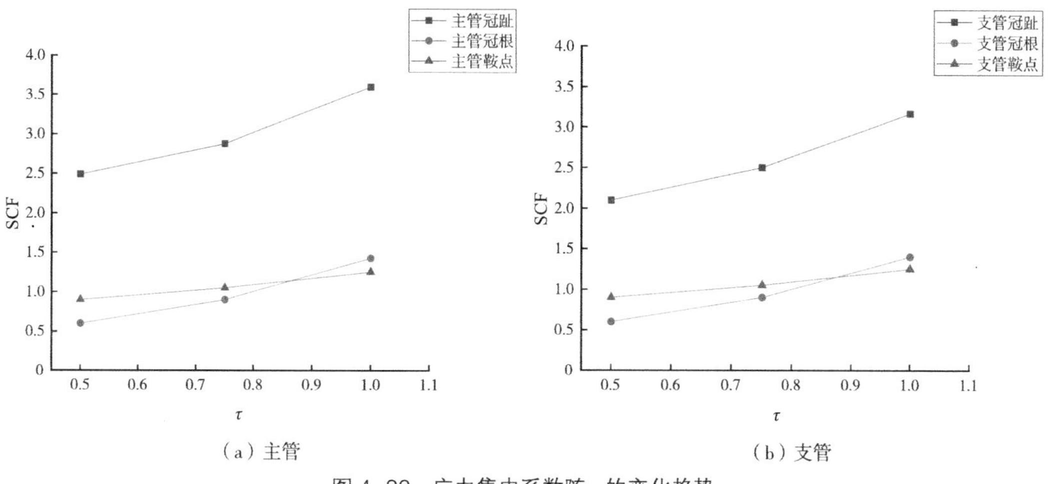


（a）主管　　（b）支管

图 4-32　应力集中系数随 $\tau$ 的变化趋势

①壁厚比 $\tau$ 的大小对钢管混凝土圆管 Y 形管节点应力集中系数沿着相贯线分布规律基本没有影响。钢管混凝土主管冠趾位置处的应力集中系数始终大于支管冠趾位置处的应力集中系数，应力集中系数的最大值始终处于主管冠趾范围内，即热点应力在主管冠趾范围内出现；钢管混凝土主管，冠根、鞍点位置处的应力集中系数与支管冠根、鞍点位置处的应力集中系数相差不大都远远小于冠趾位置处的应力集中系数。

②主管冠趾位置处的应力集中系数始终大于主管冠根和鞍点位置处的应力集中系数，主管冠根位置的应力集中系数和主管鞍点位置处的应力集中系数相差不大。随着壁厚比 $\tau$ 的增大，主管冠趾位置、冠根位置和鞍点位置的应力集中系数将随之逐渐增大，其中冠趾和冠根位置增加的幅度较大。

③支管冠趾位置处的应力集中系数始终大于支管冠根和鞍点位置处的应力集中系数，支管冠根位置的应力集中系数和支管鞍点位置处的应力集中系数相差不大。随着壁厚比 $\tau$ 的增大，支管冠趾位置、冠根位置和鞍点位置的应力集中系数将随之逐渐增大，其中冠趾和冠根位置增加的幅度较大。

④主管与支管的应力集中系数随壁厚比 $\tau$ 的变化规律基本一致，壁厚比 $\tau$ 的大小对 Y 形节点冠趾、冠根位置的应力集中系数影响较为明显。

## 4.6　T 形管节点应力集中系数公式

### 4.6.1　热点应力集中折减系数

当主管内填充混凝土后，混凝土增加了节点的刚度，从而缓解了应力集中的程度，减小了应力集中系数，可引入热点应力集中折减系数 $q$，即：

$$q=\mathrm{SCF_h}/\mathrm{SCF_k} \tag{4.8}$$

其中：$\mathrm{SCF_k}$ 为空心钢管主管冠点应力集中系数；$\mathrm{SCF_h}$ 为钢管混凝土热点应力集中系数，式中热点应力集中折减系数 $q$ 反映了内填混凝土后热点应力集中的缓解程度。

由 CIDECT《指南》的空心钢管节点应力集中系数计算公式可以发现，空心钢管应力集中系数的计算是以 $\beta$、$\gamma$、$\tau$、$\theta$ 为主要自变量的一个函数，由于主管内填混凝土仅仅增加了节点的刚度，所以钢管混凝土节点的应力集中系数的计算也能够看作是一个以 $\beta$、$\gamma$、$\tau$、$\theta$ 为主要自变量的一个函数，因此热点应力集中折减系数也可以看作是一个以 $\beta$、$\gamma$、$\tau$、$\theta$ 为主要自变量的函数。

根据试验研究结果和有限元分析结果，使用数学软件进行了函数拟合后，得出钢管混凝土 T 形管节点热点应力集中折减系数 $q$ 的计算公式，即：

$$q=2.38\beta^{0.63}\gamma^{-0.61}\tau^{-0.56} \tag{4.9}$$

将本书的有限元结果与使用热点应力集中折减系数进行计算的结果进行对比，其结果如表 4–26 所示。

表 4–26　钢管混凝土 SCF 有限元计算值与折解系数公式计算值对比

| 模型编号 | $\beta$ | $\gamma$ | $\tau$ | 有限元结果 | 公式计算结果 |
|---|---|---|---|---|---|
| 1 | 0.5 | 9.5 | 1 | 2.97 | 1.74 |
| 2 | 0.67 | 9.5 | 1 | 3.25 | 2.02 |
| 3 | 0.85 | 9.5 | 1 | 3.52 | 2.54 |
| 4 | 0.67 | 11.4 | 1 | 2.46 | 1.90 |
| 5 | 0.67 | 14.25 | 1 | 2.72 | 1.71 |
| 6 | 0.67 | 9.5 | 0.5 | 1.49 | 1.49 |
| 7 | 0.67 | 9.5 | 0.75 | 2.29 | 1.80 |

由上表结果可以看出，当使用热点应力集中折减系数公式进行计算时，部分公式计算结果与有限元分析结果较为接近。但当壁厚比 $\tau$ 和管径比 $\beta$ 较大时，使用热点应力集中折减系数公式进行计算误差较大。

### 4.6.2　等效壁厚公式

等效壁厚公式是指当主管内填混凝土或者灌浆后，对径厚比 $\gamma$、壁厚比 $\tau$ 进行相应的换算，换算得出等效径厚比 $\gamma_e$ 和等效壁厚比 $\tau_e$，再将 $\gamma_e$ 和 $\tau_e$ 直接代入 CIDECT《指南》中的空心钢管应力集中系数公式来进行计算。

国内也有不少学者根据等效壁厚原理，针对钢管混凝土节点热点应力计算的问题提出了建议公式，即根据截面抗弯刚度等效的原则，即将内填混凝土截面换算为抗弯刚度相等的钢管截面，即：

$$E_sI_p=E_sI_s+E_cI_c \tag{4.10}$$

式中：$E_s$—— 主管钢管的弹性模量；

$I_p$—— 主管内填混凝土后折算的截面惯性矩；

$E_c$—— 内填混凝土的弹性模量；

$I_s$—— 主管钢管截面惯性矩；

$I_c$—— 内填混凝土截面惯性矩。

对于钢管混凝土圆管 T 形节点，主管钢管截面惯性矩 $I_s=\pi[D^4-(D-2T)^4]/64$；

内填混凝土截面惯性矩 $I_c=\pi(D-2T)^4/64$。

取钢材和混凝土的弹性模型的比值为 $m$，由上述公式可以得到：

$$\gamma_e=\frac{1}{1-(1-\frac{1}{\gamma})\cdot\sqrt[4]{\frac{m-1}{m}}} \tag{4.11}$$

$$\tau_e=\frac{\tau}{\gamma-(\gamma-1)\cdot\sqrt[4]{\frac{m-1}{m}}} \tag{4.12}$$

根据上述公式和钢管混凝土的几何参数计算出相应的 $\gamma_e$ 和 $\tau_e$ 后，直接代入 CIDECT《指南》中的空心钢管应力集中系数公式来进行计算，当计算主管冠点位置的应力集中系数时，需要计算结果乘以相应的修正系数 1.3，其结果就是钢管混凝土圆管 T 形管节点的热点应力集中系数值。

将本书的有限元结果与式（4.8）计算结果进行对比，其结果见表 4–27。

表 4–27　钢管混凝土 SCF 有限元计算值与等效壁厚公式计算值对比

| 模型编号 | $\beta$ | $\gamma$ | $\tau$ | 有限元结果 | 公式计算结果 |
|---|---|---|---|---|---|
| 1 | 0.5 | 9.5 | 1 | 2.97 | 4.04 |
| 2 | 0.67 | 9.5 | 1 | 3.25 | 3.9 |
| 3 | 0.85 | 9.5 | 1 | 3.52 | 4.17 |
| 4 | 0.67 | 11.4 | 1 | 2.46 | 3.99 |
| 5 | 0.67 | 14.25 | 1 | 2.72 | 4.11 |
| 6 | 0.67 | 9.5 | 0.5 | 1.49 | 1.94 |
| 7 | 0.67 | 9.5 | 0.75 | 2.29 | 2.91 |

由上表结果可以看出，使用等效壁厚公式进行计算时，部分公式计算结果与有限元分析结果较为接近，公式的计算值都大于有限元分析的结果，计算结果较为保守。

### 4.6.3 改进的热点应力集中折减系数

由热点应力集中折减系数的计算公式的表现形式可知，主管内填混凝土会使影响节点应力集中现象的几何参数都有所变化，而不仅是只影响了其中的个别几何参数的变化。在上述的热点应力集中折减系数的推导思路的基础上，本文根据建立的 37 个有限元模型的 $SCF_h$ 的结果与使用 CIDECT《指南》计算出空钢管主管冠点的 $SCF_k$ 的结果计算出相应的热点应力集中折减系数 $q$，再通过数学软件 Origin Pro 2018 进行相应的非线性曲线函数拟合，对热点应力集中折减系数 $q$ 的计算公式进行改进，得到在支管承受轴向拉力的工况下，主管两端固接的情况下的改进后的热点应力集中折减系数 $q$ 的计算公式如下：

$$q=2.66\beta^{0.217}\gamma^{-0.533}\tau^{0.327} \tag{4.13}$$

式中：$0.5 \leqslant \beta \leqslant 1$；$0.5 \leqslant \tau \leqslant 1$；$7.5 \leqslant \gamma \leqslant 32$。

将本书的有限元结果与使用改进后的热点应力集中折减系数计算的应力集中系数的结果进行对比，其结果见表 4-28。

表 4-28 钢管混凝土 SCF 有限元计算值与改进的折减系数公式计算值对比

| 模型编号 | $\beta$ | $\gamma$ | $\tau$ | 有限元结果 | 公式计算结果 |
|---|---|---|---|---|---|
| 1 | 0.5 | 9.5 | 1 | 2.97 | 3.07 |
| 2 | 0.67 | 9.5 | 1 | 3.25 | 3.2 |
| 3 | 0.85 | 9.5 | 1 | 3.52 | 3.62 |
| 4 | 0.67 | 11.4 | 1 | 2.46 | 2.98 |
| 5 | 0.67 | 14.25 | 1 | 2.72 | 2.77 |
| 6 | 0.67 | 9.5 | 0.5 | 1.49 | 1.3 |
| 7 | 0.67 | 9.5 | 0.75 | 2.29 | 2.2 |

由上表结果可以看出，使用改进后的应力集中折减系数进行计算时，计算结果与有限元分析结果较为接近，改进后的热点应力集中折减系数公式能较好地对热点应力值进行计算。

# 第 5 章

# 圆钢管混凝土 X 形相贯节点的应力集中

本章将构造简单的 X 形管节点作为研究对象，研究钢管混凝土 X 形相贯节点相贯线处热点应力和应力集中系数的变化规律。

## 5.1 试验设计

静力试验是研究 X 形管节点相贯线处的热点位置和应力分布情况，并通过试验测试得到 X 形管节点的热点应力和应力集中系数。

一般来说，管节点的应力集中系数是由管节点无量纲参数来表达的，本章节在设计试验时，主要研究内容是各几何参数对管节点应力集中系数的影响，图 5-1 中各几何参数的意义和符号定义与前一章中 T 形节点的规定相同。

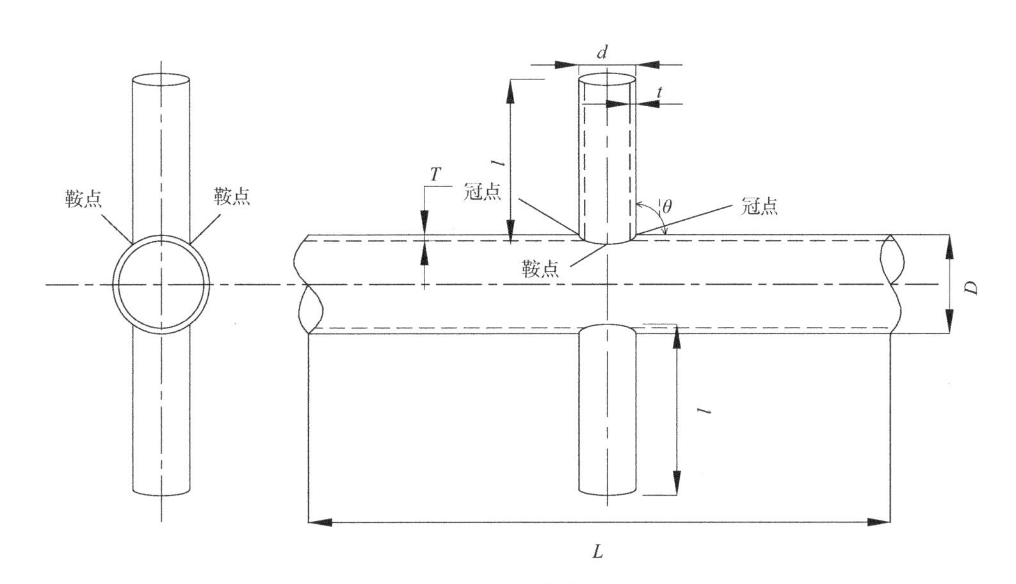


图 5-1　X 形相贯节点几何参数

关于$\beta$、$\gamma$、$\tau$、$\alpha$、$\theta$这5个几何无量纲参数对X形管节点应力集中系数的影响意义如下：$\beta$影响荷载传递状态和管节点相贯线处应力分布情况；$\gamma$影响管节点处的径向柔度；$\tau$影响支管与主管的相对弯曲刚度；$\alpha$影响主管的弯曲参数；$\theta$影响荷载传递机理。

不论是对空钢管节点，还是钢管混凝土节点来说，$\beta$、$\gamma$、$\tau$、$\alpha$、$\theta$都是影响节点应力集中系数大小的重要因素。为简便计算，可先考察对其影响较大的前3个参数，而不把$\alpha$和$\theta$作为主要考察对象，直接取$\alpha$=12.156和$\theta$=90°作为确定的值；因此，本章是将$\beta$、$\gamma$、$\tau$这3个几何无量纲参数作为主要考察对象，研究$\beta$、$\gamma$、$\tau$这3个参数分别对X形管节点热点应力和应力集中系数的影响。

试验一共8个试验构件，其中包括7个钢管混凝土和1个空钢管构件，试验构件中主管长度取值大于6倍主管外径，支管长度取值大于3倍支管外径，其目的是尽量消除主管和支管两端约束对节点区域应力分布的影响。另外且根据主管类型和尺寸来定义试件编号，S（Steel Tubular）表示主管为空钢管，CS（Concrete-Filled Steel Tubular）表示主管内填充了混凝土，后面的数字则表示不同的试验构件。

试验中8个试验构件共分为4个对照组，其中CS-1、CS-2、CS-3为第1组对照试验构件，具体尺寸见表5-1，试件的几何无量纲参数见表5-2，本组对照试验是研究当钢管混凝土X形管点$\gamma$、$\tau$、$\alpha$、$\theta$不变，管径比$\beta$变化时，管节点相贯线焊趾处的应力集中系数变化情况。

表5-1　圆管X形节点第1对照组试件的尺寸　　单位：mm

| 试件编号 | 主管 | | | 支管 | | |
|---|---|---|---|---|---|---|
| | $D$ | $T$ | $L$ | $d$ | $t$ | $l$ |
| CS-1 | 102 | 6 | 620 | 42 | 6 | 170 |
| CS-2 | 102 | 6 | 620 | 51 | 6 | 170 |
| CS-3 | 102 | 6 | 620 | 65 | 6 | 170 |

表5-2　圆管X形节点第1对照组试件的几何参数

| 试件编号 | $\beta$ | $\gamma$ | $\tau$ | $\alpha$ | $\theta$/（°） |
|---|---|---|---|---|---|
| CS-1 | 0.41 | 8.5 | 1 | 12.156 | 90 |
| CS-2 | 0.5 | 8.5 | 1 | 12.156 | 90 |
| CS-3 | 0.637 | 8.5 | 1 | 12.156 | 90 |

编号为CS-2、CS-4、CS-5的构件为第2组对照试验构件，具体尺寸见表5-3，试件的几何无量纲参数见表5-4；本组对照试验是考察当钢管混凝土X形管点$\beta$、$\gamma$、$\alpha$、$\theta$不变，壁厚比$\tau$变化时，管节点相贯线焊趾处的应力集中变化情况。

表 5-3　圆管 X 形节点第 2 对照组试件的尺寸　　单位：mm

| 试件编号 | 主管 | | | 支管 | | |
|---|---|---|---|---|---|---|
| | *D* | *T* | *L* | *d* | *t* | *l* |
| CS-2 | 102 | 6 | 620 | 51 | 6 | 170 |
| CS-4 | 102 | 6 | 620 | 51 | 5 | 170 |
| CS-5 | 102 | 6 | 620 | 51 | 4 | 170 |

表 5-4　圆管 X 形节点第 2 对照组试件的几何参数

| 试件编号 | $\beta$ | $\gamma$ | $\tau$ | $\alpha$ | $\theta$/（°） |
|---|---|---|---|---|---|
| CS-2 | 0.5 | 8.5 | 1 | 12.156 | 90 |
| CS-4 | 0.5 | 8.5 | 0.83 | 12.156 | 90 |
| CS-5 | 0.5 | 8.5 | 0.667 | 12.156 | 90 |

编号为 CS-2、CS-6、CS-7 的构件为第 3 组对照试验构件，具体尺寸见表 5-5，试件的几何无量纲参数见表 5-6；本组对照试验是考察当钢管混凝土 X 形管点 $\beta$、$\gamma$、$\alpha$、$\theta$ 不变，壁厚比 $\gamma$ 变化时，管节点相贯线焊趾处的应力集中变化情况。

表 5-5　圆管 X 形节点第 3 对照组试件的尺寸　　单位：mm

| 试件编号 | 主管 | | | 支管 | | |
|---|---|---|---|---|---|---|
| | *D* | *T* | *L* | *d* | *t* | *l* |
| CS-2 | 102 | 6 | 620 | 51 | 6 | 170 |
| CS-6 | 102 | 5 | 620 | 51 | 5 | 170 |
| CS-7 | 102 | 4 | 620 | 51 | 4 | 170 |

表 5-6　圆管 X 形节点第 3 对照组试件的几何参数

| 试件编号 | $\beta$ | $\gamma$ | $\tau$ | $\alpha$ | $\theta$/（°） |
|---|---|---|---|---|---|
| CS-2 | 0.5 | 8.5 | 1 | 12.156 | 90 |
| CS-6 | 0.5 | 10.2 | 1 | 12.156 | 90 |
| CS-7 | 0.5 | 12.75 | 1 | 12.156 | 90 |

编号为 CS-2、S-1 的构件为第 4 组对照试验构件，具体尺寸见表 5-7，试件的几何无量纲参数见表 5-8；本组对照试验是考察当钢管混凝土 X 形管点 $\beta$、$\gamma$、$\alpha$、$\theta$ 均不变，管节点主管内不填充混凝土与主管内填充混凝土时，管节点相贯线焊趾处的应力集中系数变化情况。

表 5-7　圆管 X 形节点第 4 对照组试件的尺寸　　单位：mm

| 试件编号 | 主管 | | | 支管 | | |
|---|---|---|---|---|---|---|
| | $D$ | $T$ | $L$ | $d$ | $t$ | $l$ |
| CS-2 | 102 | 6 | 620 | 51 | 6 | 170 |
| S-1 | 102 | 6 | 620 | 51 | 6 | 170 |

表 5-8　圆管 X 形节点第 4 对照组试件的几何参数

| 试件编号 | $\beta$ | $\gamma$ | $\tau$ | $\alpha$ | $\theta$/（°） |
|---|---|---|---|---|---|
| S-1 | 0.5 | 8.5 | 1 | 12.156 | 90 |
| CS-2 | 0.5 | 8.5 | 1 | 12.156 | 90 |

本章节管节点几何参数的选取考虑了工程的实际情况和钢材市场上能够提供的钢材规格以及试验设备提供的试验条件，试验构件主管和支管均采用 20 号无缝钢管，执行标准为《结构用无缝钢管》GB/T 8162—2018。所有的钢管均由钢管加工厂加工，焊接支管与主管采用二氧化碳气体保护焊，全部封闭焊接，相贯线焊缝为全熔透焊缝，焊接情况符合《钢结构焊接规范》GB 50661—2011 中的相关要求。

在制作试件时，还需测试钢材的相关性能，性能测试构件在同一批 20 号钢材中截取，标准构件截取的形状要求、截取的位置和具体的试验方法执行标准为《金属拉伸试验试样金属拉伸试验试样》GB/T 6397—1986 和《金属材料拉伸试验》GB/T 288.1—2010。钢材的屈服强度 $f_y$ 为 245MPa，抗拉强度 410MPa，弹性模量为 210GPa，泊松比 $\upsilon$ 为 0.3。管节点内核心混凝土强度等级采用 C60，按照规范测得其弹性模量为 36.5GPa，泊松比 $\upsilon$ 为 0.167。

## 5.2　试验测试

由前文所述可知，支管无论在承受轴向应力还是轴向拉力，管节点相贯线处的应力集中系数大小基本不变，并且应力分布情况也基本一致，另外，由于受拉管节点才会出现疲劳裂纹，为了更接近实际情况所以本书试验选择在试件支管两端施加轴向的拉力，并且该轴向拉力大小也应该保证节点是在弹性状态下的，同时考虑到如果施加的荷载太小，那么试验结果很容易受到其他方面因素的影响，所以试验施加的荷载应在保证节点处于弹性状态下的范围内尽量取大一些。

本次试验保证试件处于弹性工作状态，静力试验采用逐步加载的方式进行控制，按 0 → 20kN → 40kN → 60kN → 80kN，最大加载至 80kN，加载方式通过力控制，加载速率为 50N/s，每次加载持续 400s，当加载至某一荷载值时，力保持 2 分钟，以便进行数据的采集。由于最大加载荷载为试验机器的最大量程的 13.3%，且试件处于弹性工装状态，不存在破坏试验，所以整个过程危险性较小。

试验采用的加载装置为 600kN 微机控制电液伺服万能试验机如图 5-2 所示，在 X 形管节点支管端部施加轴向拉力荷载，加载示意如图 5-3 所示，试验加载如图 5-4、图 5-5 所示。

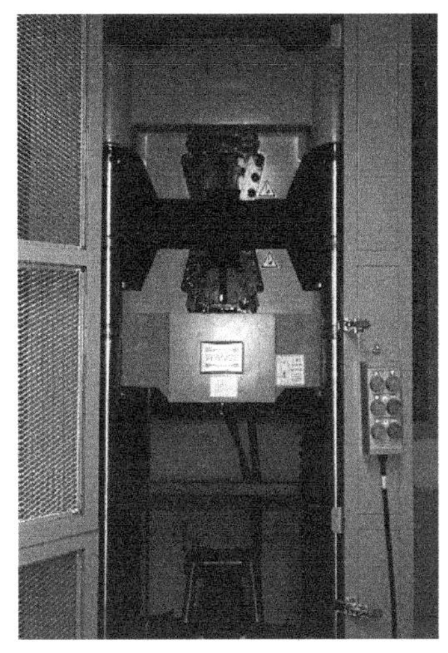

图 5-2　600kN 微机控制电液伺服万能试验机

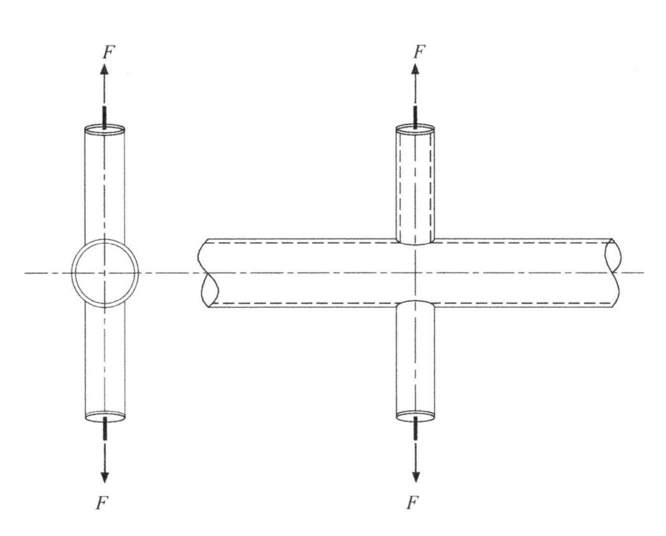


图 5-3　试件加载示意

图 5-4　钢筋混凝土节点试件加载

图 5–5　空心管节点试件加载

# 5.3　应力集中系数的测试

## 5.3.1　应力集中系数测试方案

本章静力试验主要是研究钢管混凝土 X 形相贯节点相贯线附近的应力分布规律、热点位置、热点应力集中系数。已有的研究表明，管节点的热点位置通常是在冠点或者鞍点区域，故而本章节以钢管混凝土 X 形相贯节点主管的冠点区域、鞍点区域和支管冠点区域、鞍点区域为主要研究对象，研究其应力分布和热点应力集中系数。

本章是在管节点相贯线焊趾处粘贴应变片，由 DH3816 应变箱测试得到测点位置的应变数据，通过这些数据再得到应变集中系数 SNCF，再通过应变集中系数加以换算得到管节点的热点应力集中系数 SCF。

应变集中系数与应力集中系数的计算可采用上一节公式（4.1）~ 公式（4.3）。

## 5.3.2　外推法

外推法是计算热点处应力的常用方法，是通过距离焊趾一定距离参考点的应力推算出焊趾处热点的应力。外推法又分为线性外推法（一次外推法）和二次外推法，两个外推参考点为线性外推，3 个外推参考点为二次外推法，对于外推参考点的设置，不同的机构推荐的也不相同可参考表 3–1。

本章节应变片的具体粘贴位置可以依据 CIDECT《指南》以及试验构件的几何参数确定，在规定的 $L_{min}$ 和 $L_{max}$ 这个插值区域内可取任意 2 个点或者 3 个点，只要测量得到这 2 个点或者 3 个点的应变，那么焊缝处的应变值可以由两点线性插值或者三点二次插值计算得到。当外推点在 0.4$t$、1.0$t$ 位置时采用线性外推，焊缝处的应力可由式（5.1）得到，当外推点在 0.4$t$、0.9$t$、1.4$t$ 位置时采用二次外推，焊缝处的应力可由式（5.2）得到；当外推点在 0.5$t$、1.5$t$ 位置时采用线性外推，焊缝处的应力可由式（5.3）得到，当外推点在 0.5$t$、1.5$t$、2.5$t$ 位置时采用二次外推，焊缝处的应力可由式（5.4）得到。

$$\sigma_{\mathrm{h}}=1.67\times\sigma_{0.4t}-0.67\times\sigma_{1.0t} \tag{5.1}$$

$$\sigma_{\mathrm{h}}=2.52\times\sigma_{0.4t}-2.24\times\sigma_{0.9t}+0.72\times\sigma_{1.4t} \tag{5.2}$$

$$\sigma_{\mathrm{h}}=1.5\times\sigma_{0.5t}-0.5\times\sigma_{1.5t} \tag{5.3}$$

$$\sigma_{\mathrm{h}}=1.875\times\sigma_{0.5t}-1.25\times\sigma_{1.5t}+0.375\times\sigma_{2.5t} \tag{5.4}$$

在选择线性外推（一次外推法）和三点插值外推（二次外推法）时，本章节采用线性外推法。

本章节试验在测试管节点相贯线周围应力分布时，沿着焊缝以 45° 为界在支管和主管分别在垂直于焊缝的方向贴两片应变片，目的是测得垂直于焊缝方向的应变（图 5–6）。

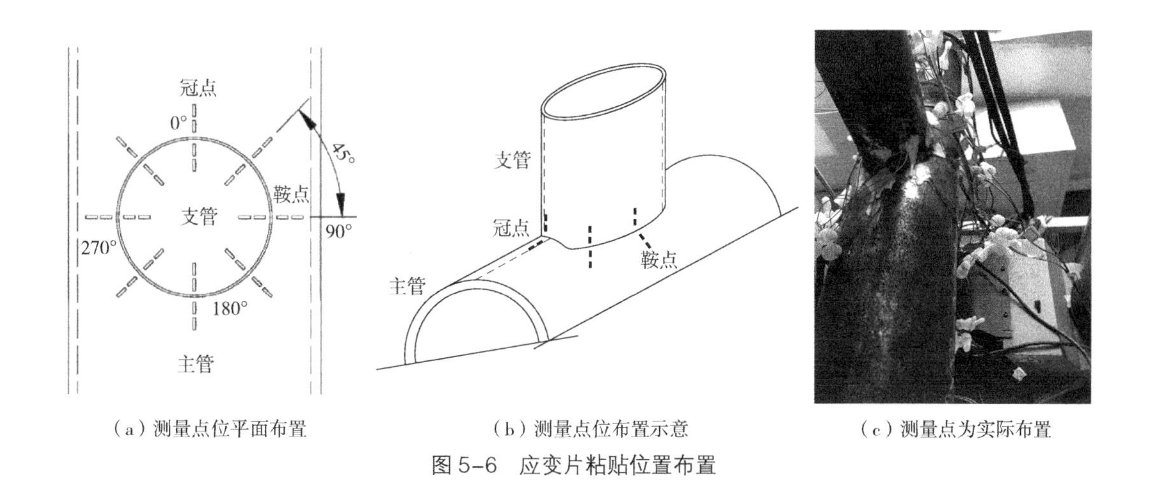


（a）测量点位平面布置　（b）测量点位布置示意　（c）测量点为实际布置

图 5–6　应变片粘贴位置布置

管节点相贯线焊趾处的热点应力集中系数测试步骤如下：

①在管节点主管和支管相贯线焊趾处的插值区域内粘贴应变片。

②将在插值区域内应变片测得的两个测点的应变值通过线性外推得到主管和支管焊趾处的应变，支管中部测得的名义应变可以直接读数得到。

③将热点应变除以名义应变可以得到热点应变集中系数 SNCF。

④将得到的应变集中系数 SNCF 乘以系数 $c$ 得到应力集中系数 SCF。

## 5.4 试验结果与分析

本试验共设计了主管内是否充填混凝土、管径比 $\beta$、壁厚比 $\tau$、径厚比 $\gamma$ 共 4 个对照组，试验分析结果见图 5-7~ 图 5-10，图中纵坐标表示 SCF，横坐标表示测点位置，横坐标轴中 0°、180°、360° 表示管节点冠点位置，90°、270° 表示鞍点位置，其中 0°、180° 为重合测点。

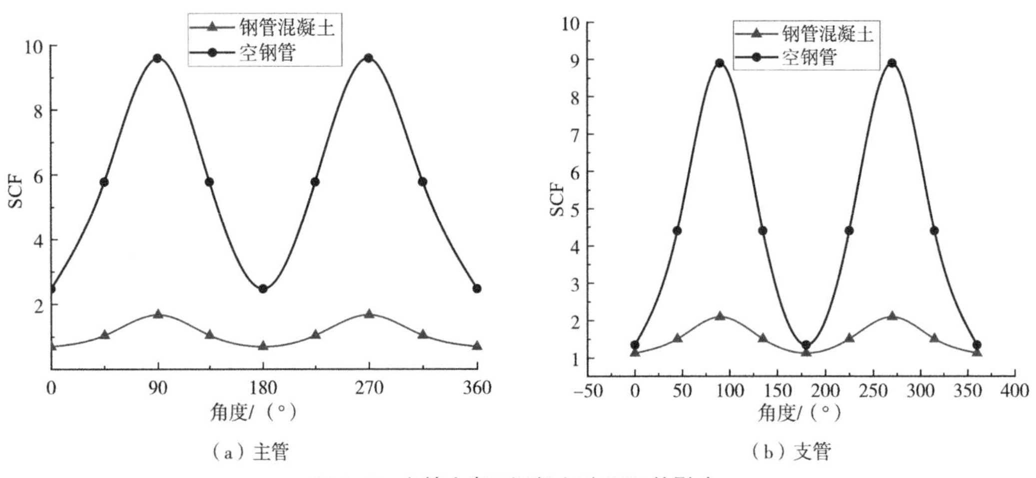

（a）主管　（b）支管

图 5-7　主管内有无混凝土对 SCF 的影响

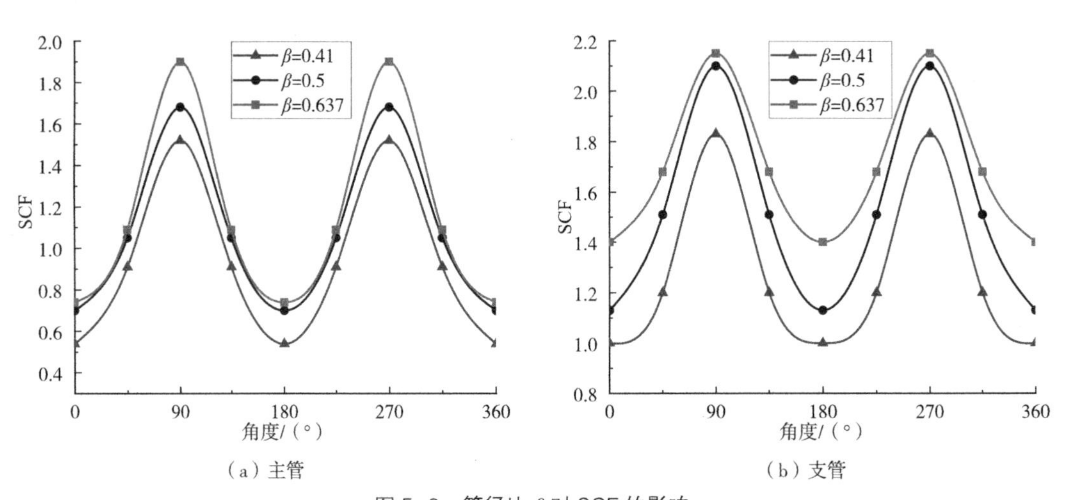

（a）主管　（b）支管

图 5-8　管径比 $\beta$ 对 SCF 的影响

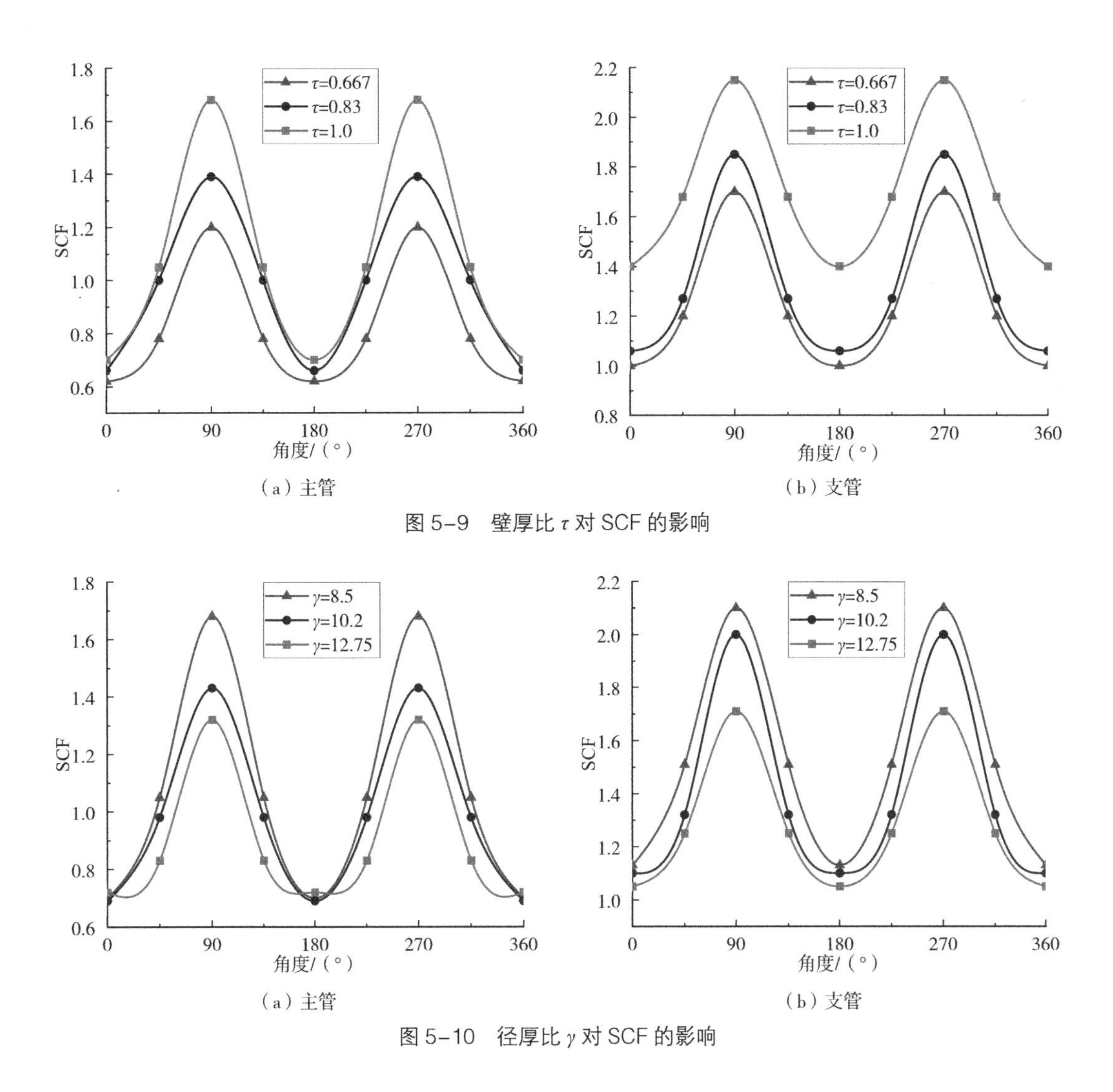


（a）主管　　（b）支管

图 5-9　壁厚比 $\tau$ 对 SCF 的影响

（a）主管　　（b）支管

图 5-10　径厚比 $\gamma$ 对 SCF 的影响

X 形管节点支管在轴向拉力作用下相贯线焊缝一周应力集中系数见图 5-7~ 图 5-10，由图可以得到以下结论：

① X 形管节点应力集中系数在管节点焊缝一周分布是不均匀的，主管与支管应力集中系数都是由冠点到鞍点逐渐增大，其中鞍点位置的应力集中系数最大，热点位置出现在 X 形管节点的鞍点位置，即鞍点位置的应力集中系数就是热点应力集中系数。

②空钢管 X 形管节点与钢管混凝土 X 形管节点相比，其主管与支管的应力集中系数分布更加不均匀，应力集中现象更为明显。主管鞍点应力集中系数最大，达到了 9.60，是空钢管 X 形管节点的热点位置，主管鞍点应力集中系数为热点应力集中系数，主管冠点应力集中系数相对较小，为 2.48；支管鞍点位置应力集中系数也较大，达到了 8.90，支管冠点应力集中系数最小，为 1.35。

③与空钢管相比，钢管混凝土 X 形管节点应力集中系数的分布仍然是不均匀的，但其应力集中系数程度得到了很大程度减缓，主管鞍点应力集中为 1.68，与空钢管主管鞍

点应力集中系数相比下降幅度最大；支管鞍点应力集中系数为 2.10，相比下降幅度较大；并且热点位置与空钢管相比位置发生了转移，由主管鞍点转移到支管鞍点。

④管径比$\beta$在0.4~0.637范围时，主管鞍点位置应力集中系数随着管径比$\beta$的增大而增大，主管冠点应力集中系数也随着管径比$\beta$的增大而有所增加，但是增加幅度较小；支管鞍点与支管冠点应力集中系数均随着管径比$\beta$的增大而增大；并且热点位置始终发生在支管鞍点位置，没有随着管径比$\beta$的变化而发生改变，热点应力集中系数随着管径比$\beta$的增大而增大。

⑤壁厚比$\tau$在 0.667~1.0 范围时，主管鞍点位置应力集中系数随着壁厚比$\tau$的增大而增大，主管冠点位置应力集中系数有轻微增加趋势，但表现不明显；支管鞍点和支管冠点位置的应力集中系数随着壁厚比$\tau$的增大而增大；热点位置始终发生在支管鞍点位置，并没有随着壁厚比$\tau$的变化而发生转移，热点应力集中系数随着壁厚比$\tau$的增大而增大。

⑥径厚比$\gamma$在 8.5~12.75 范围时，主管鞍点应力集中系数随着$\gamma$的增大而减小，主管冠点应力集中系数无明显变化趋势；支管鞍点应力集中系数随着$\gamma$的增大而减小，支管冠点应力集中系数随径厚比$\gamma$的变化有轻微减小趋势；支管鞍点依然是应力集中系数最大的位置，说明热点位置没有随着径厚比$\gamma$的变化而发生改变，仍出现在支管鞍点。

⑦主管冠点应力集中系数均小于 1，说明主管冠点属于低应力区域。

## 5.5 有限元模型

在上一节中对钢管混凝土 X 形相贯节点进行了模型试验，试验结果是比较符合实际情况的。但是本章节的模型试验仅设置了 4 组，并且模型试验难以对这 4 组管节点的相贯线部位中每个点的应力分布情况进行研究，而且其他没有涉及的参数范围的管节点的应力分布情况也没有进行构件试验研究，原因是在进行模型试验时，对不同参数的模型研究要制作大量的构件，需要花费的成本很高，制作试验构件所需要花费的时间周期很长。为了减少经济和时间成本，并且还能研究更多不同参数、不同类型的管节点，本章节采用 ANSYS Workbench 有限元软件对钢管混凝土 X 形相贯节点进行建模，通过建立不同参数和不同类型的有限元模型来对钢管混凝土 X 形相贯节点的热点应力集中系数进行研究。

有限元软件 ANSYS Workbench 具有较为完善的理论依据，有强大的线性和非线性分析功能，操作简单，在建立模型进行分析方面比较方便。

### 5.5.1 模型的建立

#### （1）材料和单元

X 形节点和 T 形节点仅仅是形状不同，因此 X 形管节点中钢材和混凝土的材料特性和材料本构关系和 T 形管节点是相同的。

对于钢管和混凝土的单元选取，X 形节点和前一章 T 形节点相同，仍将采用 Solid187 单元来对钢管材料进行模拟，采用 Solid65 单元来对混凝土进行模拟，选取 CONTA174 单元和 TARGE170 单元来定义钢管和混凝土之间的接触面界面模型。

（2）焊缝模拟

在对焊缝进行模拟时，考虑焊缝的真实尺寸大小情况，在 ANSYS Workbench 中利用 DM 建模时使用 Chamfer 命令模拟焊缝，焊脚尺寸大小取 $0.5t$（$t$ 是支管壁厚），焊缝模拟见图 5–11，焊缝和钢管是同一种钢材，因此焊缝的本构关系及单元选取与钢材的本构关系和单元选取是一致的。

（3）钢管—混凝土之间的接触

本章节有限元模型建立的钢管面为凹面，核心混凝土表面为凸面，并且钢管刚度大于核心混凝土刚度，所以钢管面作为目标面，核心混凝土表面作为接触面（图 5–12）。

图 5–11　焊缝模拟

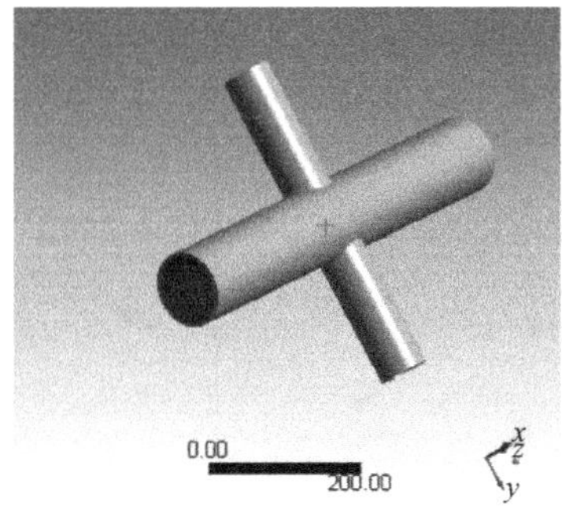


（a）钢管—目标面

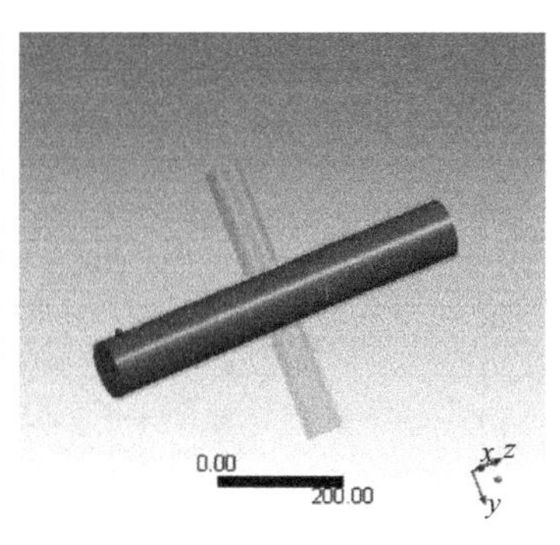


（b）混凝土—接触面

图 5–12　接触面设置

（4）模型网格划分

钢管混凝土 X 形相贯节点的热点应力问题，主要研究对象是相贯线一周应力分布情况，因此，仅需要注意将相贯线一周位置的网格划分得精细一些，模型主管和支管的其他位置可以将网格划分得粗糙一些，从而达到计算结果误差小，计算模型花费时间少的目的。经过数次测试发现，本章节有限元模型加密区域网格大小采用 3mm，其他位置网格划分采用 6mm，既能满足计算精度的要求，又能节省计算时间。

## 5.5.2　试验和有限元结果的对比

将建立的 X 形管节点有限元模型分析结果与相对应的试件试验结果进行对比分析，其对比分析见图 5–13~ 图 5–20。主管和支管鞍点热点位置的 SCF 试验与有限元对比分析见表 5–9。

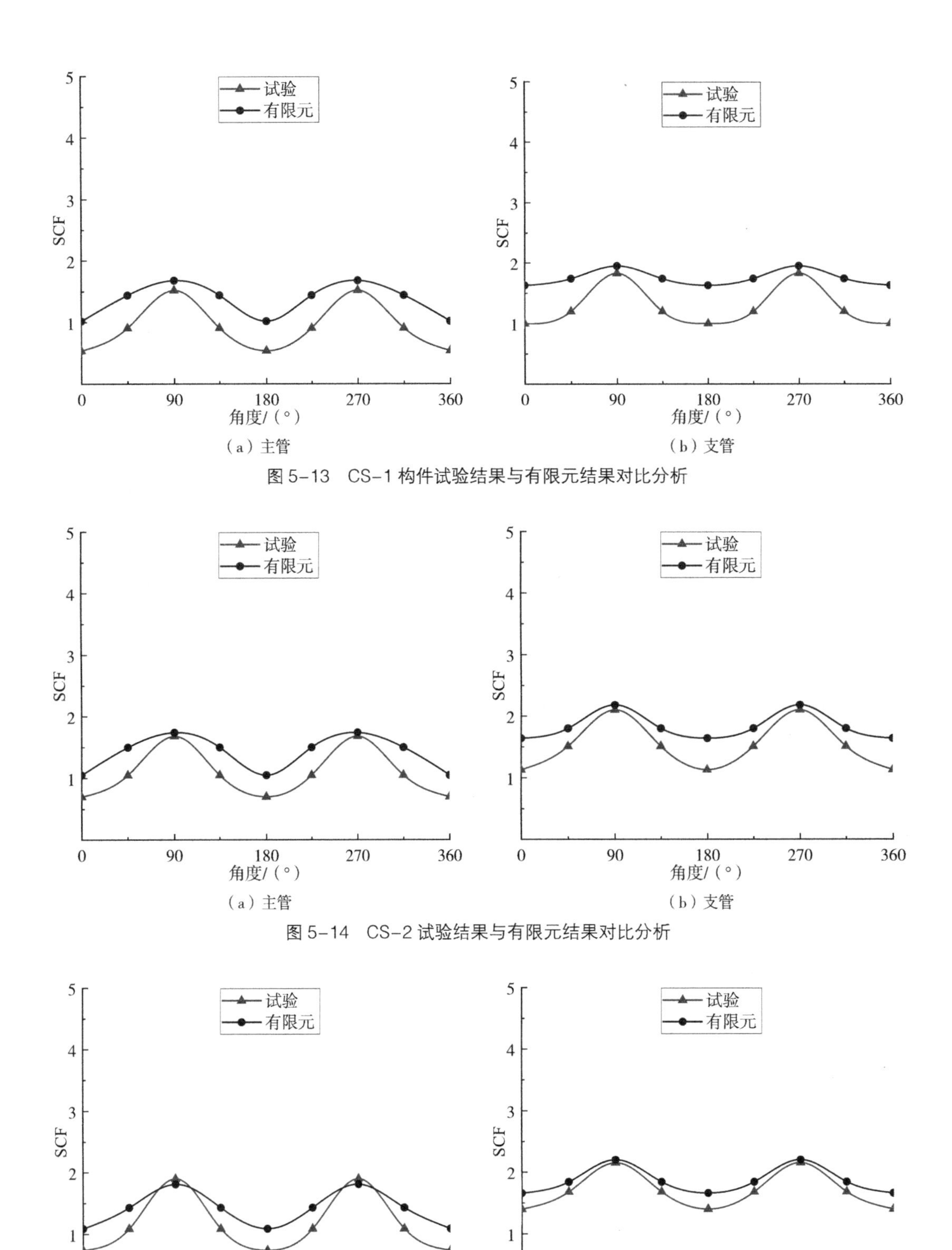


图 5-13　CS-1 构件试验结果与有限元结果对比分析

图 5-14　CS-2 试验结果与有限元结果对比分析

图 5-15　CS-3 试验结果与有限元结果对比分析

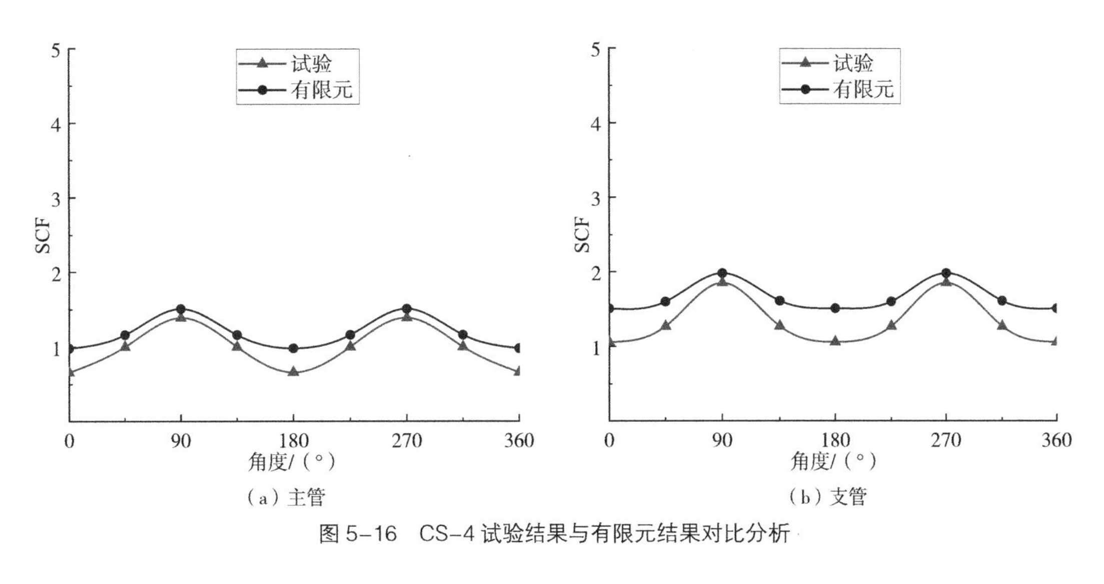


（a）主管　　（b）支管

图 5-16　CS-4 试验结果与有限元结果对比分析

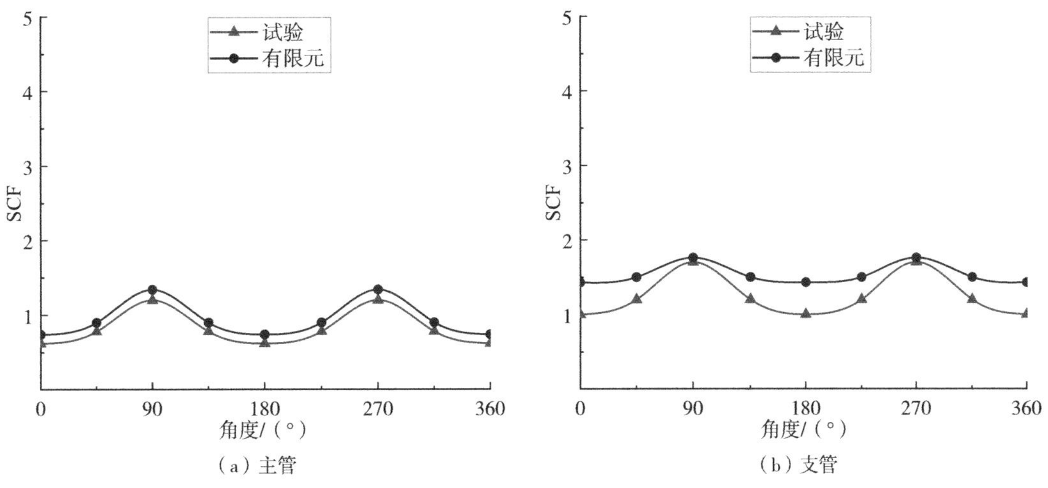


（a）主管　　（b）支管

图 5-17　CS-5 试验结果与有限元结果对比分析

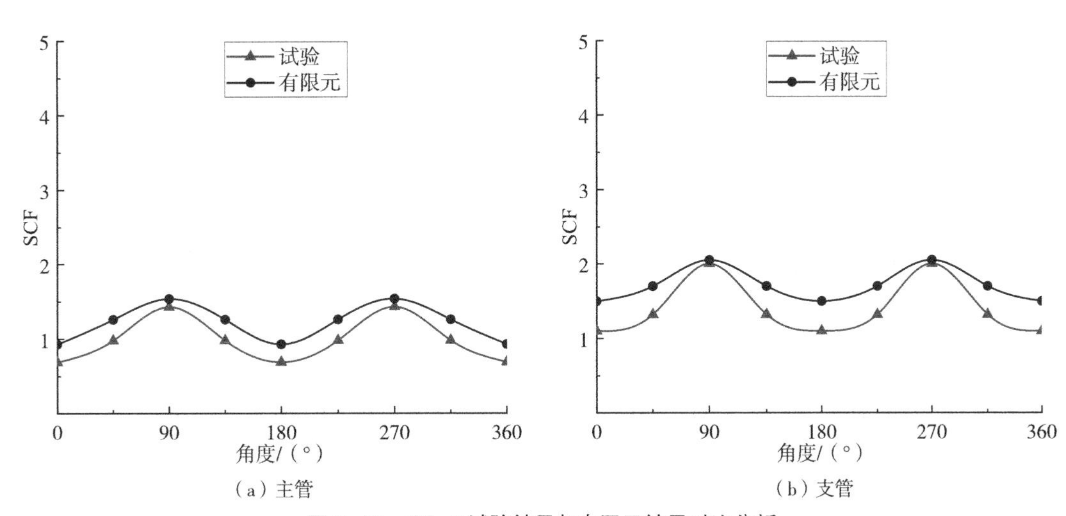


（a）主管　　（b）支管

图 5-18　CS-6 试验结果与有限元结果对比分析

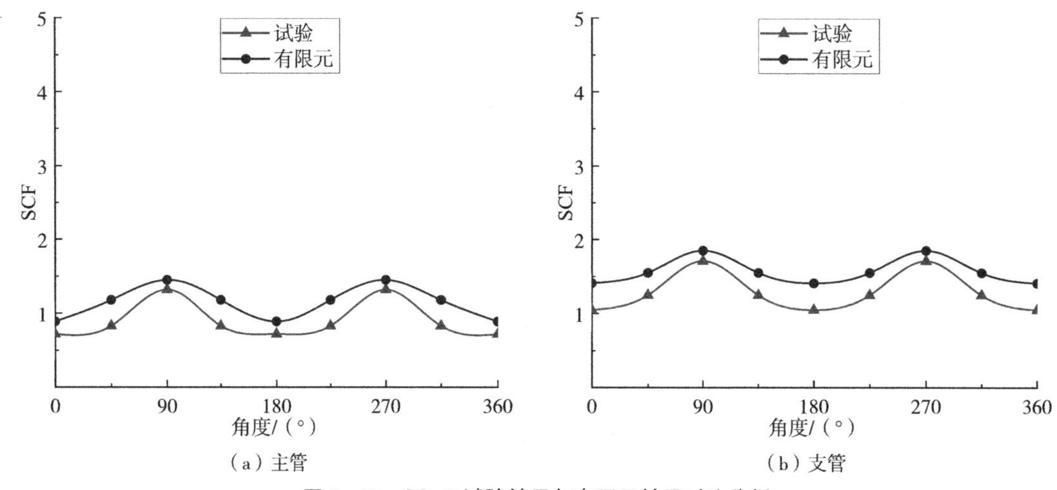

（a）主管　　（b）支管

图 5-19　CS-7 试验结果与有限元结果对比分析

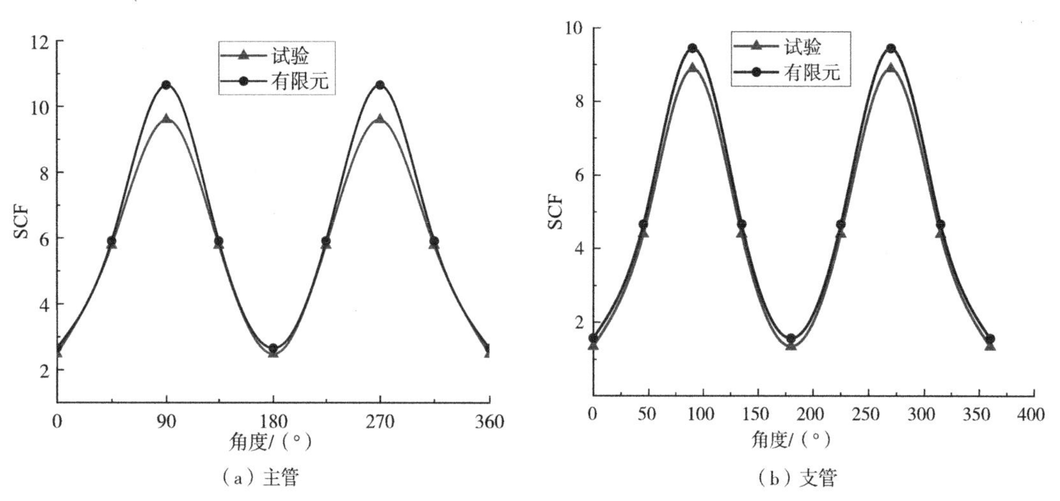

（a）主管　　（b）支管

图 5-20　S-1 试验结果与有限元结果对比分析

表 5-9　试验和有限元结果中主管和支管鞍点热点位置 SCF 对比

| 试件编号 | 试验 | | 有限元 | | 试验 / 有限元 | 试验 / 有限元 |
|---|---|---|---|---|---|---|
| | 主管鞍点 | 支管鞍点 | 主管鞍点 | 支管鞍点 | 主管鞍点 | 支管鞍点 |
| CS-1 | 1.52 | 1.83 | 1.68 | 1.95 | 0.90 | 0.94 |
| CS-2 | 1.68 | 2.10 | 1.74 | 2.18 | 0.97 | 0.96 |
| CS-3 | 1.90 | 2.15 | 1.81 | 2.20 | 1.05 | 0.98 |
| CS-4 | 1.39 | 1.85 | 1.51 | 1.98 | 0.92 | 0.93 |
| CS-5 | 1.20 | 1.70 | 1.34 | 1.76 | 0.90 | 0.97 |
| CS-6 | 1.43 | 2.0 | 1.54 | 2.05 | 0.93 | 0.98 |
| CS-7 | 1.32 | 1.71 | 1.45 | 1.85 | 0.91 | 0.92 |
| S-1 | 9.6 | 8.90 | 10.66 | 9.45 | 0.90 | 0.94 |

由图 5-13~ 图 5-20 和表 5-10 可知，X 形管节点热点位置主管鞍点与支管鞍点的应力集中系数试验与有限元分析较为吻合，热点应力集中系数与热点发生的位置均试验与有限元结果吻合。

因此，采用 ANSYS Workbench 建立的考虑焊缝的有限元模型进行 X 形管节点的热点应力集中系数预测这一方法是可行的，得到的热点应力集中系数是可信的，可以为钢管混凝土管节点热点应力集中系数有限元研究提供参考。

表 5-10　有限元模型几何尺寸

| 编号 | 主管 | | 支管 | | 混凝土强度等级 |
|---|---|---|---|---|---|
| | $L$/mm | $D\times T$/（mm×mm） | $l$/mm | $d\times t$/（mm×mm） | |
| CS-Ⅰ | 620 | 102×6 | 170 | 51×6 | C60 |
| S-Ⅰ | 620 | 102×6 | 170 | 51×6 | 无 |
| CS-Ⅱ | 620 | 102×6 | 170 | 65×6 | C60 |
| S-Ⅱ | 620 | 102×6 | 170 | 65×6 | 无 |

注：CS 表示主管内有混凝土，S 表示主管内无混凝土。

## 5.6　应力集中系数的影响因素

为了使得模拟分析结果更具有一般性，贴合实际情况，管节点轴向力应按承载力计算方法确定，本章节按照《公路钢管混凝土拱桥设计规范》JTG/TD 65-06—2015 计算，在计算结果的基础上取值，从而保证管节点在受力时处于弹性工作状态；同时 CIDECT《指南》中针对 X 形管节点管径比 $\beta$、径厚比 $\gamma$，壁厚比 $\tau$、主管与支管之间的夹角 $\theta$ 这 4 个参数取值的限制如下：

①管径比 $\beta$ 取值范围为 0.13~1.0。

②径厚比 $\gamma$ 取值范围为 12~32，计算时当径厚比 $\gamma$ 小于 12 时，$\gamma$ 取 12，并且计算结果偏于保守。

③壁厚比 $\tau$ 取值范围为 0.25~1.0。

④主管与支管之间的夹角 $\theta$ 取值范围为 30°~90°。

本章利用有限元扩展参数对钢管混凝土 X 形相贯节点进行研究，其中管径比 $\beta$、径厚比 $\gamma$，壁厚比 $\tau$、主管与支管之间的夹角 $\theta$ 这 4 个参数取值按照上述规定范围取值。

### 5.6.1　主管内是否有混凝土的影响

由 X 形管节点试验分析可知，在 X 形钢管相贯节点主管内充填混凝土之后，可以增强主管径向刚度，从而有效降低管节点的应力集中程度，减小应力集中系数。但由于试件数量有限，结果不具有一般性。为了进一步分析管节点主管内充填混凝土对应力集中系数的影响，本小节将建立 2 组不同参数的钢管混凝土 X 形相贯节点与空钢管 X 形相贯节点对比分析。

有限元模型参数见表 5-11，钢材选用 20 号钢，参数设置屈服强度 $f_y$ 为 245MPa，抗拉强度 410MPa，弹性模量为 210GPa，泊松比 $\upsilon$ 为 0.3。混凝土强度等级采用 C60，其材料参数：抗压强度为 60MPa，弹性模量 36.5GPa，泊松比 $\upsilon$ 为 0.167。支管受轴向拉力荷载，根据钢管混凝土规范公式计算的管节点支管承载能力限值为 185.8kN，支管轴向施加拉力荷载取值 80kN。

有限元模型分析结果如图所示，其中图 5-21、图 5-22 为两组钢管混凝土 X 形相贯节点 CS-Ⅰ与空钢管 X 形相贯节点 S-Ⅰ主管、支管焊趾处应力集中系数分布以及变化趋势。

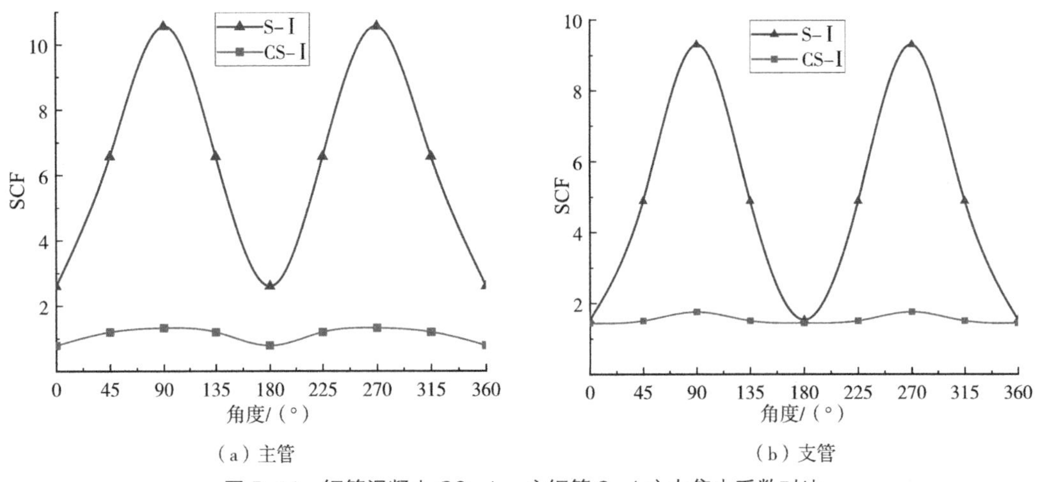


图 5-21 钢管混凝土 CS-Ⅰ、空钢管 S-Ⅰ应力集中系数对比

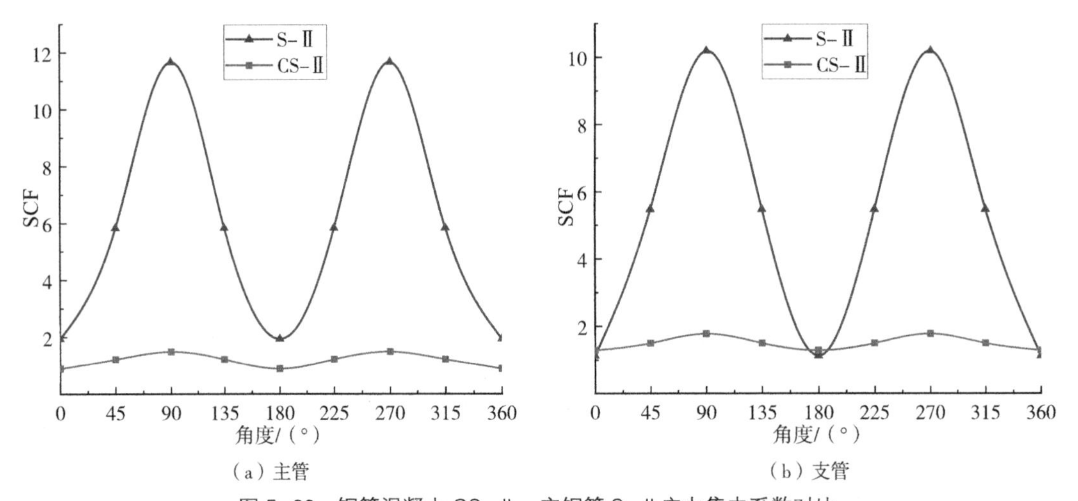


图 5-22 钢管混凝土 CS-Ⅱ、空钢管 S-Ⅱ应力集中系数对比

由上图两组钢管混凝土 X 形相贯节点与空心钢管 X 形相贯节点有限元模型分析结果可以得到如下结论：

①空钢管 X 形相贯节点支管在轴向拉力作用下，支管鞍点、主管鞍点位置应力集中系数较大，鞍点位置应力集中系数远远高于冠点位置的应力集中系数，空钢管管节点相贯线一周的应力集中系数分布极不均匀，其应力集中系数最大位置发生在主管鞍点处，两组模型中应力集中系数最大分别为 10.56、11.67。空心管节点主管冠点位置的应力集中系数也大于自身冠点与钢管混凝土管节点主管冠点、支管冠点位置的应力集中系数，两组模型空心管节点与钢管混凝土管节点支管冠点位置应力集中系数变化不明显。

②与空钢管管节点相比，钢管混凝土管节点沿着相贯线一周位置的应力集中系数较小，分布也较均匀。钢管混凝土管节点主管鞍点、冠点和支管鞍点冠点位置应力集中系数差别较小。两组模型中均为钢管混凝土管节点支管鞍点位置应力集中系数最大，分别为 1.76、1.78，说明支管鞍点位置是热点位置，支管鞍点、主管鞍点位置的应力集中系数大于支管冠点、主管冠点位置应力集中系数。

③钢管混凝土 X 形管节点与空钢管管节点相比，其应力集中系数减小，应力集中系数程度得到缓减，最为明显的是主管鞍点、支管鞍点两个位置，两组对照模型中主管鞍点分别由 10.56、11.67 下降到 1.33、1.49，应力集中系数均减小约 87%，支管鞍点分别由 9.3、10.19 下降到 1.76、1.78，应力集中系数分别减少约 81% 和 82%。

④在空钢管 X 形相贯节点中，热点位置出现在主管鞍点位置，在钢管混凝土 X 形相贯节点中，热点位置出现在支管鞍点位置，说明主管内填混凝土会使得 X 形管节点热点位置发生转移。

## 5.6.2　管径比 $\beta$ 的影响

本小节使用有限元建立了 7 个模型，目的是研究管径比 $\beta$ 对钢管混凝土 X 形相贯节点应力集中系数的影响，有限元模型几何尺寸与有限元模型几何参数见表 5-11、表 5-12，模型其他参数均相同，参数 $\beta$ 取值分别为 0.3、0.4、0.5、0.6、0.7、0.8、0.9。材料参数设置与前文有限元模型一致，支管承受 80kN 轴向拉力荷载作用。

表 5-11　有限元模型几何尺寸

| 模型编号 | 主管 | | 支管 | | 混凝土强度等级 |
|---|---|---|---|---|---|
| | $L$/mm | $D \times T$/（mm × mm） | $l$/mm | $d \times t$/（mm × mm） | |
| B-1 | 620 | 102 × 6 | 170 | 30.6 × 6 | C60 |
| B-2 | 620 | 102 × 6 | 170 | 40.8 × 6 | C60 |
| B-3 | 620 | 102 × 6 | 170 | 51 × 6 | C60 |
| B-4 | 620 | 102 × 6 | 170 | 61.2 × 6 | C60 |
| B-5 | 620 | 102 × 6 | 170 | 71.4 × 6 | C60 |

续表

| 模型编号 | 主管 | | 支管 | | 混凝土强度等级 |
|---|---|---|---|---|---|
| | $L$/mm | $D \times T$/（mm × mm） | $l$/mm | $d \times t$/（mm × mm） | |
| B-6 | 620 | 102 × 6 | 170 | 81.6 × 6 | C60 |
| B-7 | 620 | 102×6 | 170 | 91.8 × 6 | C60 |

表 5-12　有限元模型几何参数

| 试件编号 | $\beta$ | $\gamma$ | $\tau$ | $\alpha$ | $\theta$/（°） |
|---|---|---|---|---|---|
| B-1 | 0.3 | 8.5 | 1 | 12.156 | 90 |
| B-2 | 0.4 | 8.5 | 1 | 12.156 | 90 |
| B-3 | 0.5 | 8.5 | 1 | 12.156 | 90 |
| B-4 | 0.6 | 8.5 | 1 | 12.156 | 90 |
| B-5 | 0.7 | 8.5 | 1 | 12.156 | 90 |
| B-6 | 0.8 | 8.5 | 1 | 12.156 | 90 |
| B-7 | 0.9 | 8.5 | 1 | 12.156 | 90 |

有限元模型以及应力云图如图 5-23 所示。表 5-14 为钢管混凝土 X 形相贯节点有限元模型支管冠点与鞍点焊趾处、主管冠点与鞍点焊趾处应力集中系数大小，图 5-24 为支管冠点、鞍点焊趾处应力集中系数随管径比 $\beta$ 变化趋势，图 5-25 为主管冠点、鞍点焊趾处应力集中系数随管径比 $\beta$ 变化趋势。

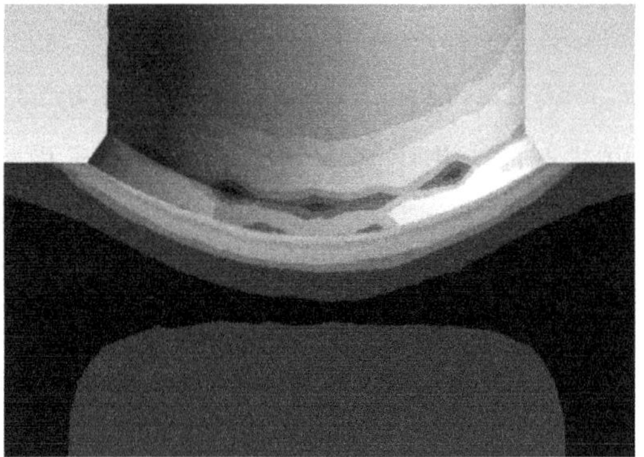

图 5-23　X 形管节点模型与应力云图

当钢管混凝土 X 形管节点管径比 $\beta$ 取值范围为 0.3~0.9 时，由表 5-13、图 5-24、图 5-25 可以得出以下结论：

①钢管混凝土 X 形相贯节点，支管和主管相贯线一周应力分布是不均匀的，都是从冠点位置到鞍点位置应力逐渐增大，应力集中系数也逐渐增大，其中冠点位置应力集中

表 5-13　钢管混凝土 X 形节点支管受轴向拉力作用下 SCF

| 编号 | 参数 | | | 支管受轴向拉力荷载下 SCF | | | |
|---|---|---|---|---|---|---|---|
| | $\beta$ | $\gamma$ | $\tau$ | 支管冠点 | 支管鞍点 | 主管冠点 | 主管鞍点 |
| B-1 | 0.3 | 8.5 | 1 | 1.60 | 2.00 | 1.01 | 1.62 |
| B-2 | 0.4 | 8.5 | 1 | 1.63 | 2.07 | 1.03 | 1.64 |
| B-3 | 0.5 | 8.5 | 1 | 1.64 | 2.18 | 1.05 | 1.74 |
| B-4 | 0.6 | 8.5 | 1 | 1.61 | 2.20 | 1.09 | 1.79 |
| B-5 | 0.7 | 8.5 | 1 | 1.53 | 2.15 | 1.02 | 1.69 |
| B-6 | 0.8 | 8.5 | 1 | 1.48 | 1.99 | 0.99 | 1.62 |
| B-7 | 0.9 | 8.5 | 1 | 1.33 | 1.74 | 0.98 | 1.43 |

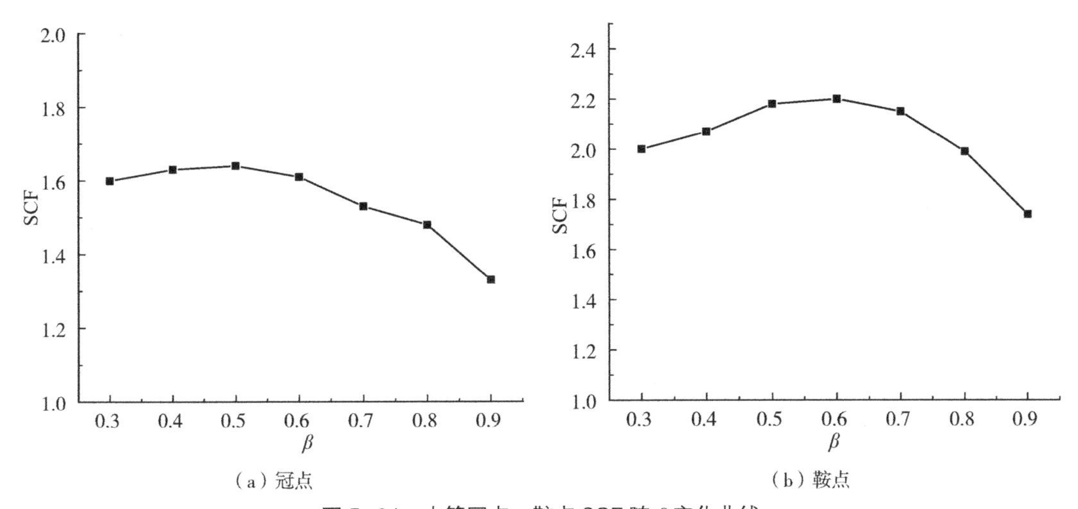


（a）冠点　（b）鞍点

图 5-24　支管冠点、鞍点 SCF 随 $\beta$ 变化曲线

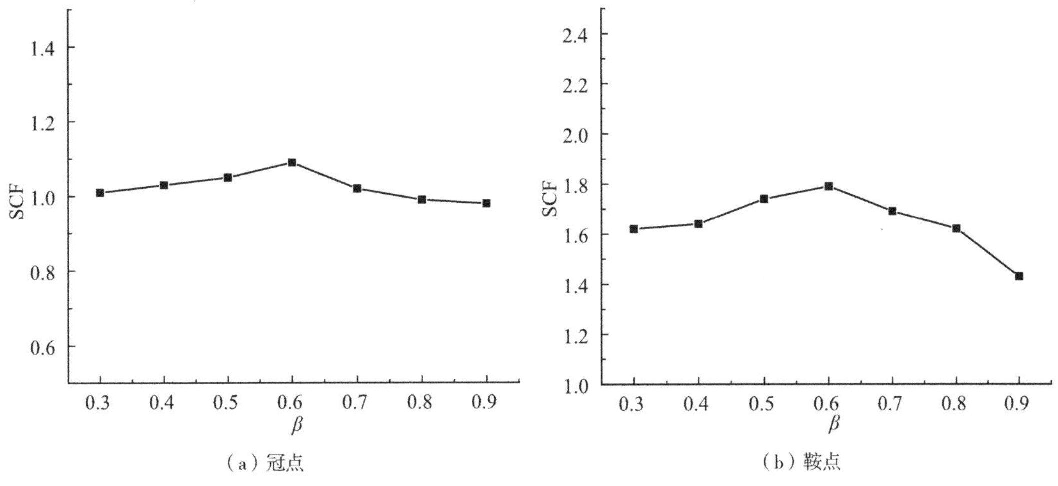


（a）冠点　（b）鞍点

图 5-25　主管冠点、鞍点 SCF 随 $\beta$ 变化曲线

系数最小，鞍点是应力集中系数最大的位置；支管鞍点应力大于主管鞍点应力，支管鞍点应力集中系数大于主管鞍点应力集中系数，支管鞍点应力集中系数即为热点应力集中系数，热点位置始终发生在支管鞍点位置，没有随管径比 $\beta$ 的变化而发生改变。

②随着管径比 $\beta$ 在 0.3~0.6 范围内增大，钢管混凝土 X 形管节点的支管冠点应力集中系数也跟着增大，支管鞍点应力集中系数也随着管径比 $\beta$ 在该范围内增大而增大。随着管径比 $\beta$ 在 0.6~0.9 范围内增大，钢管混凝土 X 形管节点支管冠点位置应力集中系数跟着减小，支管鞍点位置应力集中系数也随着管径比 $\beta$ 在该范围内增大而减小。

③随着管径比 $\beta$ 在 0.3~0.6 范围内增大，钢管混凝土 X 形管节点主管冠点位置的应力集中系数也随着增大，主管鞍点位置的应力集中系数也随之增大。随着管径比 $\beta$ 在 0.6~0.9 范围内增大，主管冠点位置应力集中系数减小，主管鞍点位置的应力集中系数也随着管径比 $\beta$ 的增大而减小，但同一模型中主管鞍点位置应力集中系数始终大于主管冠点位置的应力集中系数。

④支管鞍点位置是热点位置，没有随着管径比 $\beta$ 的变化而发生改变，支管鞍点处的应力集中系数一直都是热点应力集中系数，其变化趋势随着管径比 $\beta$ 在 0.3~0.6 范围内增大而增大，随着管径比 $\beta$ 在 0.6~0.9 范围内增大而减小。

⑤钢管混凝土 X 形管节点随着管径比 $\beta$ 的变化，其支管鞍点、主管鞍点应力集中系数变化幅度比支管冠点、主管冠点应力集中系数变化幅度更明显。

### 5.6.3 径厚比 $\gamma$ 的影响

本小节使用有限元建立了 6 个模型，目的是研究径厚比 $\gamma$ 对钢管混凝土 X 形相贯节点应力集中系数的影响，有限元模型尺寸与有限元模型参数见表 5-14、表 5-15，模型其他参数均相同，$\gamma$ 取值分别为 12.0、16.0、20.0、24.0、28.0、32.0。材料参数设置与前文有限元模型一致，支管承受 80kN 轴向拉力荷载作用。

表 5-14 有限元模型几何尺寸

| 模型编号 | 主管 | | 支管 | | 混凝土强度等级 |
|---|---|---|---|---|---|
| | $L$/mm | $D\times T$/（mm × mm） | $l$/mm | $d\times t$/（mm × mm） | |
| C-1 | 620 | 102 × 4.25 | 170 | 51 × 4.25 | C60 |
| C-2 | 620 | 102 × 3.19 | 170 | 51 × 3.19 | C60 |
| C-3 | 620 | 102 × 2.55 | 170 | 51 × 2.55 | C60 |
| C-4 | 620 | 102 × 2.13 | 170 | 51 × 2.13 | C60 |
| C-5 | 620 | 102 × 1.82 | 170 | 51 × 1.82 | C60 |
| C-6 | 620 | 102 × 1.59 | 170 | 51 × 1.59 | C60 |

表 5-15　有限元模型几何参数

| 试件编号 | $\beta$ | $\gamma$ | $\tau$ | $\alpha$ | $\theta$/(°) |
|---|---|---|---|---|---|
| C-1 | 0.5 | 12.0 | 1 | 12.156 | 90 |
| C-2 | 0.5 | 16.0 | 1 | 12.156 | 90 |
| C-3 | 0.5 | 20.0 | 1 | 12.156 | 90 |
| C-4 | 0.5 | 24.0 | 1 | 12.156 | 90 |
| C-5 | 0.5 | 28.0 | 1 | 12.156 | 90 |
| C-6 | 0.5 | 32.0 | 1 | 12.156 | 90 |

有限元模型以及应力云图见图 5-26。表 5-16 为钢管混凝土 X 形相贯节点有限元模型支管冠点与鞍点焊趾处、主管冠点与鞍点焊趾处应力集中系数，图 5-27 为支管冠点、鞍点焊趾处应力集中系数随径厚比 $\gamma$ 变化趋势，图 5-28 为主管冠点、鞍点焊趾处应力集中系数随径厚比 $\gamma$ 变化趋势。

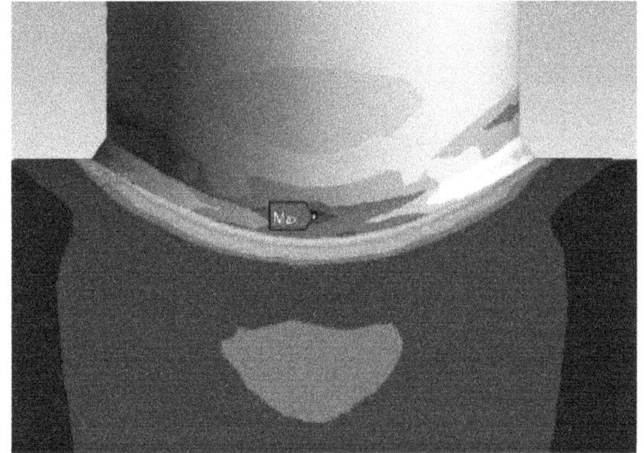

图 5-26　X 形管节点模型与应力云图

表 5-16　钢管混凝土 X 形节点支管受轴向拉力作用下 SCF

| 编号 | 参数 | | | 支管受轴向拉力荷载作用下 SCF | | | |
|---|---|---|---|---|---|---|---|
| | $\beta$ | $\gamma$ | $\tau$ | 支管冠点 | 支管鞍点 | 主管冠点 | 主管鞍点 |
| C-1 | 0.5 | 12 | 1 | 1.51 | 1.90 | 1.04 | 1.50 |
| C-2 | 0.5 | 16 | 1 | 1.31 | 1.80 | 0.82 | 1.40 |
| C-3 | 0.5 | 20 | 1 | 1.23 | 1.47 | 0.76 | 1.23 |
| C-4 | 0.5 | 24 | 1 | 1.18 | 1.41 | 0.70 | 1.17 |
| C-5 | 0.5 | 28 | 1 | 1.15 | 1.37 | 0.69 | 1.06 |
| C-6 | 0.5 | 32 | 1 | 1.10 | 1.36 | 0.67 | 1.01 |

当钢管混凝土 X 形管节点径厚比 $\gamma$ 取值范围为 12~32 时，分析表 5-17、图 5-27、图 5-28 可以得出以下结论：

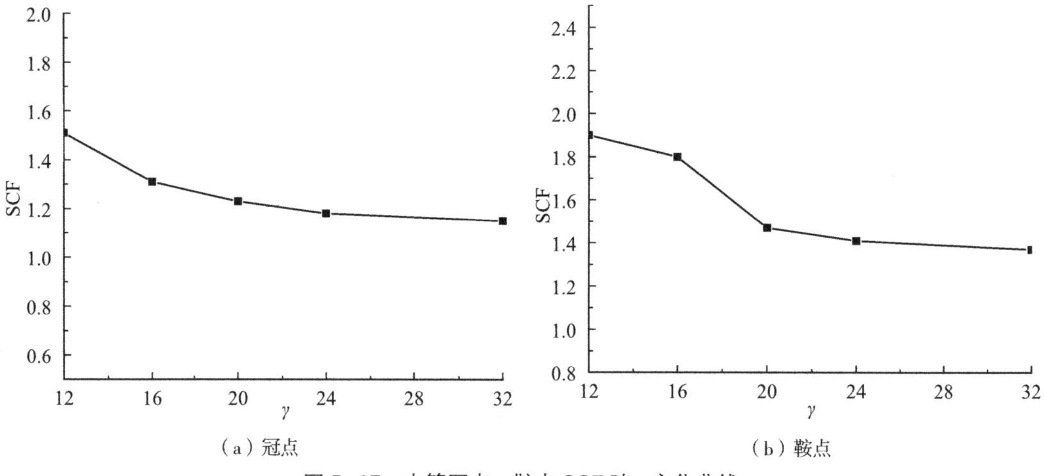


（a）冠点　　（b）鞍点

图 5-27　支管冠点、鞍点 SCF 随 γ 变化曲线

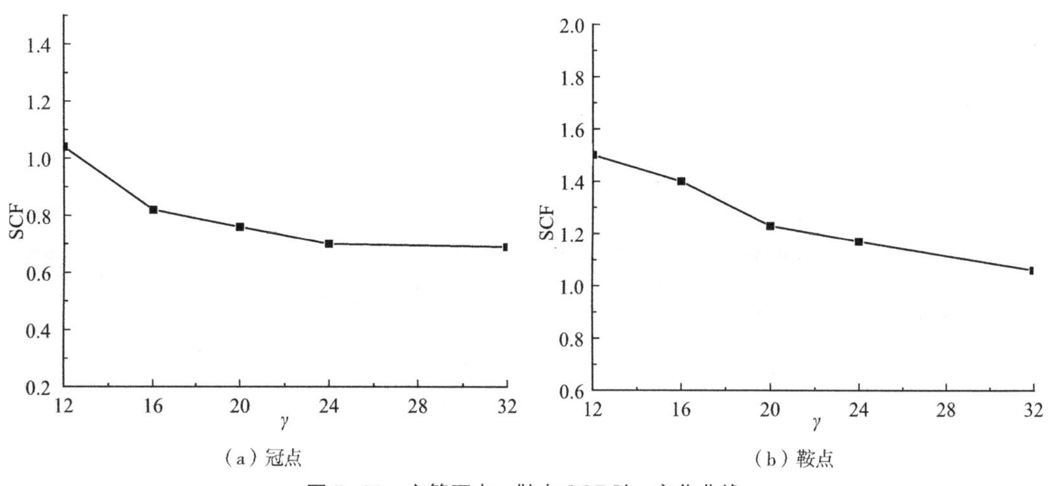


（a）冠点　　（b）鞍点

图 5-28　主管冠点、鞍点 SCF 随 γ 变化曲线

①钢管混凝土 X 形管节点主管冠点焊趾处应力集中系数到主管鞍点焊趾处应力集中系数是逐渐增大的趋势，支管冠点焊趾处应力集中系数到支管鞍点焊趾处应力集中系数也是逐渐增大的趋势；支管冠点位置焊趾处应力集中系数始终大于主管冠点焊趾处应力集中系数，支管鞍点应力集中系数焊趾处应力集中系数始终大于主管鞍点位置焊趾处应力集中系数。

②主管鞍点与支管鞍点焊趾处均为应力集中系数较大的位置，其中支管鞍点焊趾处应力集中系数最大，说明支管鞍点位置是热点位置，其应力集中系数为热点应力集中系数。并且随着径厚比 γ 的变化，管节点的热点位置没有发生迁移改变，始终出现在支管鞍点位置，没有随着径厚比 γ 的增大或是减小而发生改变。

③支管冠点位置焊趾处应力集中系数随着径厚比 γ 的增大而逐渐减小，其减小幅度呈现先快速后平缓的趋势；支管鞍点位置焊趾处应力集中系数随着径厚比 γ 的增大而逐渐减小，其减小幅度同样呈现先快速后平缓的趋势。

④主管冠点位置焊趾处应力集中系数随着径厚比 $\gamma$ 的增大而逐渐减小，其下降幅度为先快后慢，主管鞍点位置焊趾处应力集中系数随着径厚比 $\gamma$ 的增大而逐渐减小，其减小趋势较为明显。

⑤随着径厚比 $\gamma$ 的增大，钢管混凝土 X 形管节点的热点应力集中系数呈逐渐减小的趋势。

### 5.6.4　壁厚比 $\tau$ 的影响

本小节使用有限元建立了 9 个模型，目的是研究壁厚比 $\tau$ 对钢管混凝土 X 形相贯节点应力集中系数的影响，有限元模型尺寸与有限元模型参数见表 5–17、表 5–18，模型其他参数均相同，$\tau$ 取值分别为 0.25、0.3、0.4、0.5、0.6、0.7、0.8、0.9、1.0。材料参数设置与前文有限元模型一致，支管承受 80kN 轴向拉力荷载作用。

表 5–17　有限元模型几何尺寸

| 模型编号 | 主管 | | 支管 | | 混凝土强度等级 |
|---|---|---|---|---|---|
| | $L$/mm | $D \times T$/（mm × mm） | $l$/mm | $d \times t$/（mm × mm） | |
| D–1 | 620 | 102 × 6 | 170 | 51 × 1.5 | C60 |
| D–2 | 620 | 102 × 6 | 170 | 51 × 1.8 | C60 |
| D–3 | 620 | 102 × 6 | 170 | 51 × 2.4 | C60 |
| D–4 | 620 | 102 × 6 | 170 | 51 × 3.0 | C60 |
| D–5 | 620 | 102 × 6 | 170 | 51 × 3.6 | C60 |
| D–6 | 620 | 102 × 6 | 170 | 51 × 4.2 | C60 |
| D–7 | 620 | 102 × 6 | 170 | 51 × 4.8 | C60 |
| D–8 | 620 | 102 × 6 | 170 | 51 × 5.4 | C60 |
| D–9 | 620 | 102 × 6 | 170 | 51 × 6 | C60 |

表 5–18　有限元模型几何参数

| 试件编号 | $\beta$ | $\gamma$ | $\tau$ | $\alpha$ | $\theta$/（°） |
|---|---|---|---|---|---|
| D–1 | 0.5 | 8.5 | 0.25 | 12.156 | 90 |
| D–2 | 0.5 | 8.5 | 0.3 | 12.156 | 90 |
| D–3 | 0.5 | 8.5 | 0.4 | 12.156 | 90 |
| D–4 | 0.5 | 8.5 | 0.5 | 12.156 | 90 |
| D–5 | 0.5 | 8.5 | 0.6 | 12.156 | 90 |
| D–6 | 0.5 | 8.5 | 0.7 | 12.156 | 90 |
| D–7 | 0.5 | 8.5 | 0.8 | 12.156 | 90 |
| D–8 | 0.5 | 8.5 | 0.9 | 12.156 | 90 |
| D–9 | 0.5 | 8.5 | 1.0 | 12.156 | 90 |

有限元模型以及应力云图见图 5-29。表 5-18 为钢管混凝土 X 形相贯节点有限元模型支管冠点与鞍点焊趾处、主管冠点与鞍点焊趾处应力集中系数，图 5-30 为支管冠点、支管鞍点焊趾处应力集中系数随壁厚比 $\tau$ 的变化趋势，图 5-31 为主管冠点、主管鞍点焊趾处应力集中系数随壁厚比 $\tau$ 的变化趋势。

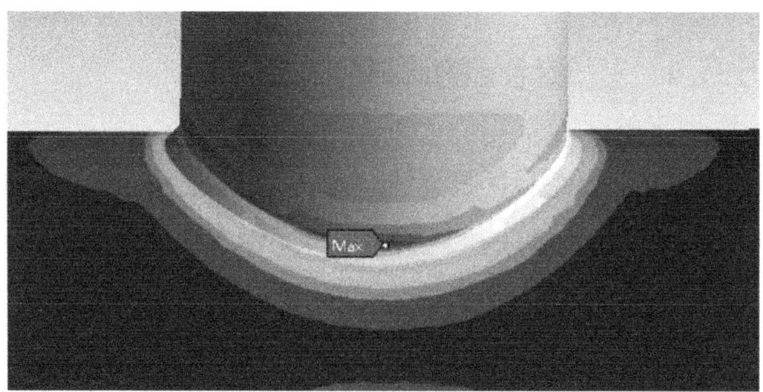


图 5-29　X 形管节点模型与应力云图

表 5-19　钢管混凝土 X 形节点支管受轴向拉力作用下 SCF

| 编号 | 参数 | | | 支管受轴向拉力荷载作用下 SCF | | | |
|---|---|---|---|---|---|---|---|
| | $\beta$ | $\gamma$ | $\tau$ | 支管冠点 | 支管鞍点 | 主管冠点 | 主管鞍点 |
| D-1 | 0.5 | 8.5 | 0.25 | 1.12 | 1.32 | 0.30 | 0.59 |
| D-2 | 0.5 | 8.5 | 0.3 | 1.16 | 1.34 | 0.36 | 0.70 |
| D-3 | 0.5 | 8.5 | 0.4 | 1.19 | 1.39 | 0.47 | 0.88 |
| D-4 | 0.5 | 8.5 | 0.5 | 1.27 | 1.54 | 0.61 | 1.06 |
| D-5 | 0.5 | 8.5 | 0.6 | 1.35 | 1.70 | 0.72 | 1.21 |
| D-6 | 0.5 | 8.5 | 0.7 | 1.46 | 1.80 | 0.78 | 1.30 |
| D-7 | 0.5 | 8.5 | 0.8 | 1.51 | 1.93 | 0.84 | 1.49 |
| D-8 | 0.5 | 8.5 | 0.9 | 1.55 | 2.02 | 0.94 | 1.55 |
| D-9 | 0.5 | 8.5 | 1.0 | 1.60 | 2.17 | 1.03 | 1.66 |

当钢管混凝土 X 形管节点壁厚比 $\tau$ 取值范围为 0.25~1.0 时，分析表 5-19、图 5-30、图 5-31 可以得出以下结论：

①钢管混凝土 X 形管节点应力集中系数在支管与主管相贯线一周分布不均匀，其中支管冠点焊趾处到支管鞍点焊趾处的应力集中系数呈现逐渐增大的趋势；主管冠点焊趾处到主管鞍点焊趾处的应力集中系数也呈现逐渐增大的趋势，并且这种增大的趋势随着壁厚比 $\tau$ 的增加更加明显。

② X 形管节点鞍点位置焊趾处的应力集中系数较大，始终大于管节点冠点位置焊趾处的应力集中系数；支管鞍点位置焊趾处应力集中系数始终大于主管鞍点位置焊趾处应

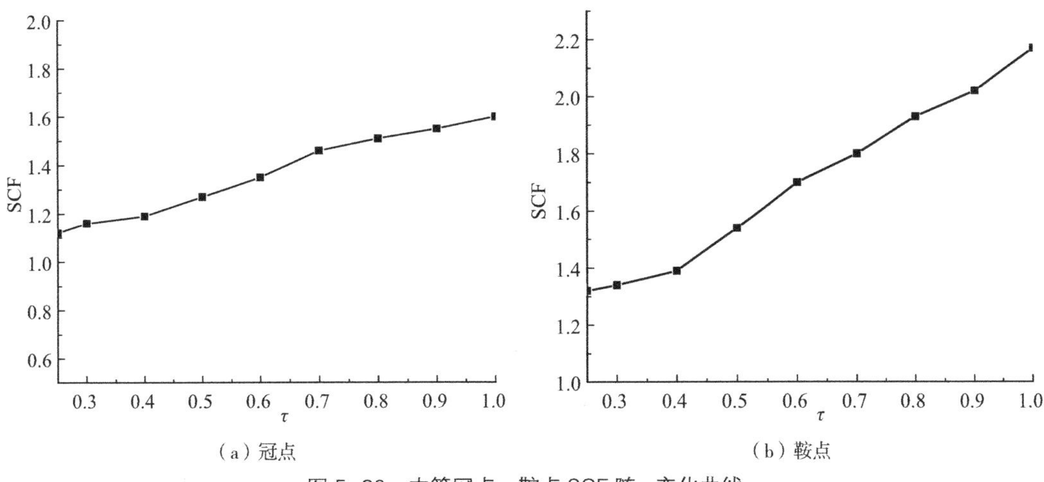


（a）冠点　　（b）鞍点

图 5-30　支管冠点、鞍点 SCF 随 $\tau$ 变化曲线

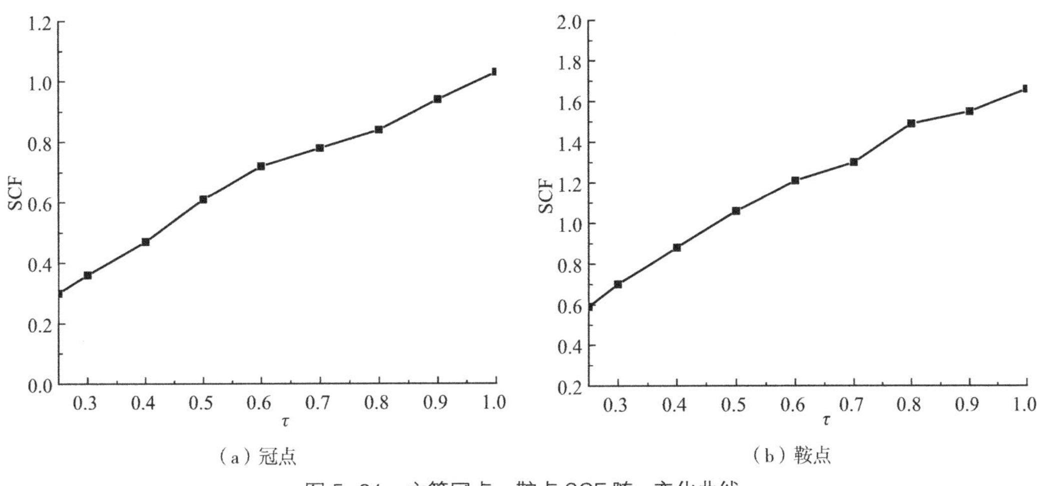


（a）冠点　　（b）鞍点

图 5-31　主管冠点、鞍点 SCF 随 $\tau$ 变化曲线

力集中系数，支管鞍点位置焊趾处应力集中系数始终是最大的位置，说明支管鞍点是热点位置，其焊趾处应力集中系数是热点应力集中系数。

③随着壁厚比 $\tau$ 在 0.25~1.0 范围内增大，支管冠点位置焊趾处应力集中系数也随着增大，增大的趋势逐渐变缓；支管鞍点位置焊趾处应力集中系数也随着壁厚比 $\tau$ 的增大而增大，其增大趋势越来越明显。

④主管冠点位置焊趾处的应力集中系数随着壁厚比 $\tau$ 的增大而增大，其增大趋势前后变化不明显；主管鞍点位置焊趾处的应力集中系数也随着壁厚比 $\tau$ 的增大而逐渐增大，其增大趋势慢慢变缓。

⑤支管鞍点位置始终是钢管混凝土 X 形管节点的热点位置，没有随着壁厚比 $\tau$ 的变化而改变，其热点应力集中系数随着壁厚比 $\tau$ 的增大而增大。

# 5.7 X形与T形应力集中系数对比

影响管节点应力集中系数的参数除了前文提到的管径比$\beta$、径厚比$\gamma$、壁厚比$\tau$、主管支管的夹角$\theta$外，还有管节点的整体形状也会影响其应力集中系数分布。本小节主要通过有限元模拟，来研究X形与T形相贯节点因结构形状的差异，会导致应力集中系数、热点位置有何变化。

## 5.7.1 空管X形、T形节点应力集中系数对比

本小节使用有限元建立2个模型，目的是研究X形相贯节点与T形相贯节点因结构形状的差异，对空心钢管节点应力集中系数的影响，有限元模型尺寸与有限元模型参数见表5-20、表5-21，模型其他参数均相同，材料参数设置与前文有限元模型一致，主管两端采用固结约束，支管承受80kN的轴向拉力荷载作用。

表5-20　空心钢管相贯节点有限元模型几何尺寸

| 节点形状 | 主管 | | 支管 | |
|---|---|---|---|---|
| | $L$/mm | $D\times T$/（mm×mm） | $l$/mm | $d\times t$/（mm×mm） |
| X | 620 | 102×6 | 170 | 51×6 |
| T | 620 | 102×6 | 170 | 51×6 |

注：X表示空心钢管X形相贯节点，T表示空心钢管T形相贯节点。

表5-21　空心钢管有限元模型几何参数

| 节点形状 | $\beta$ | $\gamma$ | $\tau$ | $\alpha$ | $\theta$/（°） |
|---|---|---|---|---|---|
| X | 0.5 | 8.5 | 1.0 | 12.156 | 90 |
| T | 0.5 | 8.5 | 1.0 | 12.156 | 90 |

注：X表示空心钢管X形相贯节点，T表示空心钢管T形相贯节点。

有限元模型以及应力云图如图5-32、图5-33所示，钢管X形、T形相贯节点有限元模型支管冠点与鞍点焊趾处、主管冠点与鞍点焊趾处应力集中系数分布规律如图5-34所示。其中，图5-34（a）为管节点主管焊趾处应力集中系数的分布情况，图5-34（b）为支管相贯线焊趾处应力集中系数的分布情况。

对比空钢管X形、T形管节点主管焊趾处、支管焊趾处应力集中系数可以发现：

①在空钢管节点中，不论是X形管节点还是T形管节点，在主管和支管相贯线一周焊趾处应力集中系数分布都是不均匀的，X形管节点焊趾位置应力集中系数比T形管节点焊趾位置应力集中系数分布的不均匀性更加明显。主管和支管焊趾处的应力集中系数

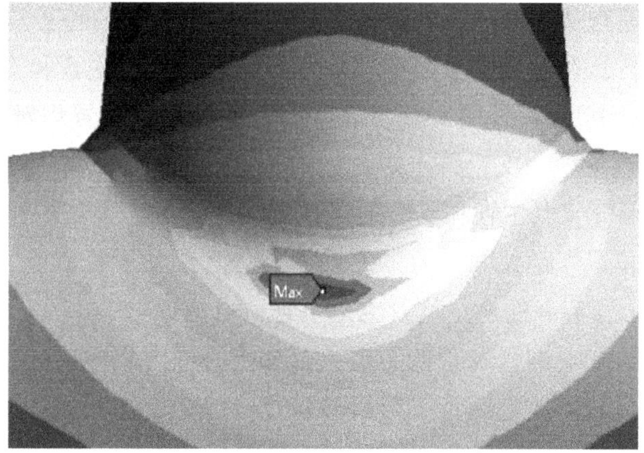


图 5-32　空钢管 X 形管节点模型与应力云图

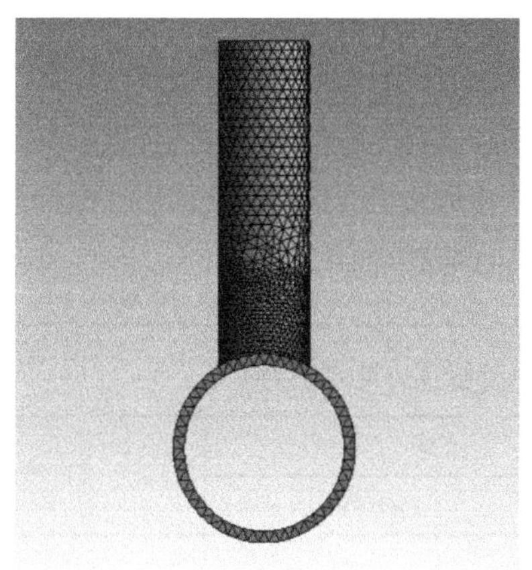
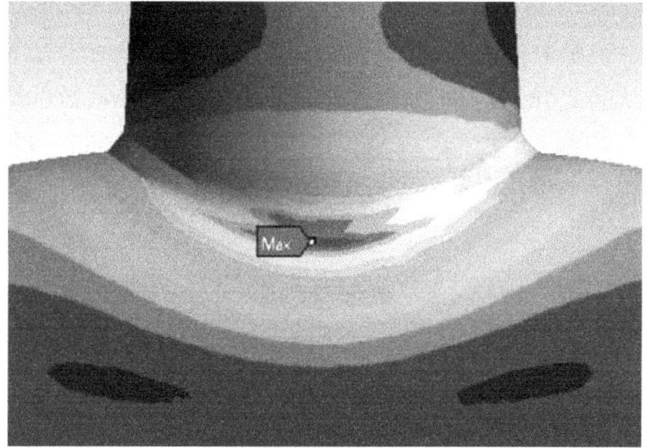


图 5-33　空钢管 T 形管节点模型与应力云图

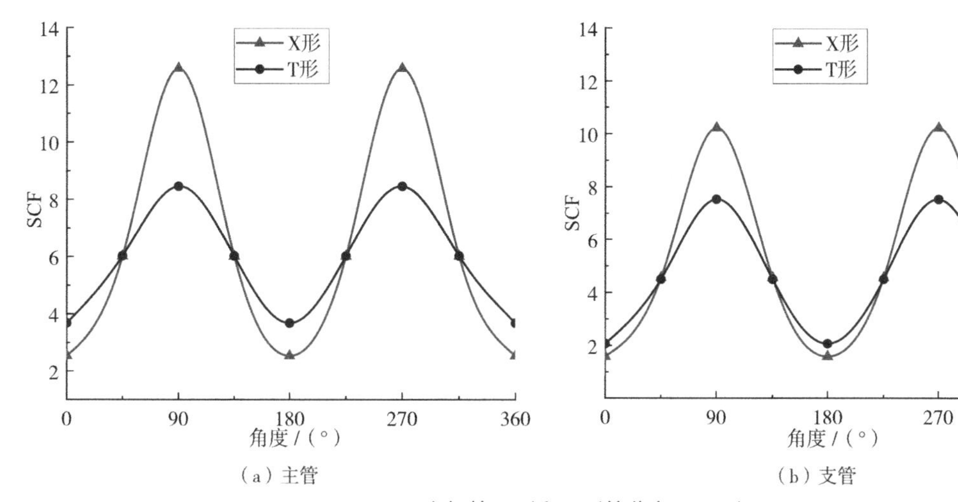


（a）主管　　（b）支管

图 5-34　空钢管 X 形和 T 形管节点 SCF 对比

均呈现从冠点焊趾处到鞍点焊趾处逐渐增大的趋势。

②在空钢管节点中，X 形和 T 形管节点主管和支管鞍点位置焊趾处应力集中系数较大，其中 X 形和 T 形管节点都是主管鞍点位置焊趾处应力集中系数最大，并且 X 形管节点主管和支管鞍点焊趾处应力集中系数均大于 T 形管节点鞍点焊趾处应力集中系数；T 形管节点主管和支管冠点位置焊趾处的应力集中系数均大于 X 形管节点主管和支管冠点位置焊趾处的应力集中系数。空钢管 X 形管节点的热点位置是主管鞍点位置，空钢管 T 形管节点的热点位置也是主管鞍点位置。

③空钢管 X 形管节点主管和支管应力集中系数从冠点位置焊趾处到鞍点位置焊趾处上升趋势比空钢管 T 形管节点上升趋势更加明显，变化幅度更大。整体而言，空钢管 X 形管节点应力集中程度是高于 T 形管节点的。

### 5.7.2 钢管混凝土 X 形、T 形节点应力集中系数对比

本小节使用有限元建立 4 个模型，目的是研究 X 形相贯节点与 T 形相贯节点因结构形状的差异，对钢管混凝土管节点应力集中系数的影响，有限元模型尺寸与有限元模型参数见表 5–22、表 5–23，模型其他参数均相同，材料参数设置与前文有限元模型一致，主管两端采用固结约束方式，支管承受 50kN 的轴向拉力荷载作用。

表 5–22 钢管混凝土相贯节点有限元模型几何尺寸

| 编号 | 主管 | | 支管 | | 混凝土强度等级 |
|---|---|---|---|---|---|
| | $L$/mm | $D\times T$/（mm × mm） | $l$/mm | $d\times t$/（mm × mm） | |
| CX | 620 | 102 × 6 | 170 | 51 × 6 | C60 |
| CT | 620 | 102 × 6 | 170 | 51 × 6 | C60 |

表 5–23 钢管混凝土相贯节点有限元模型几何参数

| 试件编号 | $\beta$ | $\gamma$ | $\tau$ | $\alpha$ | $\theta$/（°） |
|---|---|---|---|---|---|
| CX | 0.5 | 8.5 | 1.0 | 12.156 | 90 |
| CT | 0.5 | 8.5 | 1.0 | 12.156 | 90 |

有限元模型以及应力云图见图 5–35、图 5–36。钢管混凝土 X 形、T 形相贯节点有限元模型支管冠点与鞍点焊趾处、主管冠点与鞍点焊趾处应力集中系数分布规律见图 5–37，其中图（a）为管节点主管焊趾处应力集中系数分布情况，图（b）为支管应力集中系数分布情况。

对比分析钢管混凝土 X 形和 T 形管节点应力集中系数，可以发现：

①钢管混凝土 X 形管节点和钢管混凝土 T 形管节点相贯线一周焊趾处应力集中系数分布是不均匀的，其中钢管混凝土 T 形管节点焊趾处应力集中系数分布更不均匀一些。

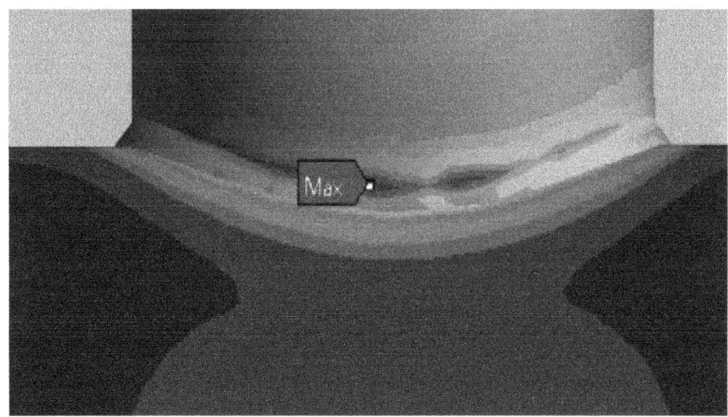


图 5-35　钢管混凝土 X 形管节点模型与应力云图

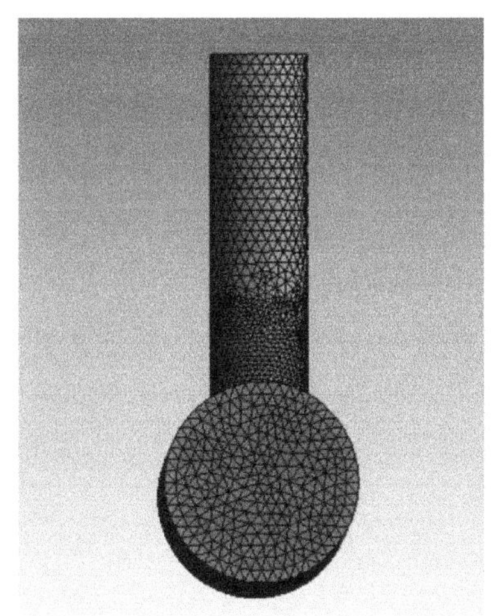
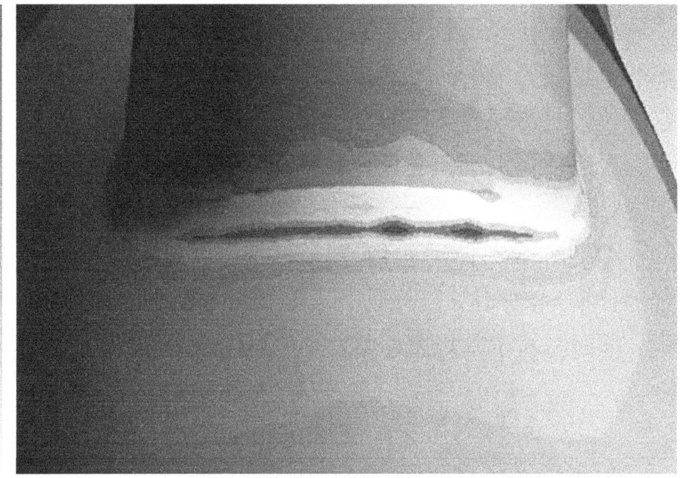

图 5-36　钢管混凝土 T 形管节点模型与应力云图

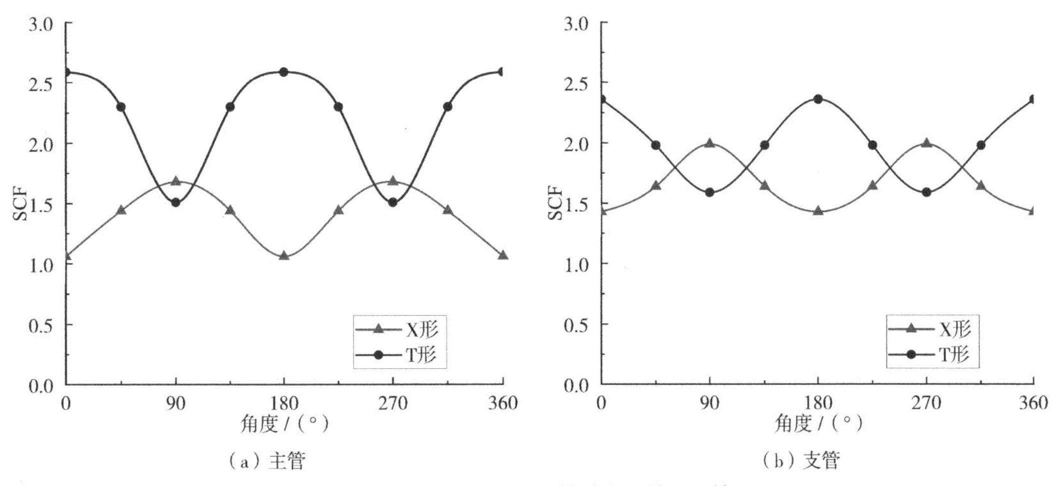


（a）主管　　（b）支管

图 5-37　钢管混凝土 X 形和 T 形管节点主管、支管 SCF 对比

②钢管混凝土 X 形管节点主管和支管焊趾处应力集中系数均呈现从冠点位置到鞍点位置逐渐增大的趋势，整体来说钢管混凝土 X 形管节点支管相贯线一周焊趾处应力集中系数高于主管相贯线一周焊趾处应力集中系数，其中支管鞍点位置应力集中系数最大，为热点位置，其应力集中系数为热点应力集中系数，同时支管冠点焊趾处应力集中系数大于主管冠点位置焊趾处应力集中系数。

③钢管混凝土 T 形管节点主管和支管焊趾处应力集中系数呈现出从冠点到鞍点逐渐减小的趋势。整体而言，主管相贯线一周焊趾处应力集中系数高于支管相贯线一周应力集中系数，其中主管鞍点位置焊趾处应力集中系数小于支管鞍点位置焊趾处应力集中系数，主管冠点位置焊趾处应力集中系数大于支管冠点位置焊趾处应力集中系数，主管焊趾处应力集中系数变化趋势比支管焊趾处应力集中系数更明显，并且主管冠点位置焊趾处应力集中系数最大，为热点位置，其应力集中系数为热点应力集中系数。

④整体而言，钢管混凝土 X 形管节点无论是支管还是主管相贯线一周焊趾处应力集中程度是小于 T 形管节点的，与空钢管管节点相反，说明在主管内填混凝土之后，对 X 形管节点应力集中的缓解程度比 T 形管节点更加明显。然后，钢管混凝土 X 形管节点的热点位置是出现在支管鞍点位置，钢管混凝土 T 形管节点的热点位置出现在主管冠点位置，说明内填混凝土之后，X 形管节点的热点位置发生了转移，由主管鞍点位置转移到了支管鞍点，T 形管节点热点位置由主管鞍点位置转移到了主管冠点位置。

综上所述，本节通过有限元模拟的方法拓展探究了空钢管与钢管混凝土、管径比 $\beta$、径厚比 $\gamma$、壁厚比 $\tau$ 以及管节点结构形式对 X 形管节点相贯线焊趾处应力集中系数的影响，同时分析了其规律现象发生的原因。

## 5.8 X 形节点热点应力集中系数计算公式

管节点的疲劳裂纹基本上都发生在热点位置，也就是应力最大的位置，如果要计算管节点的疲劳性能，那么就必定要首先确定管节点的热点位置以及热点应力，热点位置的热点应力可通过热点应力集中系数得到，即名义应力与热点应力集中系数的乘积即为热点应力，并且前文试验部分和有限元部分均已得到钢管混凝土 X 形管节点的热点位置发生在支管鞍点位置，所以在计算钢管混凝土 X 形管节点热点应力集中系数时，只要计算支管的热点应力集中系数即可。

### 5.8.1 X 形空心管热点应力集中系数公式

对空钢管 X 形管节点的应力集中系数，CIDECT《指南》的公式为：

$$\begin{cases} SCF_{ax-ch}=\left(\dfrac{\gamma}{12.5}\right)^{x_1}\left(\dfrac{\tau}{0.5}\right)^{x_2}SCF^{*} \\ SCF_{ax-w}=1+0.63SCF_{ax-ch} \end{cases} \tag{5.5}$$

式中：$SCF_{ax-ch}$——支管轴向荷载作用下，主管上热点应力集中系数；

$SCF_{ax-w}$——支管轴向荷载作用下，支管上热点应力集中系数；

$x_1$，$x_2$——X 形管节点支管受轴向荷载时，$x_1$=1.0，$x_2$=1.0；

$SCF^*$——所考虑的接头类型和荷载状况在 $\gamma$=12.5、$\tau$=0.5 时的应力集中系数（图 5-38）。

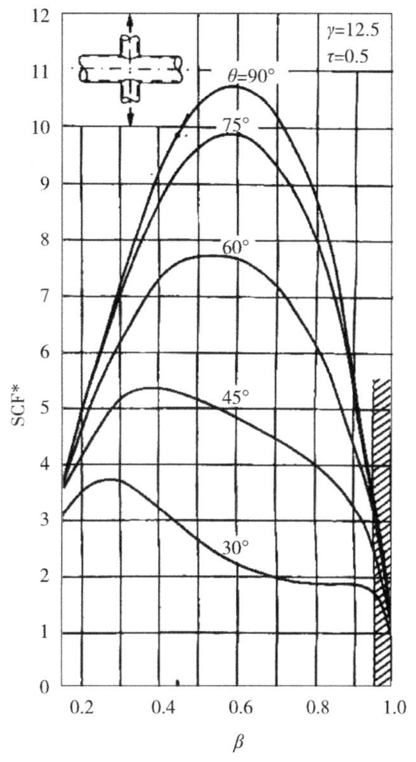


图 5-38　轴向受载圆管 X 形管节点 SCF*

张宝峰等在《轴向载荷下 X 形管节点 SCF 研究》中提出空钢管 X 形管节点应力集中系数计算公式：

$$\begin{cases} SCF_c=\gamma^{1.06}[-4.56\beta^2+5.56\beta-0.81]\tau^{1.02} \\ SCF_B=\gamma^{0.98}[-4.32\beta^2+5.27\beta-0.46]\tau^{0.51} \end{cases} \tag{5.6}$$

式中：$SCF_c$——主管应力集中系数；

$SCF_B$——支管应力集中系数。

由于计算节点疲劳性能仅与热点应力有关，这里公式均只计算热点应力集中系数，即应力集中系数最大值。

## 5.8.2 X 形钢管混凝土节点热点应力集中系数公式

上面提到针对空钢管 X 形管节点已经有了较多的研究，编写出版了各种规范，但针对钢管混凝土 X 形管节点热点应力集中系数计算的方法，目前的研究较少，还未有明确的计算公式。本节将在前人的研究基础上，提出基于等效壁厚理论的钢管混凝土 X 形相贯节点热点应力集中系数计算方法。

（1）等效壁厚公式

已知钢管混凝土 X 形相贯节点，是在空钢管主管内充填混凝土之后得到的管节点形式，当主管内填充混凝土之后，限制了主管的局部变形，增加了主管的刚度，类似于在宏观上增加了主管的壁厚。

根据前一章管节点主管截面抗弯刚度等效原则，也就是将钢管内填充的混凝土截面换算成与抗弯刚度相等的钢管，得到如下式子：

$$E_s I_p = E_s I_s + E_c I_c \tag{5.7}$$

式中：$E_s$——钢材弹性模量；

$E_c$——混凝土弹性模量；

$I_p$——换算后主管截面惯性矩；

$I_s$——钢管截面惯性矩，圆管截面惯性矩 $I_s = \frac{\pi\left[D^4 - (D-2T)^4\right]}{64}$；

$I_c$——混凝土截面惯性矩，圆形截面 $I_c = \frac{\pi(D-2T)^4}{64}$。

取钢材弹性模量和混凝土弹性模量的比值：

$$m = \frac{E_s}{E_c} \tag{5.8}$$

将式（5.11）代入式（5.10），可以得出主管内混凝土等效为钢管壁厚之后的钢材和混凝土等效壁厚 $T_e$ 为：

$$T_e = \frac{D-(D-2T)\sqrt[4]{\frac{m-1}{m}}}{2} \tag{5.9}$$

等效之后的壁厚比为 $\tau_e$ 为：

$$\tau_e = \frac{t}{T_e} \tag{5.10}$$

等效之后的径厚比 $\gamma_e$ 为：

$$\gamma_e = \frac{D}{2T_e} \tag{5.11}$$

将式（5.9）代入式（5.10）和式（5.11），得到：

$$\gamma_e = \frac{1}{1-\left(1-\frac{1}{\gamma}\right)\sqrt[4]{\frac{m-1}{m}}} \tag{5.12}$$

$$\tau_e = \tau\frac{\gamma_e}{\gamma} = \frac{\tau}{\gamma-(\gamma-1)\sqrt[4]{\frac{m-1}{m}}} \tag{5.13}$$

可以看出，等效壁厚换算之后得到的壁厚比为 $\tau_e$ 和径厚比 $\gamma_e$ 仍然是无量纲参数，但和空钢管不同的是还受到钢材弹性模量和混凝土弹性模量比值的影响。利用上述方法，等效之后管节点几何参数见表 5-24。

表 5-24　管节点几何参数

| 试件编号 | 管节点原几何参数 | | | 等效后管节点几何参数 | | |
|---|---|---|---|---|---|---|
| | $\beta$ | $\gamma$ | $\tau$ | $\beta$ | $\gamma_e$ | $\tau_e$ |
| CS-1 | 0.4 | 8.5 | 1.00 | 0.4 | 6.285 | 0.739 |
| CS-2 | 0.5 | 8.5 | 1.00 | 0.5 | 6.285 | 0.739 |
| CS-3 | 0.637 | 8.5 | 1.00 | 0.637 | 6.285 | 0.739 |
| CS-4 | 0.5 | 8.5 | 0.83 | 0.5 | 6.285 | 0.614 |
| CS-5 | 0.5 | 8.5 | 0.667 | 0.5 | 6.285 | 0.493 |
| CS-6 | 0.5 | 10.2 | 1.00 | 0.5 | 7.121 | 0.698 |
| CS-7 | 0.5 | 12.75 | 1.00 | 0.5 | 8.214 | 0.644 |
| B-1 | 0.3 | 8.50 | 1.00 | 0.3 | 6.285 | 0.739 |
| B-2 | 0.4 | 8.50 | 1.00 | 0.4 | 6.285 | 0.739 |
| B-3 | 0.5 | 8.50 | 1.00 | 0.5 | 6.285 | 0.739 |
| B-4 | 0.6 | 8.50 | 1.00 | 0.6 | 6.285 | 0.739 |
| B-5 | 0.7 | 8.50 | 1.00 | 0.7 | 6.285 | 0.739 |
| B-6 | 0.8 | 8.50 | 1.00 | 0.8 | 6.285 | 0.739 |
| B-7 | 0.9 | 8.50 | 1.00 | 0.9 | 6.285 | 0.739 |
| C-1 | 0.5 | 12.00 | 1.00 | 0.5 | 7.910 | 0.659 |
| C-2 | 0.5 | 16.00 | 1.00 | 0.5 | 9.384 | 0.587 |
| C-3 | 0.5 | 20.00 | 1.00 | 0.5 | 10.565 | 0.528 |
| C-4 | 0.5 | 24.00 | 1.00 | 0.5 | 11.533 | 0.481 |
| C-5 | 0.5 | 28.00 | 1.00 | 0.5 | 12.340 | 0.441 |
| C-6 | 0.5 | 32.00 | 1.00 | 0.5 | 13.024 | 0.407 |
| D-1 | 0.5 | 8.50 | 0.25 | 0.5 | 6.285 | 0.185 |

续表

| 试件编号 | 管节点原几何参数 | | | 等效后管节点几何参数 | | |
|---|---|---|---|---|---|---|
| | $\beta$ | $\gamma$ | $\tau$ | $\beta$ | $\gamma_e$ | $\tau_e$ |
| D-2 | 0.5 | 8.50 | 0.30 | 0.5 | 6.285 | 0.222 |
| D-3 | 0.5 | 8.50 | 0.40 | 0.5 | 6.285 | 0.296 |
| D-4 | 0.5 | 8.50 | 0.50 | 0.5 | 6.285 | 0.370 |
| D-5 | 0.5 | 8.50 | 0.60 | 0.5 | 6.285 | 0.444 |
| D-6 | 0.5 | 8.50 | 0.70 | 0.5 | 6.285 | 0.518 |
| D-7 | 0.5 | 8.50 | 0.80 | 0.5 | 6.285 | 0.591 |
| D-8 | 0.5 | 8.50 | 0.90 | 0.5 | 6.285 | 0.665 |
| D-9 | 0.5 | 8.50 | 1.00 | 0.5 | 6.285 | 0.739 |

将等效之后的几何参数代入 CIDECT《指南》和文献的公式，其结果见表 5-25。

表 5-25 CIDECT《指南》的空钢管计算公式以及有限元模拟结果 SCF 比较

| 试件编号 | CIDECT 空钢管 SCF 计算公式 | | 有限元 SCF 结果 | | CIDECT/ 有限元 | |
|---|---|---|---|---|---|---|
| | 主管 | 支管 | 主管 | 支管 | 主管 | 支管 |
| CS-1 | 6.84 | 5.31 | 1.68 | 1.95 | 4.1 | 2.7 |
| CS-2 | 7.73 | 5.87 | 1.74 | 2.18 | 4.4 | 2.7 |
| CS-3 | 7.96 | 6.01 | 1.81 | 2.2 | 4.4 | 2.7 |
| CS-4 | 6.42 | 5.04 | 1.51 | 1.98 | 4.3 | 2.5 |
| CS-5 | 5.16 | 4.25 | 1.34 | 1.76 | 3.8 | 2.4 |
| CS-6 | 8.27 | 6.21 | 1.54 | 2.05 | 5.4 | 3.0 |
| CS-7 | 8.81 | 6.55 | 1.45 | 1.85 | 6.1 | 3.5 |
| B-1 | 5.20 | 4.28 | 1.62 | 2 | 3.2 | 2.1 |
| B-2 | 6.77 | 5.26 | 1.64 | 2.07 | 4.1 | 2.5 |
| B-3 | 7.73 | 5.87 | 1.74 | 2.18 | 4.4 | 2.7 |
| B-4 | 8.03 | 6.06 | 1.79 | 2.2 | 4.5 | 2.8 |
| B-5 | 7.58 | 5.78 | 1.69 | 2.15 | 4.5 | 2.7 |
| B-6 | 6.54 | 5.12 | 1.62 | 1.99 | 4.0 | 2.6 |
| B-7 | 4.09 | 3.58 | 1.43 | 1.74 | 2.9 | 2.1 |
| C-1 | 8.68 | 6.47 | 1.5 | 1.9 | 5.8 | 3.4 |
| C-2 | 9.16 | 6.77 | 1.4 | 1.8 | 6.5 | 3.8 |
| C-3 | 9.29 | 6.85 | 1.23 | 1.47 | 7.6 | 4.7 |
| C-4 | 9.22 | 6.81 | 1.17 | 1.41 | 7.9 | 4.8 |
| C-5 | 9.05 | 6.70 | 1.06 | 1.37 | 8.5 | 4.9 |
| C-6 | 8.82 | 6.56 | 1.01 | 1.36 | 8.7 | 4.8 |
| D-1 | 1.93 | 2.22 | 0.59 | 1.34 | 3.3 | 1.7 |
| D-2 | 2.32 | 2.46 | 0.7 | 1.32 | 3.3 | 1.9 |

续表

| 试件编号 | CIDECT 空钢管 SCF 计算公式 | | 有限元 SCF 结果 | | CIDECT/ 有限元 | |
|---|---|---|---|---|---|---|
| | 主管 | 支管 | 主管 | 支管 | 主管 | 支管 |
| D-3 | 3.09 | 2.95 | 0.88 | 1.39 | 3.5 | 2.1 |
| D-4 | 3.87 | 3.44 | 1.06 | 1.54 | 3.6 | 2.2 |
| D-5 | 4.64 | 3.92 | 1.21 | 1.7 | 3.8 | 2.3 |
| D-6 | 5.41 | 4.41 | 1.3 | 1.8 | 4.2 | 2.4 |
| D-7 | 6.19 | 4.90 | 1.49 | 1.93 | 4.2 | 2.5 |
| D-8 | 6.96 | 5.38 | 1.55 | 2.02 | 4.5 | 2.7 |
| D-9 | 7.73 | 5.87 | 1.66 | 2.17 | 4.7 | 2.7 |

由表 5-25 可知，利用等效壁厚法原则将等效以后的径厚比 $\gamma_e$、壁厚比 $\tau_e$ 代入 CIDECT《指南》中空钢管热点应力集中系数计算公式，这是因为钢管混凝土管节点存在混凝土材料性能、变形，还有主管内填混凝土与主管内壁之间接触等多种较为复杂的非线性问题，虽然等效壁厚法是将主管内填混凝土按主管截面刚度等效原则将其等效成钢管壁厚，但是其与空钢管在支管受拉情况下的受力性能以及受力机制存在着差异，反映在数值计算结果上的表现就是等效壁厚公式计算结果与有限元结果的比值并不等于 1.0，所以需要进行修正，修正结果见表 5-26。

表 5-26　修正后等效壁厚公式与有限元结果 SCF 统计结果

| 试件编号 | 管节点等效后几何参数 | | | 有限元结果 SCF | | 修正后公式 | |
|---|---|---|---|---|---|---|---|
| | $\beta$ | $\gamma_e$ | $\tau_e$ | 主管 | 支管 | 主管 | 支管 |
| CS-1 | 0.4 | 6.285 | 0.739 | 1.68 | 1.95 | 1.60 | 2.09 |
| CS-2 | 0.5 | 6.285 | 0.739 | 1.74 | 2.18 | 1.69 | 2.16 |
| CS-3 | 0.637 | 6.285 | 0.739 | 1.81 | 2.2 | 1.71 | 2.26 |
| CS-4 | 0.5 | 6.285 | 0.614 | 1.51 | 1.98 | 1.56 | 1.89 |
| CS-5 | 0.5 | 6.285 | 0.493 | 1.34 | 1.76 | 1.41 | 1.72 |
| CS-6 | 0.5 | 7.121 | 0.698 | 1.54 | 2.05 | 1.73 | 1.92 |
| CS-7 | 0.5 | 8.214 | 0.644 | 1.45 | 1.85 | 1.78 | 1.83 |
| B-1 | 0.3 | 6.285 | 0.739 | 1.62 | 2.00 | 1.41 | 2.01 |
| B-2 | 0.4 | 6.285 | 0.739 | 1.64 | 2.07 | 1.59 | 2.04 |
| B-3 | 0.5 | 6.285 | 0.739 | 1.74 | 2.18 | 1.69 | 2.16 |
| B-4 | 0.6 | 6.285 | 0.739 | 1.79 | 2.2 | 1.71 | 2.23 |
| B-5 | 0.7 | 6.285 | 0.739 | 1.69 | 2.15 | 1.67 | 2.10 |
| B-6 | 0.8 | 6.285 | 0.739 | 1.62 | 1.99 | 1.57 | 2.01 |
| B-7 | 0.9 | 6.285 | 0.739 | 1.43 | 1.74 | 1.25 | 1.81 |
| C-1 | 0.5 | 7.910 | 0.659 | 1.5 | 1.9 | 1.77 | 1.88 |
| C-2 | 0.5 | 9.384 | 0.587 | 1.4 | 1.8 | 1.80 | 1.78 |
| C-3 | 0.5 | 10.565 | 0.528 | 1.23 | 1.47 | 1.81 | 1.62 |

续表

| 试件编号 | 管节点等效后几何参数 | | | 有限元结果 SCF | | 修正后公式 | |
|---|---|---|---|---|---|---|---|
| | $\beta$ | $\gamma_e$ | $\tau_e$ | 主管 | 支管 | 主管 | 支管 |
| C-4 | 0.5 | 11.533 | 0.481 | 1.17 | 1.41 | 1.81 | 1.57 |
| C-5 | 0.5 | 12.340 | 0.441 | 1.06 | 1.37 | 1.79 | 1.49 |
| C-6 | 0.5 | 13.024 | 0.407 | 1.01 | 1.36 | 1.78 | 1.46 |
| D-1 | 0.5 | 6.285 | 0.185 | 0.59 | 1.34 | 0.73 | 1.26 |
| D-2 | 0.5 | 6.285 | 0.222 | 0.7 | 1.32 | 0.86 | 1.30 |
| D-3 | 0.5 | 6.285 | 0.296 | 0.88 | 1.39 | 1.06 | 1.38 |
| D-4 | 0.5 | 6.285 | 0.370 | 1.06 | 1.54 | 1.21 | 1.49 |
| D-5 | 0.5 | 6.285 | 0.444 | 1.21 | 1.7 | 1.33 | 1.60 |
| D-6 | 0.5 | 6.285 | 0.518 | 1.3 | 1.8 | 1.44 | 1.68 |
| D-7 | 0.5 | 6.285 | 0.591 | 1.49 | 1.93 | 1.53 | 1.87 |
| D-8 | 0.5 | 6.285 | 0.665 | 1.55 | 2.02 | 1.61 | 1.93 |
| D-9 | 0.5 | 6.285 | 0.739 | 1.66 | 2.17 | 1.69 | 2.06 |

利用等效壁厚法和CIDECT的空钢管热点应力集中系数计算公式来计算支管受轴向拉力的钢管混凝土X形管节点热点应力集中系数步骤如下：

①通过式（5.11）来计算钢材和混凝土弹性模量的比值 $m$；

②通过式（5.15）和式（5.16）计算钢管混凝土X形管节点等效之后的壁厚比 $\tau_e$ 和径厚比 $\gamma_e$；

③将管径比 $\beta$ 和等效之后的壁厚比 $\tau_e$ 和径厚比 $\gamma_e$ 代入CIDECT空钢管X形管节点热点应力集中系数计算公式，代入式（5.8）中得到 $SCF_{ax-ch}$；

④将 $SCF_{ax-ch}$ 代入式（5.17）修正得到主管和支管热点应力集中系数 $SCF_{ch}$ 和 $SCF_{hot}$。

$$\begin{cases} SCF_{ch} = 442.728 \times (SCF_{ax-ch})^{0.001\,55} - 442.448 \\ SCF_{hot} = 0.274\,5 \times (SCF_{ch})^{2.31} + 1.178 \end{cases} \tag{5.14}$$

式中：$SCF_{ax-ch}$——CIDECT《指南》中X形管节点主管热点应力集中系数；

$SCF_{ch}$——修正后钢管混凝土X形管节点主管热点应力集中系数；

$SCF_{hot}$——钢管混凝土型管节点支管热点应力集中系数。

参数取值适用范围：管径比 $\beta$（0.3~0.9）、径厚比 $\gamma$（12~32）、壁厚比 $\tau$（0.25~1.0）。

（2）适用性评估

依据张宝峰等《轴向载荷下X形管节点SCF研究》一文的方法验证了所提热点应力集中系数计算方法的可靠性，用等效壁厚公式计算得到的SCF与有限元模型的比值进行验证，若比值小于0.8，则说明该等效壁厚公式低估了模型中的SCF，如果比值大于1.5，则说明该等效壁厚公式高估了模型中的SCF，分析的模型验证结果见表5-27。

表 5-27　SCF 统计列表

| 位置 | SCF 统计范围 | | | | |
|---|---|---|---|---|---|
| | < 0.8 | 0.8~1.0 | 1.0~1.2 | 1.2~1.5 | > 1.5 |
| 主管 | 0 | 10 | 11 | 5 | 3 |
| 支管 | 0 | 19 | 10 | 0 | 0 |

并且还对该等效壁厚公式进行了误差分析，将通过公式计算得到的应力集中系数与有限元模型分析结果得到的应力集中系数进行对比，计算得到了每个模型的应力集中系数的相对误差，误差通过以下公式计算：

$$E_r = \frac{SCF_G - SCF_M}{SCF_M} \tag{5.15}$$

式中：$E_r$——SCF 相对误差；

$SCF_G$——等效壁厚公式计算的得到的 SCF 值；

$SCF_M$——有限元模拟结果。

通过式（5.18）计算的 SCF 值的相对误差如图 5-39 所示：

本书采用的等效壁厚公式计算结果与有限元模拟结果的相对误差在 20% 以内为合格，相对误差统计分析结果见图 5-39。由图可知，相对误差绝大部分都在 10% 以内，极少数在 20% 以内，说明使用该等效壁厚公式计算结果是可靠的。

（3）试验结果与公式计算结果 SCF 对比

利用等效壁厚公式计算 SCF 与试验数据统计结果见表 5-28。

根据前文提到的验证方法可以得等效壁厚公式计算的 SCF 与试验结果 SCF 统计列表和相对误差分析分别见表 5-29、图 5-40。

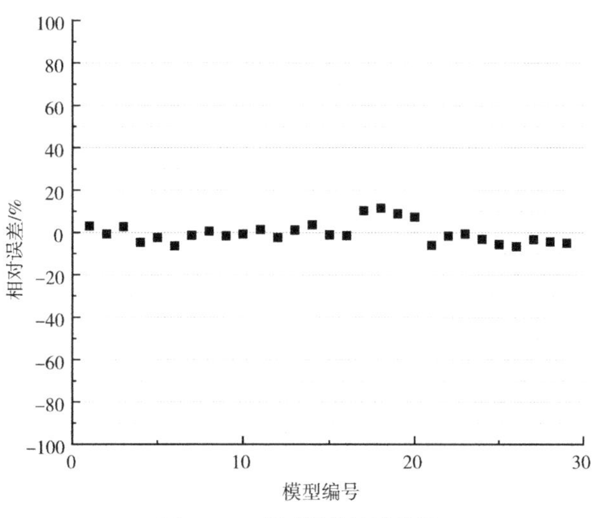


图 5-39　相对误差统计分析

表 5-28　公式计算值与试验结果热点 SCF 统计结果

| 试件编号 | 管节点几何参数 | | | 热点 SCF | |
|---|---|---|---|---|---|
| | $\beta$ | $\gamma$ | $\tau$ | 试验 | 公式 |
| CS-1 | 0.4 | 8.5 | 1 | 1.83 | 2.09 |
| CS-2 | 0.5 | 8.5 | 1 | 2.10 | 2.16 |
| CS-3 | 0.637 | 8.5 | 1 | 2.15 | 2.26 |
| CS-4 | 0.5 | 8.5 | 0.83 | 1.85 | 1.89 |
| CS-5 | 0.5 | 8.5 | 0.667 | 1.70 | 1.72 |
| CS-6 | 0.5 | 10.2 | 1 | 2.00 | 1.92 |
| CS-7 | 0.5 | 12.75 | 1 | 1.71 | 1.83 |

表 5-29　SCF 统计列表

| 位置 | SCF 统计范围 | | | | |
|---|---|---|---|---|---|
| | < 0.8 | 0.8~1.0 | 1.0~1.2 | 1.2~1.5 | > 1.5 |
| 热点 SCF | 0 | 1 | 6 | 0 | 0 |

由表 5-28、表 5-29 和图 5-40 可知，公式计算的 SCF 可以较好地预测试验结果热点应力集中系数的大小。

综上所述，本节利用已有的空钢管 X 形管节点热点应力集中系数计算公式和等效壁厚理论提出了适用于钢管混凝土 X 形管节点的热点应力集中系数计算公式，并且对该公式进行数值统计和相对误差分析，发现该公式可以较为准确地预测钢管混凝土 X 形相贯节点的热点应力集中系数大小。

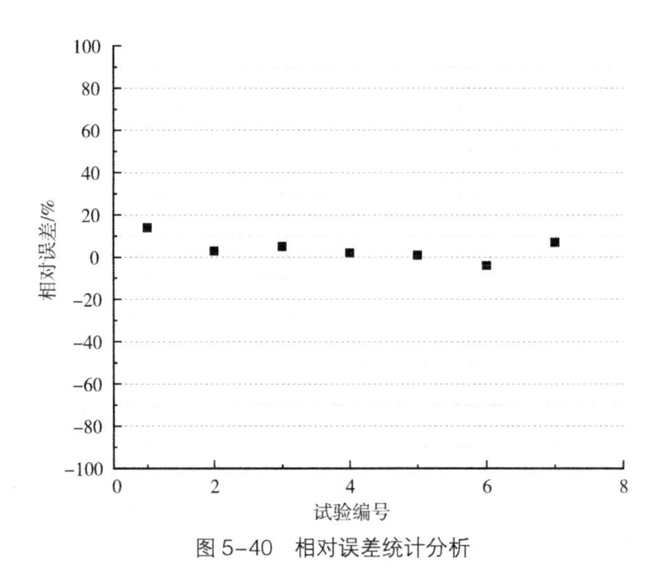


图 5-40　相对误差统计分析

# 第 6 章 矩形钢管混凝土 X 形相贯节点的应力集中

在矩形钢管混凝土管节点焊缝相贯线处，因为节点几何不连续和焊缝的一系列影响，所以有明显的应力集中现象，实际工程中疲劳初始裂纹往往产生于节点相贯线处应力集中程度最大的位置。热点应力法中采用应力集中系数 SCF 来描绘焊趾处应力集中程度。管节点应力集中与节点的几何尺寸无关，但是与 $\beta$、$2\gamma$ 和 $\tau$ 这 3 个几何无量纲参数有关，可作直观的比较。本章拟通过节点试验，研究各几何无量纲参数对矩形钢管混凝土节点 SCF 的影响；同时，通过矩形钢管混凝土节点应力集中试验，研究桁架中管节点 SCF 的分布和变化规律。

## 6.1 试验设计

### 6.1.1 试件尺寸设计

本章节试验是以矩形钢管混凝土 X 形节点为研究对象来探讨节点相贯线处的 SCF 及其分布规律，本试验节点构造见图 6-1。

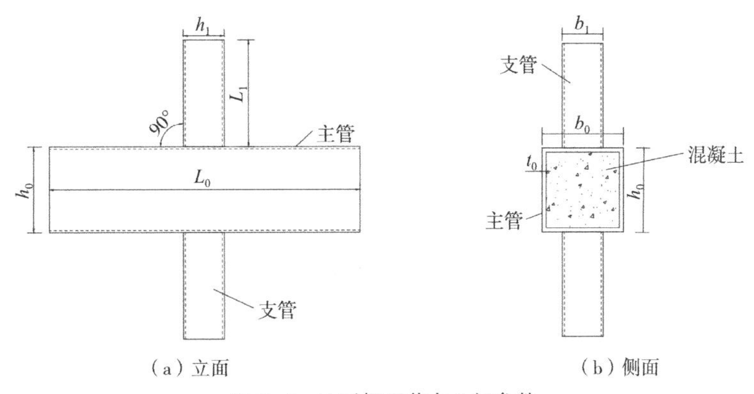


图 6-1 X 形相贯节点几何参数

图 6–1 中各参数意义：

$b_0$——主管宽度；$t_0$——主管壁厚；

$b_1$——支管宽度；$t_1$——支管壁厚；

$h_0$——主管高度；$L_0$——主管长度；

$h_1$——支管高度；$L_1$——支管长度；

$\beta$——$b_1/b_0$（支主管宽度比）；

$2\gamma$——$b_0/t_0$（主管宽厚比）；

$\tau$——$t_1/t_0$（支主管厚度比）；

$\theta$——支管与主管的夹角。

根据以往的钢管研究成果可知，在诸多可以影响节点相贯线处热点应力集中系数的因素中，对节点应力集中影响较为显著并且在实验中容易实现且易于控制的是 $\beta$、$2\gamma$、$\tau$ 这 3 个几何无量纲参数，3 个无量纲参数的计算公式为：$\beta=b_1/b_0$，$2\gamma=b_0/t_0$，$\tau=t_1/t_0$。其中，$b_0$、$b_1$ 分别为主管（弦管）、支管（腹管）的宽度，$t_0$、$t_1$ 分别为主管（弦管）、支管（腹管）的厚度。在 CIDECT《指南》中，矩形钢管 X 形节点 SCF 计算公式中 $\beta$、$2\gamma$ 和 $\tau$ 这 3 个几何无量纲参数的适用范围为：

$$0.35 \leqslant \beta \leqslant 1.0$$

$$12.5 \leqslant 2\gamma \leqslant 25.0$$

$$0.25 \leqslant \tau \leqslant 1.0$$

本章节试验共设计 8 个试验构件，其中 7 个为主管内填充混凝土强度等级为 C50 的钢管混凝土节点（CFRHS1–7），1 个为主管内无填充的空钢管节点（RHS）。其中，CFRHS 表示矩形钢管混凝土（Concrete–filled Rectangular Hollow Section），RHS 表示矩形空心截面（Rectangular Hollow Section）。通过学者对大量相贯节点的研究结果显示：试件节点中主管长度取值不小于主管截面边长的 6 倍，支管长度取值不小于支管截面边长的 2.5 倍，其目的是尽量消除主管端部构造形式和支管加载端对节点区域应力分布的影响。因而，在本试验中遵循此原则来确定主支管长度，主管长度统一取为 700mm，支管长度统一取为 170mm。试件节点尺寸见表 6–1。

表 6–1　试件节点尺寸

| 节点编号 | 主管 /mm | | | 支管 /mm | | | 无量纲参数 | | |
|---|---|---|---|---|---|---|---|---|---|
| | $b_0$ | $h_0$ | $t_0$ | $b_1$ | $h_1$ | $t_1$ | $\beta$ | $2\gamma$ | $\tau$ |
| RHS | 110 | 110 | 6 | 50 | 50 | 6 | 0.455 | 18.33 | 1 |
| CFRHS–1 | 110 | 110 | 6 | 50 | 50 | 4 | 0.455 | 18.33 | 0.67 |
| CFRHS–2 | 110 | 110 | 6 | 50 | 50 | 5 | 0.455 | 18.33 | 0.83 |
| CFRHS–3 | 110 | 110 | 6 | 50 | 50 | 6 | 0.455 | 18.33 | 1 |
| CFRHS–4 | 110 | 110 | 5 | 50 | 50 | 5 | 0.455 | 22 | 1 |
| CFRHS–5 | 110 | 110 | 7 | 50 | 50 | 7 | 0.455 | 15.714 | 1 |
| CFRHS–6 | 110 | 110 | 6 | 40 | 40 | 6 | 0.363 | 18.33 | 1 |
| CFRHS–7 | 110 | 110 | 6 | 60 | 60 | 6 | 0.545 | 18.33 | 1 |

本章节试验中将 8 个试验构件利用正交设计法对每个参数在取值范围内取值共分为 4 个对照组，其中 CFRHS-3、CFRHS-6、CFRHS-7 为第 1 组对照试验构件，第 1 组是研究当矩形钢管混凝土 X 形节点其他影响参数值不变时，几何参数 $\beta$ 对矩形钢管混凝土节点应力集中现象的影响。试验构件具体尺寸见表 6-2，几何无量纲参数见表 6-3。

表 6-2　矩形管 X 形节点第 1 组试验构件的尺寸　　　　单位：mm

| 节点编号 | 主管 | | | 支管 | | |
|---|---|---|---|---|---|---|
| | $b_0$ | $t_0$ | $L_0$ | $b_1$ | $t_1$ | $L_1$ |
| CFRHS-3 | 110 | 6 | 700 | 50 | 6 | 170 |
| CFRHS-6 | 110 | 6 | 700 | 40 | 6 | 170 |
| CFRHS-7 | 110 | 6 | 700 | 60 | 6 | 170 |

表 6-3　第 1 组试验构件的几何无量纲参数

| 节点编号 | $\beta$ | $2\gamma$ | $\tau$ | $\theta$/(°) |
|---|---|---|---|---|
| CFRHS-3 | 0.455 | 18.33 | 1 | 90 |
| CFRHS-6 | 0.363 | 18.33 | 1 | 90 |
| CFRHS-7 | 0.545 | 18.33 | 1 | 90 |

编号为 CFRHS-3、CFRHS-4、CFRHS-5 的节点构件为第 2 组对照试验构件，第 2 组是研究当矩形钢管混凝土 X 形节点其他影响参数值不变时，几何参数 $2\gamma$ 对矩形钢管混凝土节点应力集中现象的影响。试验构件具体尺寸见表 6-4，几何无量纲参数见表 6-5。

表 6-4　矩形管 X 形节点第 2 组试验构件的尺寸　　　　单位：mm

| 节点编号 | 主管 | | | 支管 | | |
|---|---|---|---|---|---|---|
| | $b_0$ | $t_0$ | $L_0$ | $b_1$ | $t_1$ | $L_1$ |
| CFRHS-3 | 110 | 6 | 700 | 50 | 6 | 170 |
| CFRHS-4 | 110 | 5 | 700 | 50 | 5 | 170 |
| CFRHS-5 | 110 | 7 | 700 | 50 | 7 | 170 |

表 6-5　第 2 组试验构件的几何无量纲参数

| 节点编号 | $\beta$ | $2\gamma$ | $\tau$ | $\theta$/(°) |
|---|---|---|---|---|
| CFRHS-3 | 0.455 | 18.33 | 1 | 90 |
| CFRHS-4 | 0.455 | 22 | 1 | 90 |
| CFRHS-5 | 0.455 | 15.714 | 1 | 90 |

编号为 CFRHS-1、CFRHS-2、CFRHS-3 的节点构件为第 3 组对照试验构件，第 3 组是研究当矩形钢管混凝土 X 形节点其他影响参数值不变时，几何参数 $\tau$ 对矩形钢管混凝土节点应力集中的影响。试验构件具体尺寸见表 6-6，几何无量纲参数见表 6-7。

表 6-6　矩形管 X 形节点第 3 组试验构件的尺寸　　单位：mm

| 节点编号 | 主管 | | | 支管 | | |
|---|---|---|---|---|---|---|
| | $b_0$ | $t_0$ | $L_0$ | $b_1$ | $t_1$ | $L_1$ |
| CFRHS-1 | 110 | 6 | 700 | 50 | 4 | 170 |
| CFRHS-2 | 110 | 6 | 700 | 50 | 5 | 170 |
| CFRHS-3 | 110 | 6 | 700 | 50 | 6 | 170 |

表 6-7　第 3 组试验构件的几何无量纲参数

| 节点编号 | $\beta$ | $2\gamma$ | $\tau$ | $\theta$/（°） |
|---|---|---|---|---|
| CFRHS-1 | 0.455 | 18.33 | 0.67 | 90 |
| CFRHS-2 | 0.455 | 18.33 | 0.83 | 90 |
| CFRHS-3 | 0.455 | 18.33 | 1 | 90 |

编号为 RHS、CFRHS-3 的节点构件为第 4 组对照试验构件，为了直接比较有、无混凝土的差异，第 4 组是研究当矩形钢管混凝土 X 形节点其他影响参数值不变时，主管内有无填充 C50 等级混凝土时对矩形钢管混凝土节点应力集中现象的影响。试验构件具体尺寸见表 6-8，几何无量纲参数见表 6-9。

表 6-8　矩形管 X 形节点第 4 组试验构件的尺寸　　单位：mm

| 节点编号 | 主管 | | | 支管 | | | 混凝土强度等级 |
|---|---|---|---|---|---|---|---|
| | $b_0$ | $t_0$ | $L_0$ | $b_1$ | $t_1$ | $L_1$ | |
| RHS | 110 | 6 | 700 | 50 | 4 | 170 | 无 |
| CFRHS-3 | 110 | 6 | 700 | 50 | 4 | 170 | C50 |

表 6-9　第 4 组试验构件的几何无量纲参数

| 节点编号 | $\beta$ | $2\gamma$ | $\tau$ | $\theta$/（°） | 混凝土强度等级 |
|---|---|---|---|---|---|
| RHS | 0.455 | 18.33 | 1 | 90 | 无 |
| CFRHS-3 | 0.455 | 18.33 | 1 | 90 | C50 |

### 6.1.2　材料性能

本章节试验管节点的几何无量纲参数的选取依据 CIDECT《指南》中空钢管 X 形节点参数适用范围和钢材市场上能够提供的无缝方钢管规格以及考虑到学校实验室

能够提供的试验条件来进行取值，试验构件中的方钢管均采用 20 号无缝方钢管，执行标准为《结构用无缝钢管》GB/T 8162—2018。支管和主管的连接按照有关焊接规范采用全熔透坡口对接焊缝，焊接情况执行《钢结构焊接规范》GB 50661—2011 的标准。

此次试验所用钢管有 4 种厚度，为了得到钢材的相关力学性能，从试验用钢管中截取钢材进行钢材拉伸试验。拉伸试验所用标准试验构件依据《金属拉伸试验试样》GB/T 6397—1986 和《金属材料拉伸试验》GB/T 288.1—2010 提供的设计方法来对标准试件进行截取和试验拉伸。钢材的屈服强度 $f_y$ 为 280MPa，抗拉强度 440MPa，弹性模量为 205GPa，泊松比 $\upsilon$ 为 0.283。在正式灌注主管之前，为了使混凝土强度达到 C50 等级强度，进行了混凝土的预拌。混凝土配合比设计如下，根据《普通混凝土力学性能试验方法标准》GB/T 50081—2002 对 150mm × 150mm × 150mm 混凝土标准试块进行材性试验，混凝土配合比见表 6–10。

表 6–10　混凝土配合比

| 混凝土强度等级 | 配合比 /（kg · m$^{-3}$） | | | | | |
|---|---|---|---|---|---|---|
| | 水 | 水泥 | 粉煤灰 | 砂 | 石子 | 减水剂 |
| C50 | 167 | 471 | 52 | 624 | 1109 | 10.46 |

按照预拌的配合比，拌制钢管中的混凝土以及 3 个 150mm × 150mm × 150mm 标准立方体试件混凝土试块与矩形钢管混凝土同条件自然养护 28 天后，按《混凝土物理力学性能试验方法标准》GB/T 50081—2019 规范给定的方法，标准立方体用于确定混凝土立方体试块强度 $f_{cu}$（图 6–2），试验后得到 $f_{cu}$=54.14MPa（表 6–11）。

（a）标准立方体试件

（b）压碎后的标准立方体试件

图 6–2　混凝土试件

表 6–11　正式混凝土的抗压强度

| 混凝土标准立方体试块 | $f_{cu}$/MPa |
|---|---|
| 试块 1 | 55.43 |
| 试块 2 | 55.50 |
| 试块 3 | 51.47 |
| 平均 | 54.14 |

### 6.1.3　试件制作

采用全熔透对接焊将支管和主管进行焊接，由此形成试验所需的空钢管节点，在两端支管上分别焊接两根螺纹钢筋，以便试验时能使试验机夹具能夹住支管两端。然后，将节点主管一端封住，将封住的节点主管一端竖立放置，并把混凝土灌注进主管内，随后自然养护 28 天后，形成矩形钢管混凝土节点试件（图 6–3）。

（a）支主管连接

（b）主管填充混凝土

（c）节点试件完成

图 6–3　试件制作

## 6.2　加载与测试

### 6.2.1　实验加载方案

实验前，对实验节点试件进行多次预加载，用来检测试验设备和仪器是否正常工作，同时使各个部件与设备紧密接触，以消除节点偏心，以此减少局部的一些实验误差，确保应变片正常工作。本次实验是在试件弹性阶段进行测试，此次实验荷载加载采用的荷载控制方式为逐步加载，按 0 → 20kN → 40kN，整个实验加载过程采用力控制的方式，加载速率为 50N/s，当力逐渐加至某一荷载时，此时保持力不变且持续 2 分钟，以便进行数据的多次采集。在实验全过程中，采用 DH3816N 静态应力应变测试器的采样频率为 5Hz。对本次所有试件全程进行数据采集，通过提取采集中连续稳定的数据得到所要的试验值。

本章节实验采用的实验加载机器为 600kN 微机控制电液伺服万能实验机见图 6-4，在 X 形管节点支管端部施加轴向拉力荷载，加载示意图见图 6-5、图 6-6。

图 6-4　600kN 微机控制电液伺服万能试验机

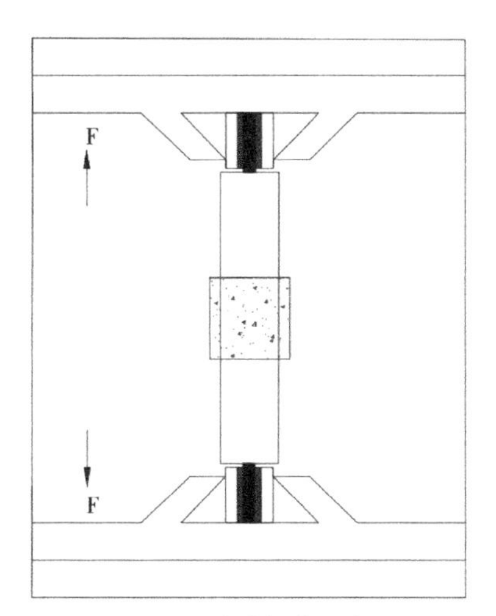


图 6-5　试件加载示意图

（a）空心管节点加载

（b）钢管混凝土节点加载

图 6-6　试件加载

### 6.2.2　名义应力的测试方案

根据本次静力实验测试内容的具体要求，实验主要是测量矩形钢管混凝土 X 形节点在支管轴向拉力荷载作用下，支主管相贯处焊缝周围其应力集中系数随几何无量纲参数的变化情况和热点应力集中系数大小。

根据以往学者对钢管混凝土节点的关于焊缝周围应力集中方面的实验研究成果可知，影响管节点焊缝周围应力集中的相关因素非常多。为了保证本次实验测量的准确性，对实验节点构件在需要粘贴应变片的位置处用砂轮机进行局部打磨。经过打磨后的相贯区域变得平整、光亮，不仅能够使应变片能够更牢固地粘贴在钢管节点构件的表面上，而且还确保应变片测量时数值的准确性。

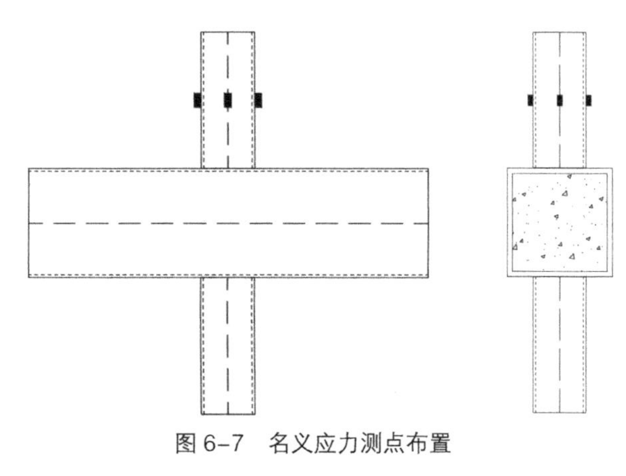
图 6–7　名义应力测点布置

实验前的主要工作是支主管应变片测量位置的选取和应变片在测量位置的粘贴。本次实验需要观测的数据是支管上的名义应力以及相贯区域的热点应力，因此支主管上应变片的测量位置分布在支管中部和主支管相贯区域两个部分：其中名义应变的测量在距离支管端部 85mm 处，在支管 4 个面上分别粘贴 4 个单向应变片（图 6–7），此 4 个单向应变片的作用是校核试验机施加的荷载是否在支管的轴向中心线上。同时，还可以同实验仪器加载的实际荷载大小进行对比校核。

## 6.2.3　热点应力的测试方案

热点应力的测试中应变片的具体粘贴位置依据 CIDECT《指南》和具体实验节点构件的试验情况决定，其中 *A~E* 点是参照 CIDECT《指南》中对矩形钢管节点的规定及前面许多学者对矩形钢管混凝土实际测点布置来进行试验，这几个点被认为在焊趾周围的应力程度比较高（图 6–8、图 6–9）。

此次实验对象是焊缝焊趾周围的热点应力分布，所以直接沿着焊缝周围粘贴应变片来测量焊缝周围的热点应力大小是不容易做到的，所以此次实验采用国际上通用的

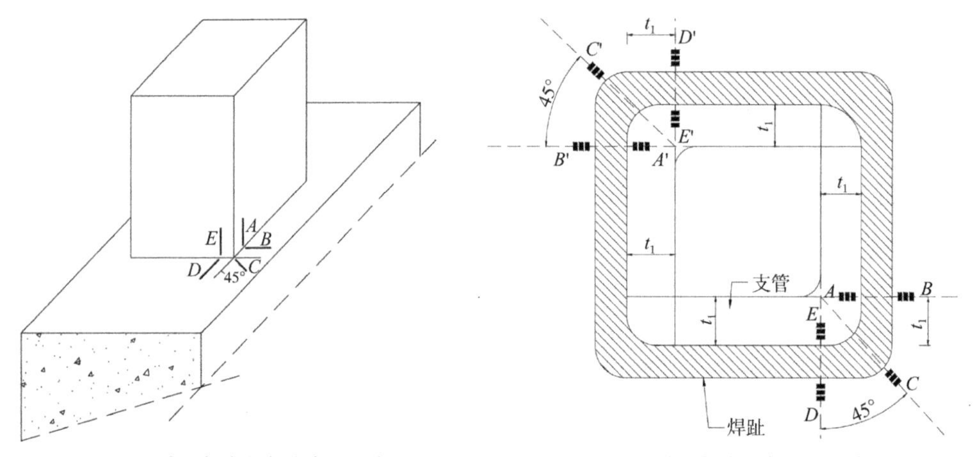

图 6–8　测量点处应变片布置示意　　图 6–9　测量点处应变片平面布置

外推法来外推出焊趾处应力，让应变片呈梯度式来测量每一个矩形钢管混凝土 X 形管节点试件焊缝周围的应变分布，由于此次实验试件是矩形钢管，研究表明矩形钢管节点的几何应力是呈现非线性，因此本次实验采用二次非线性外推法更为符合实际。应变片粘贴位置布置见图 6-10。

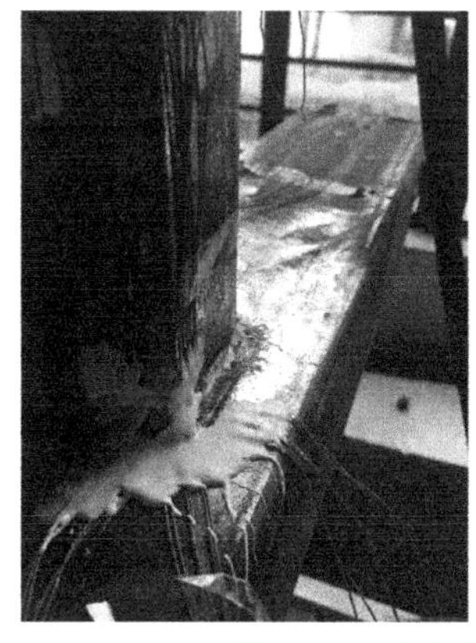

图 6-10　应变片粘贴位置布置图

在实验过程中，SNCF 与 SCF 的计算可采用公式（4.1）~ 公式（4.3）。

研究表明，圆钢管混凝土节点近似取 SCF=1.2SNCF，矩形钢管混凝土近似取 SCF=1.1SNCF。

总的来说，矩形钢管混凝凝土 X 形管节点相贯线焊趾周围的 SCF 测试步骤如下：

①先确定实验是采用线性外推还是二次外推，然后根据规范确定管节点中主管和支管相贯线焊缝处的外推区域，然后在该区域内粘贴应变片。特别注意外推点距焊趾最小距离 $L_{min} \geqslant$ 4mm，推点距焊趾最大距离 $L_{max} \geqslant L_{min} + 0.6\,t_1$。

②外推区域内 3 个测点实际测得的应变值通过二次外推得到管节点相贯线焊趾处的热点应变，支管中部采用 4 个单向应变片测得的平均值来作为实际名义应变。

③将前面实验测得的实际热点应变除以名义应变得到热点应变集中系数 SNCF。

④通过前面应变集中系数 SNCF 与应力集中系数 SCF 之间的换算关系，将得到的应变集中系数 SNCF 乘以系数 $c$ 得到 SCF。

## 6.3　试验结果与分析

此次实验采用正交设计法分别对 4 个对照组进行了试验，探究了主管内有无混凝土的影响以及 3 个几何无量纲参数支主管宽度比 $\beta$、支主管厚度比 $\tau$、主管宽厚比 $2\gamma$ 对节点焊缝处应力集中的影响，实验分析结果如图 6-11~ 图 6-14 所示，图中纵坐标表示 SCF，横坐标表示测点位置。

通过矩形钢管混凝土 X 形管节点在轴向拉力作用下相贯线焊缝周围 $A$~$E$ 点的 SCF 分布情况，可以得到以下结论：

①通过分析垂直于焊缝方向的应力分布规律可判断出这两类节点在支主管交界的角隅处出现明显的应力集中现象，其中空钢管节点位置的应力集中现象十分显著。由图可知，同一尺寸的空钢管 X 形管节点与钢管混凝土 X 形管节点对比分析，在相同几何尺寸

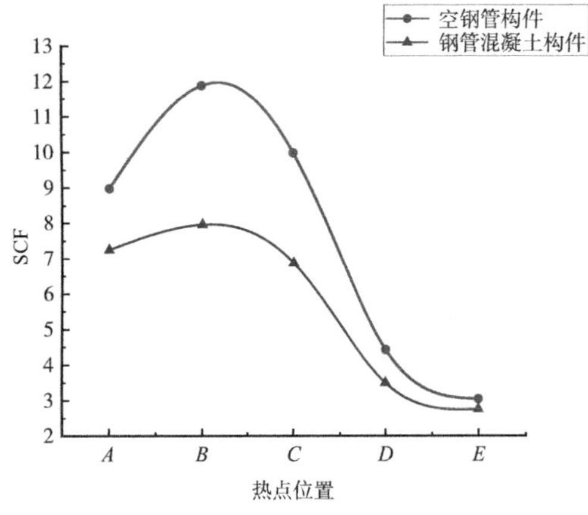


图 6-11　主管内是否有混凝土 SCF 变化情况

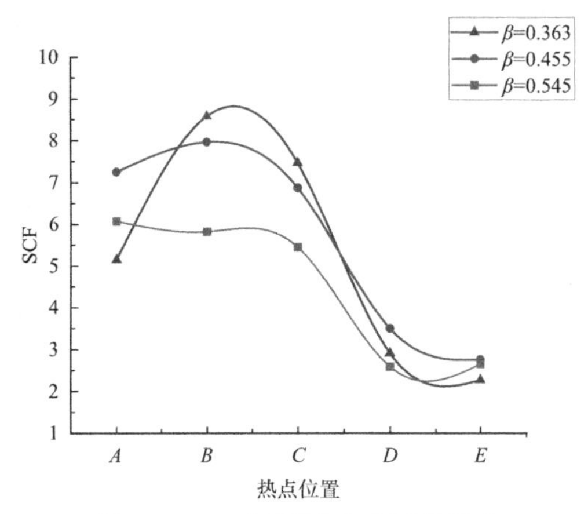


图 6-12　$\beta$ 对 X 形节点 SCF 的影响

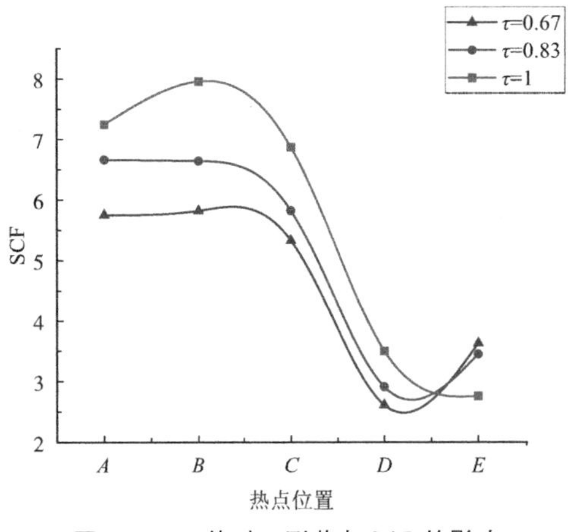


图 6-13　$\tau$ 值对 X 形节点 SCF 的影响

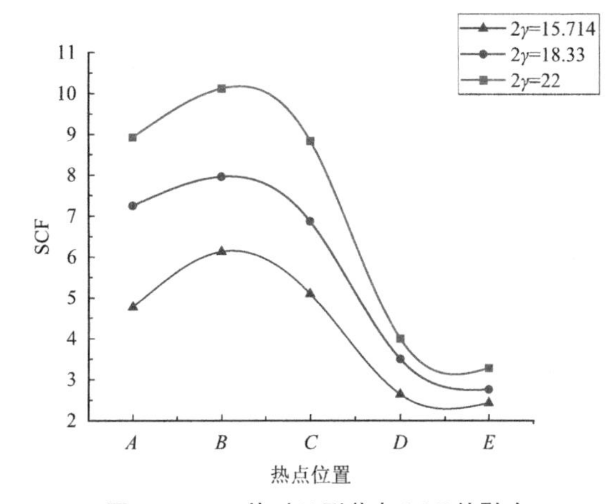


图 6-14　$2\gamma$ 值对 X 形节点 SCF 的影响

和受力条件下，钢管混凝土节点在该区域也会出现较小应力集中现象，但其 SCF 明显小于空钢管节点，这两类节点支管的最大应力集中系数均出现在 $A$ 点处，主管的最大应力集中系数均出现在 $B$ 点处。

②主管内填充混凝土后，管节点的应力集中程度得到缓解，主管内混凝土作为主管管壁的支撑，提高节点区域主管管壁的抗弯刚度，改善节点刚度分布，减小节点区域管壁变形，使节点区域应力集中程度减小，有更好的抗疲劳性能。

③支主管宽度比 $\beta$ 的影响：对于支管 $A$、$E$ 点，SCF 随 $\beta$ 呈抛物线趋势变化，这两点的 SCF 都是先增加后减小，其中 $E$ 点变化幅度相对较小，对于主管上的 $B$、$C$、$D$ 这 3 点，其 SCF 随 $\beta$ 的增加而呈现减小的趋势，这可能与主管顶板横向弯曲应力程度有关，支主管宽度比较小时，在主管的 $B$、$C$、$D$ 点均会产生比较大的弯曲应力，使得这 3 点的 SCF 随 $\beta$ 的增加而大致呈现减小的趋势。同时这两类节点的最大应力集中系数并没有随 $\beta$ 的变化而转移，这两类节点支管的最大应力集中系数始终出现在 $A$ 点处，主管的最大应力集中系数均出现在 $B$ 点处。

④支主管厚度比 $\tau$ 的影响：$A$~$D$ 点的 SCF 与 $\tau$ 呈正相关，SCF 随支主管厚度比 $\tau$ 的增大而增大，其中 $E$ 点与 $\tau$ 呈正相关，SCF 随支主管厚度比 $\tau$ 的增大而减小。这两类矩形钢管混凝土节点支管的最大应力集中系数始终出现在 $A$ 点处，主管的最大应力集中系数均出现在 $B$ 点处，这两类节点的最大应力集中系数并没有随 $\tau$ 的变化而转移。

⑤主管宽厚比 $2\gamma$ 的影响：$A$~$E$ 点的 SCF 与 $2\gamma$ 呈正相关，SCF 随主管宽厚比 $2\gamma$ 的增大而增大，$2\gamma$ 的值越大，表明钢管主管板厚越薄，在相同的荷载下主管顶板对应的弯曲变形则越大，SCF 相应越大。与此同时，这两类矩形钢管混凝土节点支管的最大应力集中系数依旧始终出现在 $A$ 点处，主管的最大应力集中系数依旧始终出现在 $B$ 点处，并没有随着 $2\gamma$ 的变化而发生转移。

综上所述，通过试验对矩形钢管混凝土 X 形节点焊缝周围的应力集中现象进行分析，研究了在支管受轴向拉力的条件下空钢管 X 形节点与矩形钢管混凝土 X 形节点的热点 SCF 大小以及分布规律，发现空钢管节点的热点 SCF 明显大于钢管混凝土相贯节点的热点 SCF，说明主管内填混凝土后，管节点的应力集中程度得到了明显缓解，探究了管节点上 $A$~$E$ 这 5 个点随着管径比 $\beta$、壁厚比 $\tau$、径厚比 $\gamma$ 变化而出现的一些变化，同时节点支管的最大应力集中系数依旧始终出现在 $A$ 点处，主管的最大应力集中系数依旧始终出现在 $B$ 点处，最大热点应力集中系数并未随着管径比 $\beta$、壁厚比 $\tau$、径厚比 $\gamma$ 变化而发生转移。

## 6.4　有限元建模计算

在上一章中，对矩形钢管混凝土 X 形节点的特性和受力性能进行了模型试验。就试验结果而言，比较符合实际情况。但是由于实际试验条件和材料特性的限制，本次试验仅设置了 4 组，对 $\beta$、$2\gamma$、$\tau$ 这 3 个几何参数的取值相对较少，由于进行构件试验时，对不同参数的模型研究如果制作大量的构件来进行试验，需要花费的成本很高，试验周期长，制作试验构件所需要花费的时间周期很长。试验周期长，无法重复操作，所以难以对矩形钢管混凝土各个部位都进行研究，基本不可能对钢管混凝土各个部位的应力应变规律及变形特征都进行研究。因此，为了减少经济成本和时间成本，并且还能研究更多不同几何参数、不同节点类型的管节点，许多研究者往往会采用有限元模拟软件建立钢管混凝土的模型进行数值分析，结合试验验证有限元模型。ANSYS Workbench 有限元数值分析软件具有强大的建模、有限元网格划分能力，能够进行求解和非线性数值分析，因此成为结构数值模拟计算领域最为通用的有限元软件之一。本文利用 ANSYS Workbench 有限元分析软件对矩形钢管混凝土 X 形节点建立模型，通过有限元建立大量不同的几何数参数和不同节点类型的有限元模型来对钢管混凝土 X 形节点焊趾周围的热点 SCF 进行研究。

### 6.4.1 模型的建立

（1）材料与单元

X 形矩形管节点和前文 T 形及 X 形圆管节点仅仅是形状不同，X 形矩形管节点中钢材和混凝土的材料特性、本构关系及单元选择和前文 T 形及 X 形圆管节点是相同的。

对于钢管的有限元建模，X 形矩形管节点仍将采用 Solid187 单元来对钢管材料进行模拟。对于核心混凝土的有限元建模，此处依然将采用 Solid65 单元来对混凝土进行模拟。钢管和混凝土之间的接触单元依然选取 CONTA174 单元。

（2）焊缝模拟

在对焊缝进行模拟时，考虑焊缝的真实尺寸大小情况。根据 AWS 规范对焊缝模拟的建议，此处采用简化后的方法对焊缝进行模拟，在 ANSYS Workbench 中利用 DM 建模时使用 Chamfer 命令模拟焊缝（图 6–15），焊脚尺寸大小取 0.5$t$（$t$ 为支管壁厚），焊缝和钢管是同一种钢材，因此焊缝的本构关系及单元选取与钢材的本构关系和单元选取相一致。

图 6–15　焊缝模拟

（3）钢管—混凝土之间的接触

建立的矩形钢管混凝土模型当中主管内壁面是凹面，主管内混凝土表面是凸面，并且钢管刚度大于核心混凝土刚度，所以钢管面适合定义成目标面，核心混凝土表面适合定义成接触面。接触面如图 6–16 所示。

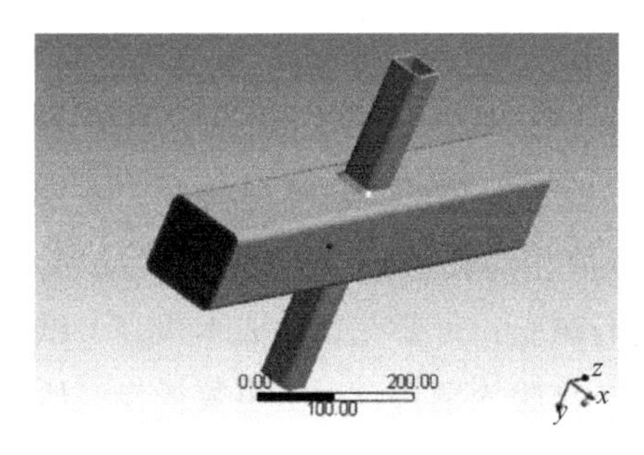


（a）钢管—目标面

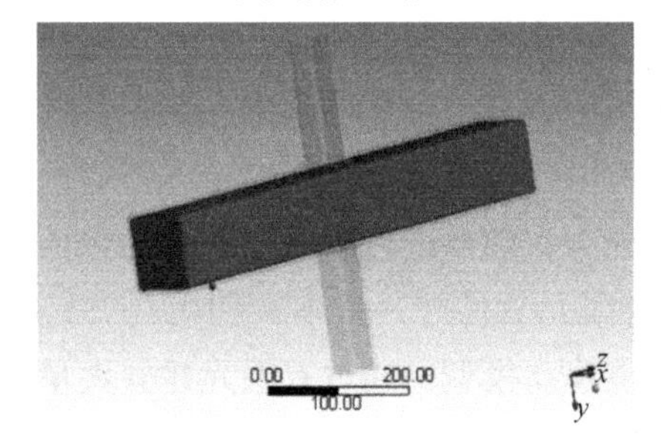


（b）混凝土—接触面

图 6–16　接触面设置

本章节对矩形钢管混凝土管节点进行有限元数值模拟研究分析。由于在整个试验和有限元模拟过程中钢管混凝土均是发生在弹性阶段的，这种弹性阶段内会发生小变形。与空钢管焊接节点相比，钢管混凝土节点管内填充的混凝土会对钢管起到一定支撑作用，增强了钢管节点处的刚度。钢管与管内混凝土之间的相互作用包括切向摩擦和法向接触，准确模拟钢管和混凝土之间的相互作用是有限元数值模拟分析与实际试验分析结果相吻合的关键。其中，有限元模拟的关键问题是要明确钢管和管内混凝土这两者之间的摩擦系数。根据许多研究成果可知，摩擦系数的大小对钢管节点的热点应力集中系数的影响很小，因此通常可以认为摩擦系数对 SCF 的影响可以忽略不计。在本章节后续有限元分析计算中，摩擦系数建议统一取值为 0.3。

（4）模型网格划分

通过对本章节有限元模型进行多次网格单元尺寸的调试和验算后发现：当有限元管节点模型加密区域的单元尺寸大小为 0.5*t* 时，其中 *t* 表示主管的壁厚，可以获得相对理想的计算结果且热点应力集中系数值能与试验结果吻合度较高。在远离主支管的相贯区域部分，由于这些远离焊缝区域对热点应力集中系数计算影响很小，所以对这一部分有限元网格划分得适当大一点（图 6–17），以此来节约计算时间。

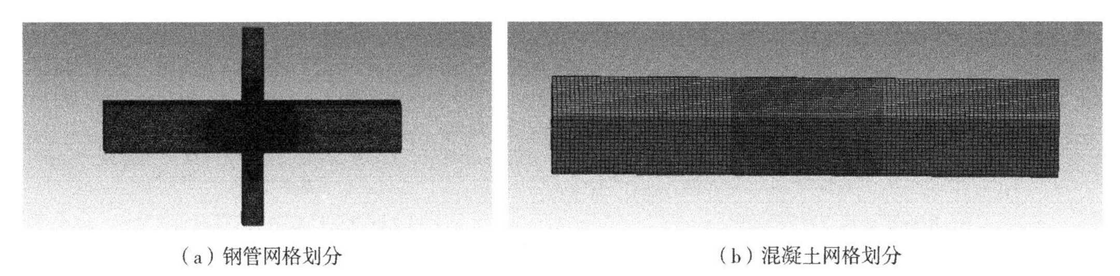

（a）钢管网格划分　　（b）混凝土网格划分

图 6–17　模型网格划分

（5）加载方式及边界条件

在矩形钢管混凝凝土 X 形节点的模型中，主管两端的边界条件均是处于自由状态下，不设置任何边界条件。对于两端支管，轴向荷载是作用于其中支管的一端，在支管端部施加竖向轴力，除了施加轴向力荷载的支管，另一支管端部节点所有方向的自由度都应该被约束住，具体的有限元管节点模型见图 6–18。

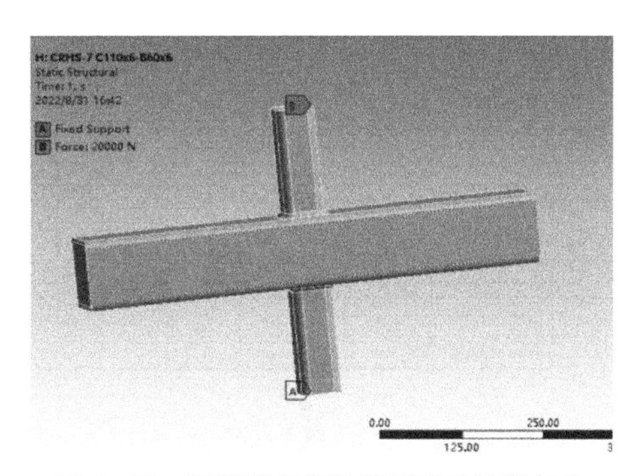


图 6–18　X 形节点有限元模型的边界条件

## 6.4.2　试验结果与有限元模拟结果对比分析

将建立的矩形钢管混凝土 X 形节点的有限元数值模拟计算结果和相对应的实际试件试验分析结果进行对比，其对比分析比较如图 6–19、表 6–12 所示。

表中提供了试验所涉及的 4 组对照试件的有限元计算值和试验值的数据，并对这两者进行了比较。需要说明的是，表中所涉及的实际试验数据是通过二次外推的方法来处理获得的。从表中可以发现，试验值对比有限元计算值的结果平均值为 0.9875，最大值为 1.15，最小值为 0.77。从图中可以看出，在一端支管承受轴向拉力，另一端支管固定的工况下，其 *A*~*E* 点的应力集中系数的大小和分布规律与实际试验中的大小和应力分布规律基本吻合。同时，有限元模型中，矩形钢管混凝土 X 形节点支管的最大应力集中系数依旧始终出现在 *A* 点处，主管的最大应力集中系数依旧始终出现在 *B* 点处，和试验中最大 SCF 出现位置相吻合。

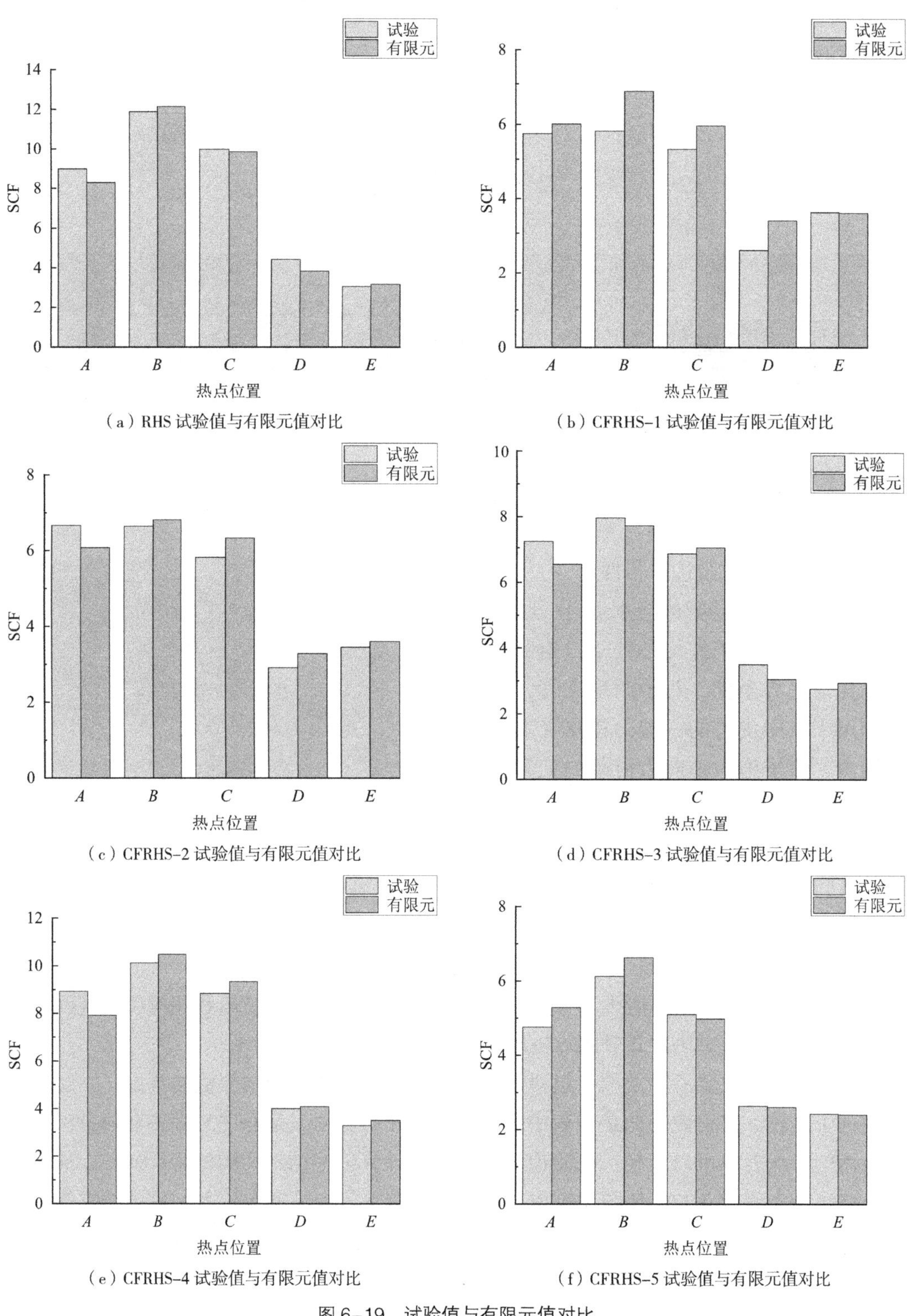


（a）RHS 试验值与有限元值对比

（b）CFRHS-1 试验值与有限元值对比

（c）CFRHS-2 试验值与有限元值对比

（d）CFRHS-3 试验值与有限元值对比

（e）CFRHS-4 试验值与有限元值对比

（f）CFRHS-5 试验值与有限元值对比

图 6-19　试验值与有限元值对比

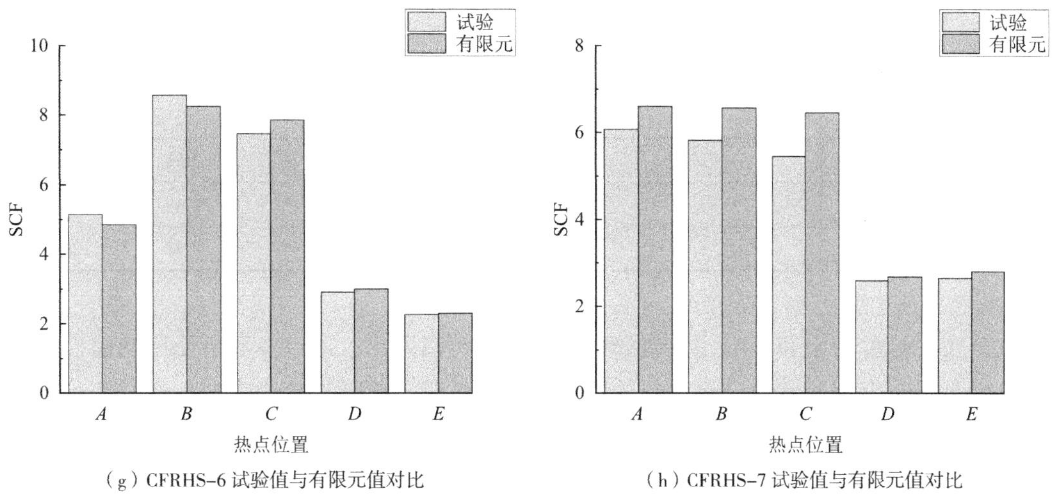


（g）CFRHS-6 试验值与有限元值对比　（h）CFRHS-7 试验值与有限元值对比

图 6-19　试验值与有限元值对比（续）

表 6-12　X 形节点 SCF 试验与有限元值对比

| 节点试件 | 类型 | SCF | | | | |
|---|---|---|---|---|---|---|
| | | *A* | *B* | *C* | *D* | *E* |
| RHS | 试验 | 8.98 | 11.88 | 9.98 | 4.43 | 3.05 |
| | 有限元 | 8.29 | 12.14 | 9.86 | 3.84 | 3.16 |
| | 试验 / 有限元 | 1.08 | 0.98 | 1.01 | 1.15 | 0.97 |
| CFRHS-1 | 试验 | 5.75 | 5.82 | 5.33 | 2.61 | 3.63 |
| | 有限元 | 6.01 | 6.89 | 5.96 | 3.41 | 3.61 |
| | 试验 / 有限元 | 0.96 | 0.85 | 0.90 | 0.77 | 1.01 |
| CFRHS-2 | 试验 | 6.66 | 6.64 | 5.82 | 2.91 | 3.45 |
| | 有限元 | 6.08 | 6.81 | 6.33 | 3.28 | 3.60 |
| | 试验 / 有限元 | 1.10 | 0.98 | 0.92 | 0.89 | 0.96 |
| CFRHS-3 | 试验 | 7.25 | 7.96 | 6.87 | 3.50 | 2.76 |
| | 有限元 | 6.55 | 7.72 | 7.05 | 3.05 | 2.94 |
| | 试验 / 有限元 | 1.11 | 1.03 | 0.97 | 1.15 | 0.94 |
| CFRHS-4 | 试验 | 8.93 | 10.12 | 8.84 | 4.00 | 3.28 |
| | 有限元 | 7.91 | 10.49 | 9.34 | 4.09 | 3.50 |
| | 试验 / 有限元 | 1.13 | 0.96 | 0.95 | 0.98 | 0.94 |
| CFRHS-5 | 试验 | 4.76 | 6.13 | 5.10 | 2.64 | 2.43 |
| | 有限元 | 5.28 | 6.63 | 4.98 | 2.61 | 2.41 |
| | 试验 / 有限元 | 0.90 | 0.93 | 1.03 | 1.01 | 1.01 |
| CFRHS-6 | 试验 | 5.15 | 8.58 | 7.46 | 2.91 | 2.27 |
| | 有限元 | 4.86 | 8.25 | 7.86 | 3.00 | 2.30 |
| | 试验 / 有限元 | 1.06 | 1.04 | 0.95 | 0.97 | 0.99 |

续表

| 节点试件 | 类型 | SCF | | | | |
|---|---|---|---|---|---|---|
| | | *A* | *B* | *C* | *D* | *E* |
| CFRHS-7 | 试验 | 6.07 | 5.82 | 5.45 | 2.59 | 2.65 |
| | 有限元 | 6.60 | 6.56 | 6.45 | 2.68 | 2.80 |
| | 试验 / 有限元 | 0.92 | 0.88 | 0.84 | 0.97 | 0.95 |

从实际试验结果和有限元数值分析结果对比可以看出，通过本章所使用的建模方法建立模型进行有限元数值分析得到的结果与实际试验分析结果较为吻合，本章使用有限元软件建立的有限元模型具有较好的可靠性。

## 6.5 X 形节点应力集中系数的影响因素有限元建模计算

由于试验时管节点模型试验构件的数量相对有限，且结构形式单一，为了全面深入探究更多几何参数的钢管混凝土管节点 SCF 变化规律，同时上一章节内容也验证了有限元软件模拟的可行性，因此本章节将使用上章节已验证的有限元模型更多几何参数的矩形钢管混凝土 X 形焊接节点，探究其 SCF 随几何参数的变化规律。另外，本章节还将采用有限元模型进行对比分析支主管不同夹角的矩形钢管混凝土 X 形焊接节点 SCF 分布情况以及随几何参数的变化规律。

### 6.5.1 主管内填混凝土的影响

由本书第 2 章节试验研究分析可知，这两类节点在支主管焊接区域的角隅处出现了明显的应力集中现象，其中空钢管节点位置的应力集中现象十分显著。钢管混凝土节点的应力集中系数明显比空钢管节点的应力集中系数小，但试验时试件数量有限，结果不具有一般普遍性。本章节将建立 2 组不同几何参数的矩形钢管混凝土 X 形焊接节点与空钢管 X 形焊接节点进行对比分析。

有限元模型几何尺寸见表 6–13，钢材选用市面上常见的 20 号钢，钢材参数设置弹性模量为 $E_c$ 为 205GPa，泊松比 $\upsilon$ 取为 0.283。主管内所填混凝土根据相应标号取值，其材料参数：抗压强度为 50MPa，弹性模量 $E_c$ 取为 34.5GPa，泊松比 $\upsilon$ 取为 0.167。支管一端固结，另一端支管轴向施加拉力荷载，为保证管节点始终处于弹性工作阶段且施加的荷载大小不会过多对管节点 SCF 产生影响，取支管轴向拉力为 20kN（表 6–14）。

通过有限元模型得到的分析结果见图 6–20、图 6–21，其中图 6–20 为矩形钢管混凝土 X 形焊接节点与矩形空钢管 X 形焊接节点焊缝位置 SCF 的大小和变化情况，图 6–21

表 6-13　主管内有、无混凝土有限元模型几何尺寸

| 节点编号 | 主管 /mm | | | 支管 /mm | | | 夹角 θ/ (°) | 混凝土强度等级 |
|---|---|---|---|---|---|---|---|---|
| | $b_0$ | $t_0$ | $L_0$ | $b_1$ | $t_1$ | $L_1$ | | |
| RHS-1 | 110 | 6 | 700 | 50 | 6 | 170 | 90 | 无 |
| CFRHS-1 | 110 | 6 | 700 | 50 | 6 | 170 | 90 | C50 |
| RHS-2 | 110 | 6 | 700 | 60 | 6 | 170 | 90 | 无 |
| CFRHS-2 | 110 | 6 | 700 | 60 | 6 | 170 | 90 | C50 |

注：RHS 表示主管内无混凝土，CFRHS 表示主管内有混凝土。

表 6-14　支管上的名义应力

| 节点编号 | 支管上施加的荷载 /kN | 支管截面面积 /mm$^2$ | 名义应力 /MPa |
|---|---|---|---|
| RHS-1 | 20 | 963.29 | 20.76 |
| CFRHS-1 | 20 | 963.29 | 20.76 |
| RHS-2 | 20 | 1203.3 | 16.62 |
| CFRHS-2 | 20 | 1203.3 | 16.62 |

为另一组矩形钢管混凝土 X 形焊接节点与矩形空钢管 X 形焊接节点焊缝位置处 SCF 的大小和变化情况。

由图 6-20、图 6-21 两组矩形钢管混凝土 X 形焊接节点与空心钢管 X 形焊接节点有限元模型分析结果可以得到如下结论：

①通过分析图中所示的应力分布规律可判断这两类节点在支主管焊接区域的角隅处出现了明显的应力集中现象，其中空钢管节点位置的应力集中现象十分显著。在角隅处的应力集中系数较大，沿着相贯线方向应力集中系数分布极不均匀，两组模型中其支管和主管 SCF 最大分别是出现在 *A* 点和 *B* 点。

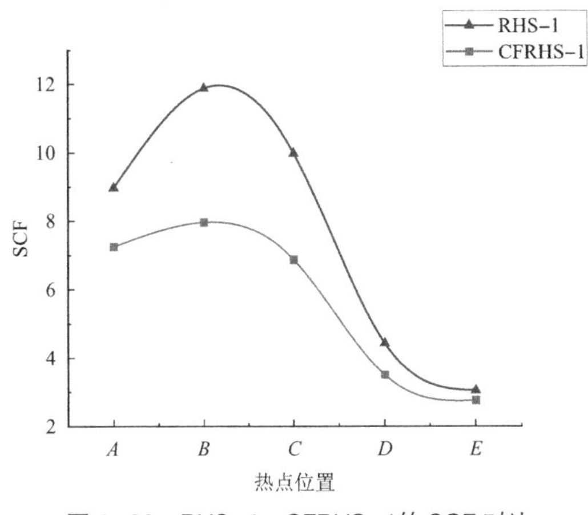

图 6-20　RHS-1、CFRHS-1的 SCF 对比

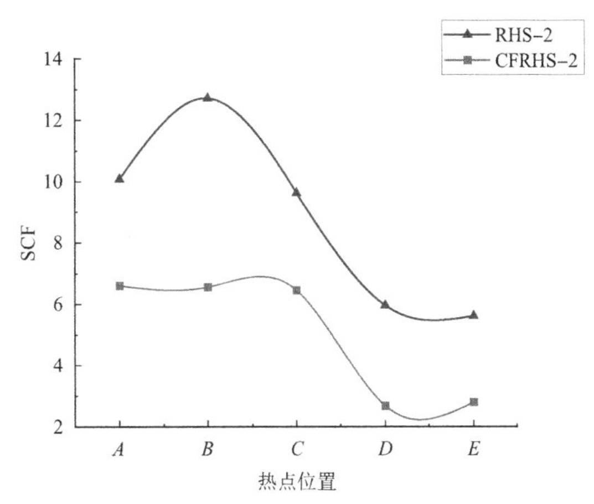

图 6-21　RHS-2、CFRHS-2的 SCF 对比

②与空钢管 X 形管节点相比，钢管混凝土 X 形管节点沿着相贯线区域的 SCF 较小，其应力集中现象得到缓减，管节点的应力集中程度得到了缓解，主管内混凝土作为主管管壁的支撑，提高了节点区域主管管壁的抗弯刚度，改善了节点刚度分布，减小了节点区域管壁变形，使节点区域应力集中程度减小，有更好的抗疲劳性能。与此同时，在主管内填充混凝土后，支主管的热点位置并没有随之改变，两组模型中，矩形钢管混凝土管节点支主管的最大热点应力位置依旧是 $A$ 点和 $B$ 点。

③在支管拉力作用下，矩形钢管的主管和支管在焊接交接区域相贯线处保持变形协调，因此，主管和支管的表面应力是呈非均匀分布，支管的角隅部位刚度较大，从而，对应的热点应力水平高，而支管中间部位刚度相对较小，与此对应的热点应力水平较低。在矩形钢管 X 形焊接节点主管内填充混凝土之后，主管内填混凝土使节点相贯线处刚度分布更为均匀，从而使应力集中峰值有所降低。主管顶底板受到拉力作用由此会发生外凸弯曲变形，与此相应的主管侧壁则会产生内凹变形的情况，而在主管内填充混凝土后，主管顶底板的外凸变形会得到一定程度减小，同时，由于主管内混凝土的支撑作用，主管侧壁不会产生内凹变形。由于有效限制了管节点的变形，可以增强主管径向刚度，从而有效降低管节点相贯线处的应力集中程度，减小了 SCF。

### 6.5.2 矩形 X 形节点 SCF 有限元计算结果

表 6-15　X 形节点无量纲参数设计

| 节点参数 | $\beta$ | $2\gamma$ | $\tau$ |
|---|---|---|---|
| 数值 | 0.40 | 12.5 | 0.25 |
| | 0.55 | 16.0 | 0.50 |
| | 0.70 | 20.0 | 0.75 |
| | 0.85 | 25.0 | 1.00 |

由表 6-15 可知，本章节就影响管节点焊缝位置处的热点应力集中系数的 3 个主要几何参数进行研究分析。3 个几何参数按照 CIDECT《指南》分别选择 4 个水平数，矩形钢管混凝土 X 形节点有 4×4×4=64 个节点模型，用来分析各个几何参数单独变化时对管节点焊缝位置的 SCF 的影响程度，并且通过大量有限元分析结果拟合参数计算公式。参数分析中所有矩形钢管混凝土 X 形节点有限元模型的选取的单元类型、材料力学属性、网格具体划分、管节点边界条件等均与上一章中已验证的管节点分析模型相同，由此得到矩形钢管混凝土 X 形节点在焊缝位置热点处 SCF 的分析计算结果见表 6-16。

### 6.5.3 支主管宽度比 $\beta$ 的影响

本节就几何无量纲参数 $\beta$ 对矩形钢管混凝土 X 形焊接节点的应力集中系数进行了有

表 6-16　X 形节点 SCF 值参数分析结果

| 试件编号 | 几何参数 | | | $SCF_{FE}$ | | | | |
|---|---|---|---|---|---|---|---|---|
| | $\beta$ | $2\gamma$ | $\tau$ | $A$ | $B$ | $C$ | $D$ | $E$ |
| C110X8.8–B44X2.2 | 0.40 | 12.5 | 0.25 | 3.41 | 2.25 | 1.96 | 1.42 | 2.72 |
| C110X8.8–B44X4.4 | 0.40 | 12.5 | 0.50 | 3.67 | 3.09 | 2.96 | 1.66 | 2.36 |
| C110X8.8–B44X6.6 | 0.40 | 12.5 | 0.75 | 3.69 | 3.55 | 3.34 | 2.22 | 1.83 |
| C110X8.8–B44X8.8 | 0.40 | 12.5 | 1.00 | 3.82 | 6.85 | 6.07 | 2.61 | 1.46 |
| C110X6.88–B44X1.72 | 0.40 | 16.0 | 0.25 | 5.05 | 3.25 | 2.88 | 2.22 | 3.95 |
| C110X6.88–B44X3.44 | 0.40 | 16.0 | 0.50 | 5.26 | 4.29 | 4.08 | 2.35 | 3.14 |
| C110X6.88–B44X5.16 | 0.40 | 16.0 | 0.75 | 5.54 | 6.45 | 5.04 | 2.57 | 2.73 |
| C110X6.88–B44X6.88 | 0.40 | 16.0 | 1.00 | 4.87 | 6.92 | 6.52 | 3.14 | 2.00 |
| C110X5.5–B44X1.38 | 0.40 | 20.0 | 0.25 | 6.41 | 4.40 | 4.00 | 2.81 | 5.07 |
| C110X5.5–B44X2.75 | 0.40 | 20.0 | 0.50 | 6.99 | 6.36 | 6.05 | 3.16 | 4.94 |
| C110X5.5–B44X4.13 | 0.40 | 20.0 | 0.75 | 7.08 | 7.42 | 6.25 | 3.40 | 3.73 |
| C110X5.5–B44X5.5 | 0.40 | 20.0 | 1.00 | 7.25 | 9.63 | 7.32 | 3.87 | 3.12 |
| C110X4.4–B44X1.1 | 0.40 | 25.0 | 0.25 | 8.23 | 6.42 | 5.98 | 3.97 | 7.18 |
| C110X4.4–B44X2.2 | 0.40 | 25.0 | 0.50 | 8.88 | 8.90 | 7.79 | 4.99 | 6.41 |
| C110X4.4–B44X3.3 | 0.40 | 25.0 | 0.75 | 9.18 | 11.63 | 10.98 | 5.33 | 5.38 |
| C110X4.4–B44X4.4 | 0.40 | 25.0 | 1.00 | 8.61 | 13.19 | 11.63 | 5.69 | 4.21 |
| C110X8.8–B60X2.2 | 0.55 | 12.5 | 0.25 | 3.60 | 2.05 | 1.72 | 1.20 | 3.03 |
| C110X8.8–B60X4.4 | 0.55 | 12.5 | 0.50 | 4.11 | 2.55 | 2.33 | 1.45 | 2.69 |
| C110X8.8–B60X6.6 | 0.55 | 12.5 | 0.75 | 4.51 | 3.15 | 2.65 | 1.69 | 2.37 |
| C110X8.8–B60X8.8 | 0.55 | 12.5 | 1.00 | 4.70 | 5.53 | 4.22 | 2.32 | 1.78 |
| C110X6.88–B60X1.72 | 0.55 | 16.0 | 0.25 | 5.73 | 2.97 | 2.46 | 1.88 | 4.13 |
| C110X6.88–B60X3.44 | 0.55 | 16.0 | 0.50 | 6.13 | 4.08 | 3.74 | 2.12 | 3.81 |
| C110X6.88–B60X5.16 | 0.55 | 16.0 | 0.75 | 6.17 | 4.68 | 4.19 | 2.37 | 3.15 |
| C110X6.88–B60X6.88 | 0.55 | 16.0 | 1.00 | 6.04 | 6.16 | 5.31 | 2.98 | 2.82 |
| C110X5.5–B60X1.38 | 0.55 | 20.0 | 0.25 | 6.93 | 4.16 | 3.70 | 2.57 | 6.54 |
| C110X5.5–B60X2.75 | 0.55 | 20.0 | 0.50 | 7.55 | 6.06 | 5.38 | 2.93 | 5.06 |
| C110X5.5–B60X4.13 | 0.55 | 20.0 | 0.75 | 7.76 | 6.94 | 6.00 | 3.14 | 4.22 |
| C110X5.5–B60X5.5 | 0.55 | 20.0 | 1.00 | 8.24 | 7.42 | 6.43 | 3.60 | 4.05 |
| C110X4.4–B60X1.1 | 0.55 | 25.0 | 0.25 | 8.92 | 5.60 | 5.10 | 3.59 | 7.76 |
| C110X4.4–B60X2.2 | 0.55 | 25.0 | 0.50 | 10.19 | 8.35 | 7.48 | 4.26 | 7.03 |
| C110X4.4–B60X3.3 | 0.55 | 25.0 | 0.75 | 10.85 | 10.64 | 9.33 | 4.62 | 6.03 |
| C110X4.4–B60X4.4 | 0.55 | 25.0 | 1.00 | 11.26 | 12.07 | 10.59 | 4.59 | 4.63 |
| C110X8.8–B77X2.2 | 0.70 | 12.5 | 0.25 | 3.35 | 1.41 | 1.25 | 1.03 | 2.53 |
| C110X8.8–B77X4.4 | 0.70 | 12.5 | 0.50 | 3.72 | 2.08 | 1.62 | 1.23 | 2.48 |
| C110X8.8–B77X6.6 | 0.70 | 12.5 | 0.75 | 4.40 | 2.71 | 2.33 | 1.46 | 2.13 |

续表

| 试件编号 | 几何参数 | | | $SCF_{FE}$ | | | | |
|---|---|---|---|---|---|---|---|---|
| | $\beta$ | $2\gamma$ | $\tau$ | $A$ | $B$ | $C$ | $D$ | $E$ |
| C110X8.8–B77X8.8 | 0.70 | 12.5 | 1.00 | 4.59 | 4.27 | 4.05 | 1.96 | 1.90 |
| C110X6.88–B77X1.72 | 0.70 | 16.0 | 0.25 | 3.83 | 2.06 | 1.67 | 1.31 | 3.33 |
| C110X6.88–B77X3.44 | 0.70 | 16.0 | 0.50 | 5.22 | 2.73 | 2.36 | 1.50 | 3.17 |
| C110X6.88–B77X5.16 | 0.70 | 16.0 | 0.75 | 5.66 | 3.17 | 2.61 | 1.92 | 2.86 |
| C110X6.88–B77X6.88 | 0.70 | 16.0 | 1.00 | 5.71 | 5.00 | 4.37 | 2.54 | 2.52 |
| C110X5.5–B77X1.38 | 0.70 | 20.0 | 0.25 | 5.19 | 2.97 | 2.38 | 1.87 | 4.48 |
| C110X5.5–B77X2.75 | 0.70 | 20.0 | 0.50 | 6.33 | 4.22 | 3.79 | 2.16 | 4.06 |
| C110X5.5–B77X4.13 | 0.70 | 20.0 | 0.75 | 7.06 | 4.55 | 4.08 | 2.42 | 3.58 |
| C110X5.5–B77X5.5 | 0.70 | 20.0 | 1.00 | 7.47 | 5.61 | 4.70 | 3.04 | 3.12 |
| C110X4.4–B77X1.1 | 0.70 | 25.0 | 0.25 | 6.89 | 3.95 | 3.35 | 2.73 | 5.64 |
| C110X4.4–B77X2.2 | 0.70 | 25.0 | 0.50 | 8.93 | 6.63 | 5.58 | 3.32 | 5.67 |
| C110X4.4–B77X3.3 | 0.70 | 25.0 | 0.75 | 9.52 | 7.20 | 6.22 | 3.65 | 4.79 |
| C110X4.4–B77X4.4 | 0.70 | 25.0 | 1.00 | 10.00 | 8.24 | 7.39 | 3.89 | 4.26 |
| C110X8.8–B93X2.2 | 0.85 | 12.5 | 0.25 | 2.54 | 1.12 | 0.87 | 0.76 | 2.11 |
| C110X8.8–B93X4.4 | 0.85 | 12.5 | 0.50 | 3.11 | 1.43 | 0.99 | 0.92 | 2.26 |
| C110X8.8–B93X6.6 | 0.85 | 12.5 | 0.75 | 3.79 | 2.55 | 2.05 | 1.30 | 1.98 |
| C110X8.8–B93X8.8 | 0.85 | 12.5 | 1.00 | 4.04 | 3.21 | 2.78 | 1.77 | 1.66 |
| C110X6.88–B93X1.72 | 0.85 | 16.0 | 0.25 | 3.00 | 1.43 | 1.10 | 0.99 | 2.63 |
| C110X6.88–B93X3.44 | 0.85 | 16.0 | 0.50 | 4.00 | 2.18 | 1.58 | 1.31 | 2.53 |
| C110X6.88–B93X5.16 | 0.85 | 16.0 | 0.75 | 4.97 | 2.90 | 2.33 | 1.75 | 2.33 |
| C110X6.88–B93X6.88 | 0.85 | 16.0 | 1.00 | 5.29 | 4.14 | 3.68 | 2.04 | 2.14 |
| C110X5.5–B93X1.38 | 0.85 | 20.0 | 0.25 | 3.55 | 2.08 | 1.57 | 1.27 | 3.31 |
| C110X5.5–B93X2.75 | 0.85 | 20.0 | 0.50 | 4.54 | 3.23 | 2.54 | 1.44 | 3.16 |
| C110X5.5–B93X4.13 | 0.85 | 20.0 | 0.75 | 5.52 | 3.58 | 3.23 | 2.12 | 3.11 |
| C110X5.5–B93X5.5 | 0.85 | 20.0 | 1.00 | 6.24 | 4.22 | 3.44 | 2.05 | 3.08 |
| C110X4.4–B93X1.1 | 0.85 | 25.0 | 0.25 | 4.78 | 2.47 | 2.00 | 1.42 | 3.98 |
| C110X4.4–B93X2.2 | 0.85 | 25.0 | 0.50 | 5.87 | 3.32 | 2.64 | 1.86 | 4.07 |
| C110X4.4–B93X3.3 | 0.85 | 25.0 | 0.75 | 7.02 | 4.31 | 3.32 | 2.41 | 3.89 |
| C110X4.4–B93X4.4 | 0.85 | 25.0 | 1.00 | 7.79 | 5.49 | 3.52 | 2.30 | 3.47 |

限元分析，分别得到了管节点 $A$~$E$ 点在 $\beta$=0.40、0.55、0.70、0.85 时的 SCF 变化规律。参数 $\beta$ 对 SCF 的影响见图 6–22。

由图 6–22 可直观地看出，支主管宽度比 $\beta$ 的影响：对于支管 $A$、$E$ 点，SCF 随 $\beta$ 呈抛物线趋势变化，这两点的 SCF 都是先增加后减小，对于主管上的 $B$、$C$、$D$ 点，其

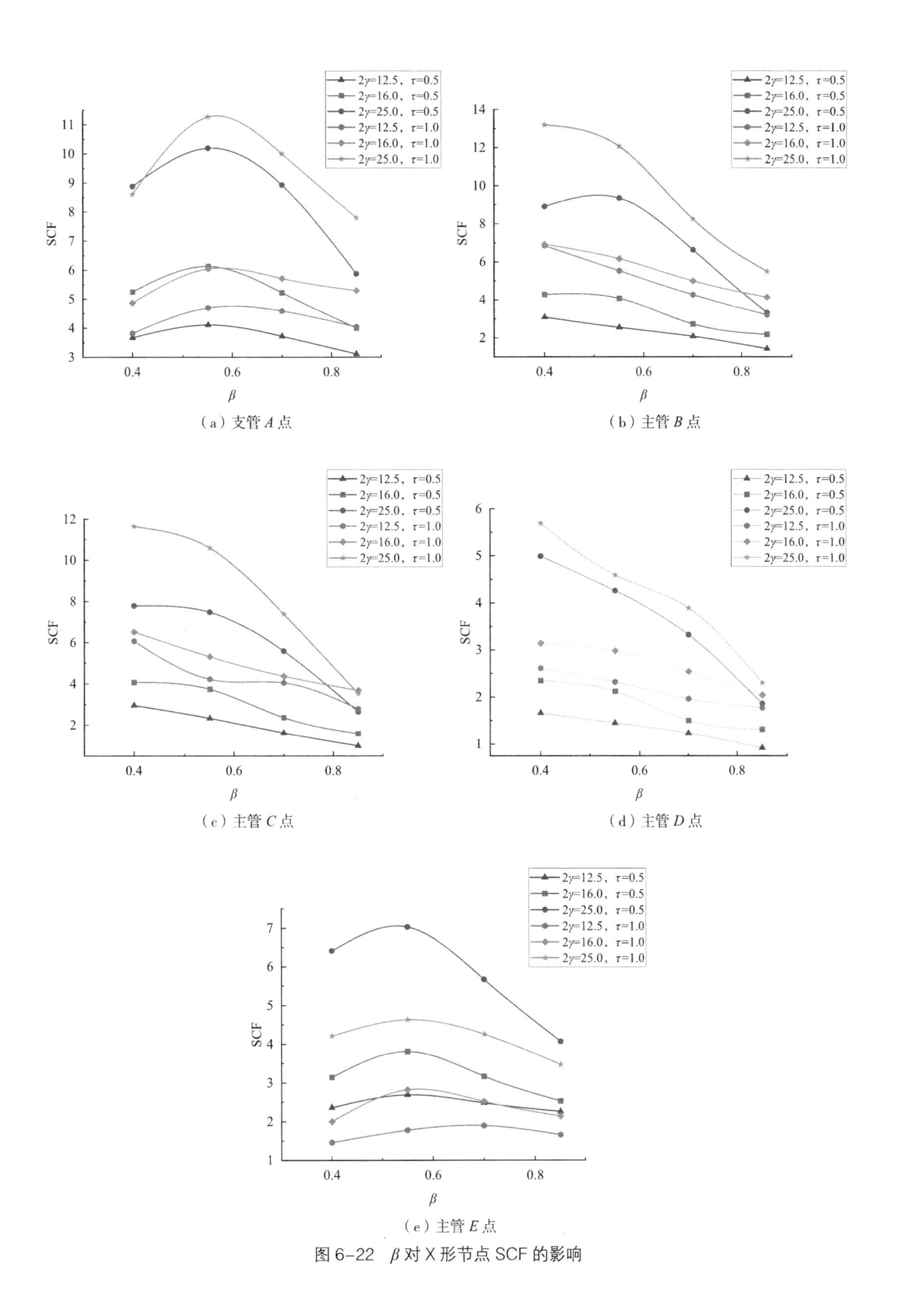


（a）支管 $A$ 点

（b）主管 $B$ 点

（c）主管 $C$ 点

（d）主管 $D$ 点

（e）主管 $E$ 点

图 6-22　$\beta$ 对 X 形节点 SCF 的影响

SCF 随着 $\beta$ 的增加而呈现减小的趋势，这可能与主管顶板横向弯曲应力程度有关。支主管宽度比较小时，在主管的 $B$、$C$、$D$ 点会产生比较大的弯曲应力，使得其 SCF 随着 $\beta$ 的增加而大致呈现减小的趋势，同时管节点的最大 SCF 并没有随着 $\beta$ 的变化而转移，管节点支管的最大应力集中系数始终出现在 $A$ 点处，主管的最大应力集中系数均出现在 $B$ 点处。由支主管两处的最大 SCF 比较可得：在增大 $\tau$ 的情况下，主管上 $B$ 点的最大 SCF 随参数 $\beta$ 的增大，变化幅度明显有显著的提高；对于支管 $A$ 点来说，在 $2\gamma$ 增大的情况下，最大 SCF 随参数 $\beta$ 的变化相对明显。

## 6.5.4 支主管宽度比 $2\gamma$ 的影响

本节就几何无量纲参数 $2\gamma$ 对矩形钢管混凝土 X 形焊接节点的 SCF 值进行了有限元分析，分别得到了管节点 $A$~$E$ 点在 $2\gamma$=12.5、16.0、20.0、25.0 时的 SCF 的变化规律。参数 $2\gamma$ 对 SCF 的影响见图 6-23。

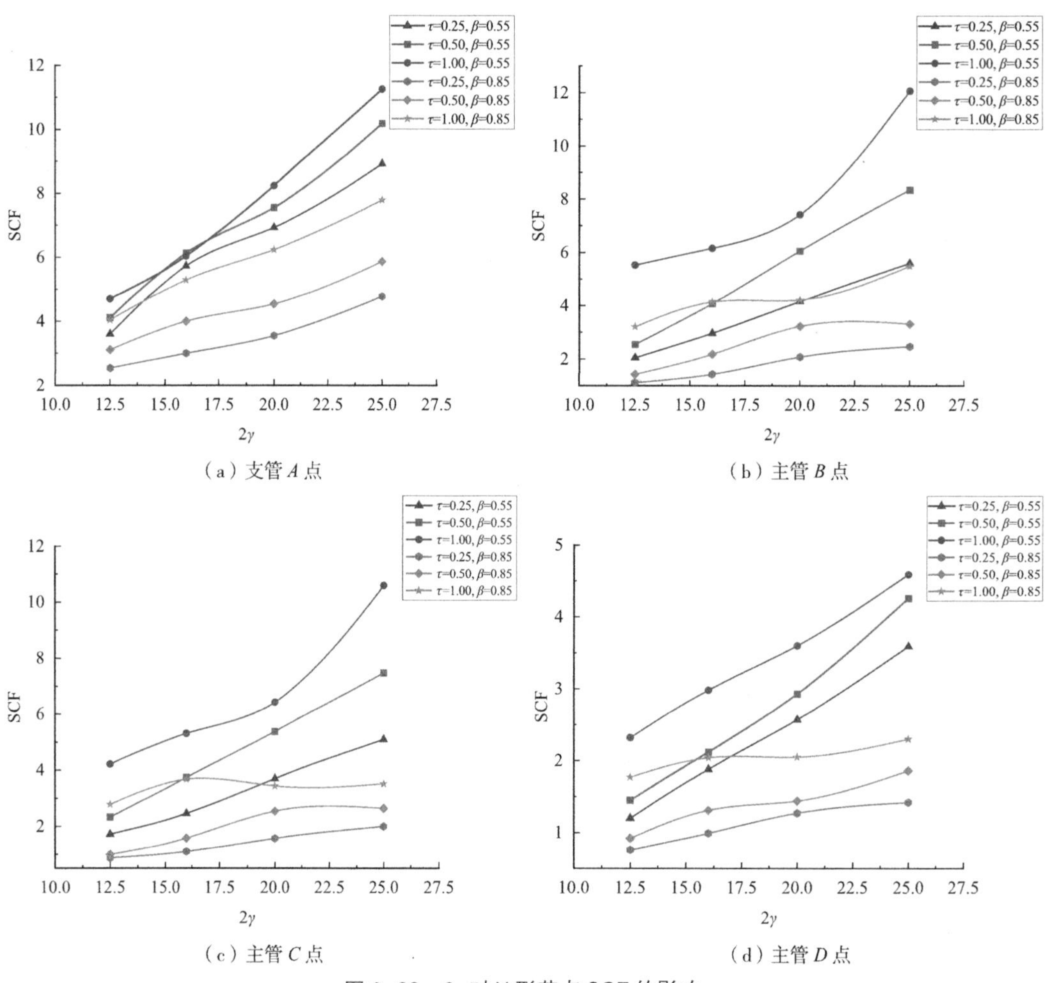


（a）支管 $A$ 点

（b）主管 $B$ 点

（c）主管 $C$ 点

（d）主管 $D$ 点

图 6-23　$2\gamma$ 对 X 形节点 SCF 的影响

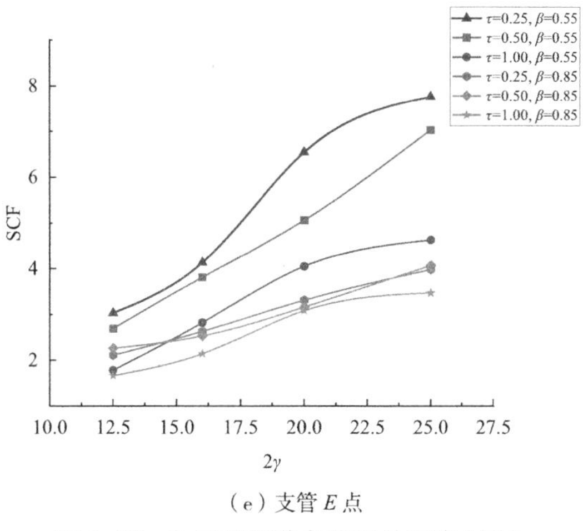


（e）支管 $E$ 点

图 6–23　$2\gamma$ 对 X 形节点 SCF 的影响（续）

由图 6–23 可直观地看出，主管宽厚比 $2\gamma$ 的影响：参数 $2\gamma$ 对主管和支管的 SCF 值影响趋势比较一致。$A$~$E$ 点的 SCF 与 $2\gamma$ 大致上呈现正相关，支管和主管 SCF 随着主管宽厚比 $2\gamma$ 的增大而大致呈现线性增大的趋势，$2\gamma$ 的值越大，表明钢管主管板厚越薄，在相同的荷载下主管顶板对应的弯曲变形则越大，SCF 则相应越大。与此同时，矩形钢管混凝土节点支管的最大应力集中系数依旧始终出现在 $A$ 点处，主管的最大应力集中系数依旧始终出现在 $B$ 点处，并没有随着 $2\gamma$ 的变化而发生转移。

## 6.5.5　支主管宽度比 $\tau$ 的影响

本节就几何无量纲参数 $\tau$ 对矩形钢管混凝土 X 形焊接节点的应力集中系数进行了有限元分析，分别得到了管节点 $A$~$E$ 点在 $\tau$=0.25、0.50、0.75、1.00 时的应力集中系数的变化规律。参数 $\tau$ 对 SCF 的影响见图 6–24。

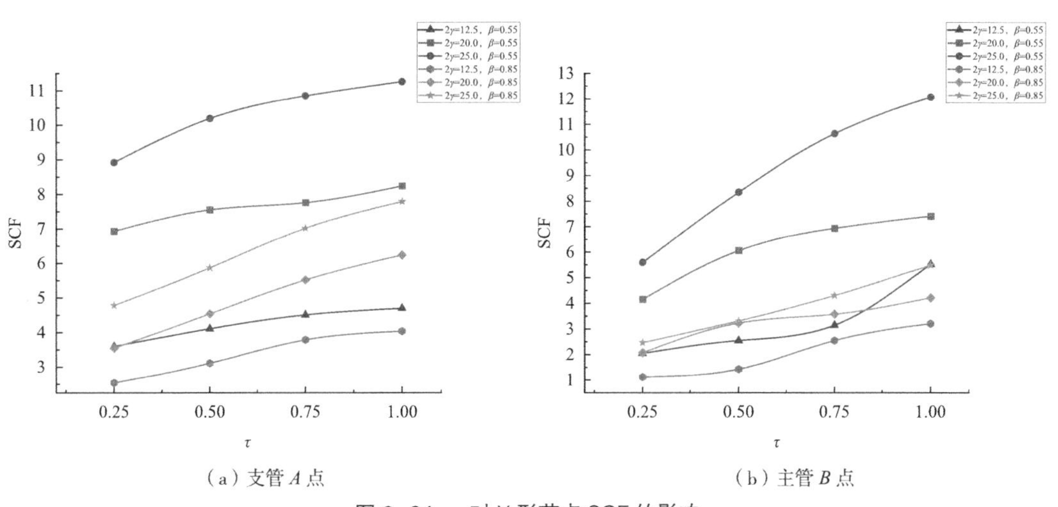


（a）支管 $A$ 点　　（b）主管 $B$ 点

图 6–24　$\tau$ 对 X 形节点 SCF 的影响

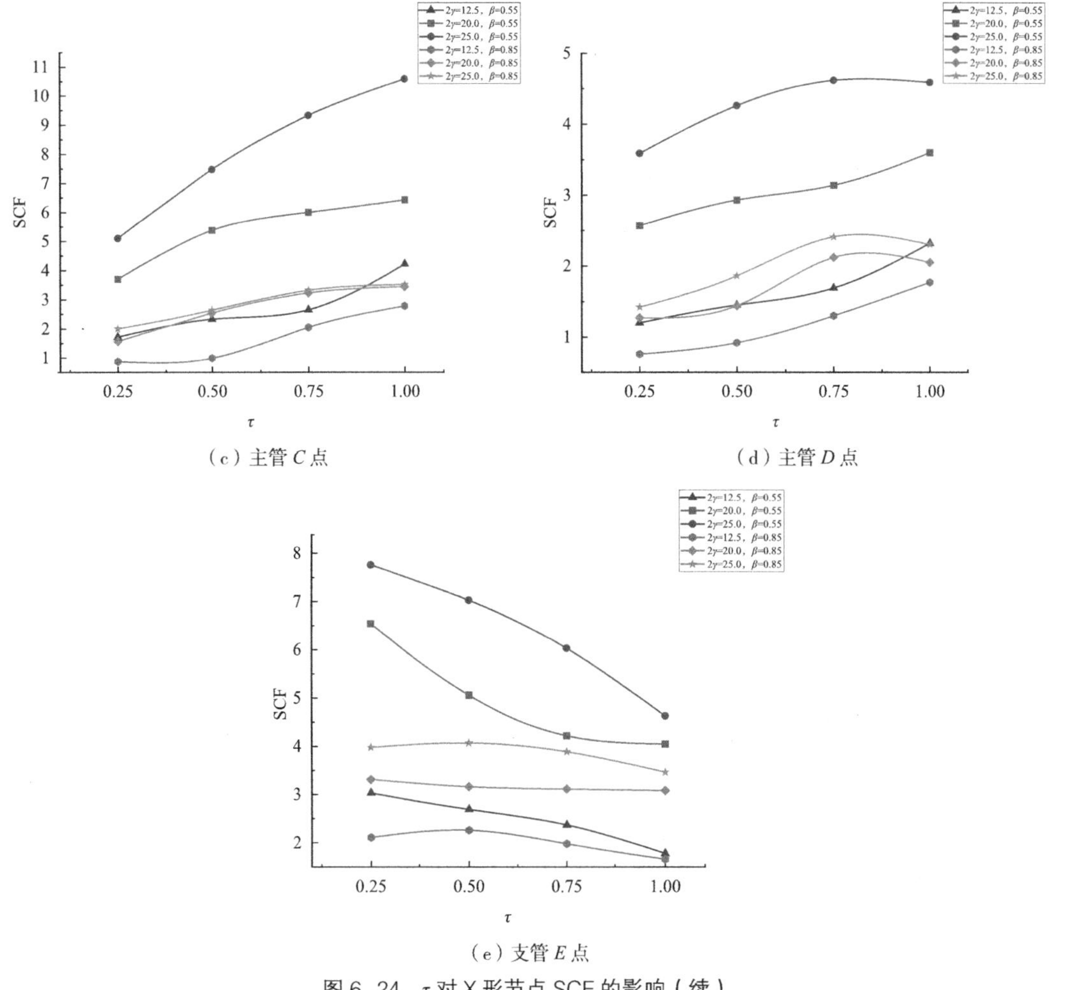


（c）主管 *C* 点

（d）主管 *D* 点

（e）支管 *E* 点

图 6–24　$\tau$ 对 X 形节点 SCF 的影响（续）

由图 6–24 可直观地看出，支主管厚度比 $\tau$ 的影响：参数 $\tau$ 对钢管混凝土的 SCF 影响趋势比较一致，大致上表现为 *A~D* 点的 SCF 与 $\tau$ 呈正相关，SCF 随着支主管厚度比 $\tau$ 的增大而增大，其中 *E* 点与 $\tau$ 呈负相关，SCF 随着支主管厚度比 $\tau$ 的增大而减小。矩形钢管混凝土节点支管的最大应力集中系数始终出现在 *A* 点处，主管的最大应力集中系数均出现在 *B* 点处，管节点的最大应力集中系数并没有随 $\tau$ 的变化而转移。由支主管两处的最大 SCF 比较可得：在 $2\gamma$ 增大的情况下，主管上 *B* 点的最大 SCF 随参数 $\tau$ 的增大而显著的升高；对于支管 *A* 点来说，$2\gamma$ 的增大可以明显提高 SCF 随参数 $\tau$ 的变化幅度。

## 6.5.6　支主管夹角 $\theta$ 的影响

为了研究分析支管和主管的夹角 $\theta$ 对矩形钢管混凝土 X 形节点应力集中系数的影响，本小节共建立 3 个不同 $\theta$ 值，与其他几何参数相同的有限元模型进行分析，其 $\theta$ 分别为：45°、60°、75°。约束条件为一端支管固结，另一端支管受轴向荷载作用，取支管轴向拉力为 20kN。有限元模型的几何尺寸和参数见表 6–17 和表 6–18。

表 6–17 有限元模型的几何尺寸

| 模型编号 | 主管 /mm | | | 支管 /mm | | | 夹角 θ/（°） | 混凝土强度等级 |
|---|---|---|---|---|---|---|---|---|
| | $b_0$ | $t_0$ | $L_0$ | $b_1$ | $t_1$ | $L_1$ | | |
| 1 | 110 | 5 | 700 | 50 | 5 | 170 | 45 | C50 |
| 2 | 110 | 5 | 700 | 50 | 5 | 170 | 60 | C50 |
| 3 | 110 | 5 | 700 | 50 | 5 | 170 | 75 | C50 |

表 6–18 有限元模型的几何参数

| 试件编号 | 支主管宽度比 $\beta$ | 主管宽厚比 $2\gamma$ | 支主管厚度比 $\tau$ |
|---|---|---|---|
| 1 | 0.455 | 22 | 1 |
| 2 | 0.455 | 22 | 1 |
| 3 | 0.455 | 22 | 1 |

图 6–25 为支主管夹角 $\theta$ 对 SCF 的影响。由图直观可见，支管和主管上焊趾和焊跟各点的 SCF 大致随着 $\theta$ 的增大而变大，这是因为 $\theta$ 越大，意味着其竖向分力越大，对应的相贯线处应力集中程度越高，从而使得支管和主管上焊趾和焊跟各点的 SCF 增大。同时，由图可知，支管和主管焊趾处的 SCF 普遍都远大于焊跟处的 SCF。与此同时，当 $\theta$ 逐渐变大接近 90° 时，沿 $A$~$E$ 点在焊跟和焊趾处的 SCF 开始彼此接近。

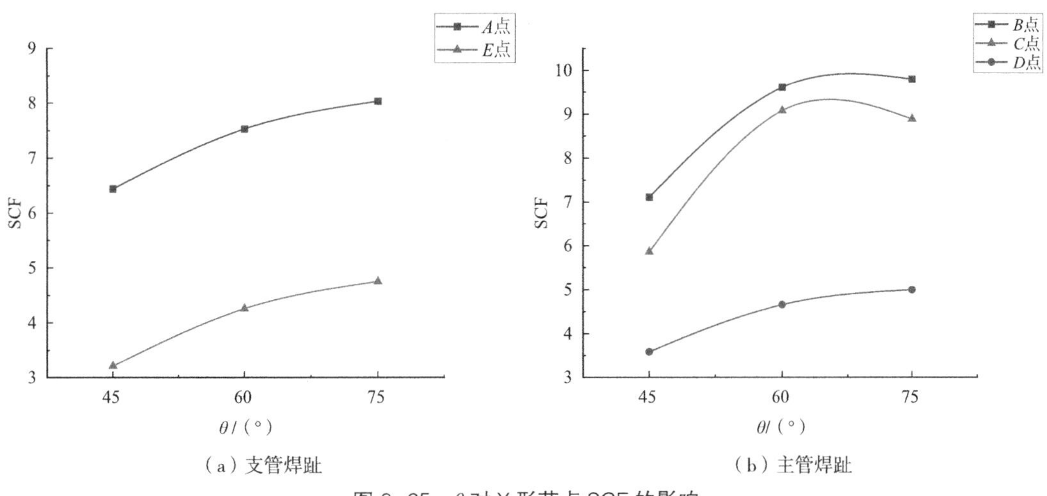

（a）支管焊趾　（b）主管焊趾

图 6–25 θ 对 X 形节点 SCF 的影响

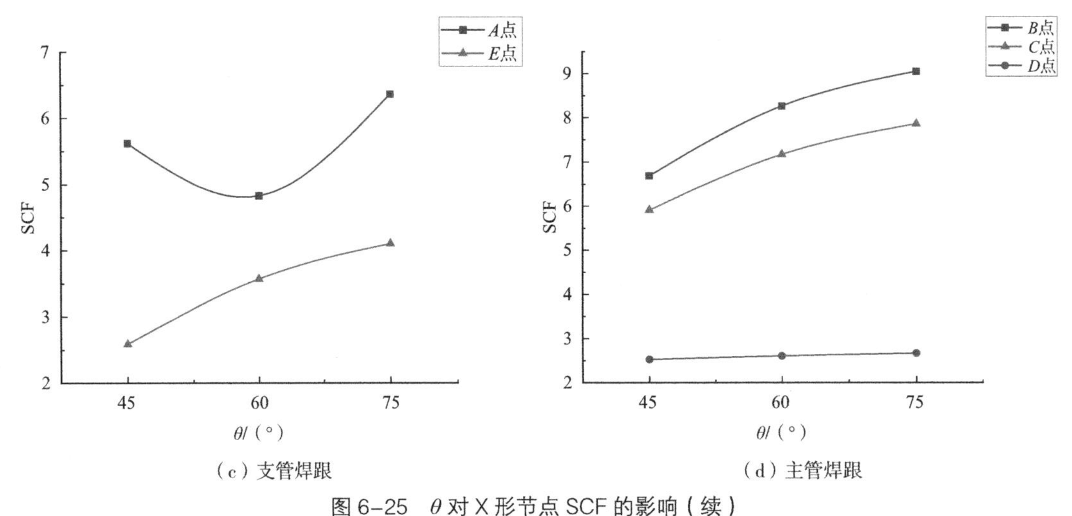


（c）支管焊跟　　（d）主管焊跟

图 6-25　θ 对 X 形节点 SCF 的影响（续）

### 6.5.7　支主管夹角 60° 时 β 的影响

为了研究分析当支主管的夹角是非 90° 时支主管宽度比 β 对矩形钢管混凝土 X 形管节点应力集中系数的影响，分别建立了 3 个不同的 β 值，与其他几何无量纲参数相同的有限元模型进行对比分析，其 β 分别为 0.363、0.455、0.545。约束条件为一端支管固结，另一端支管受轴向荷载作用，取支管轴向拉力为 20kN，支主管夹角取 $\theta$=60°。有限元模型的几何尺寸和参数见表 6-19 和表 6-20。

表 6-19　有限元模型几何尺寸

| 模型编号 | 主管 /mm | | | 支管 /mm | | | 夹角 θ/(°) | 混凝土强度等级 |
|---|---|---|---|---|---|---|---|---|
| | $b_0$ | $t_0$ | $L_0$ | $b_1$ | $t_1$ | $L_1$ | | |
| 1 | 110 | 6 | 700 | 40 | 6 | 170 | 60 | C50 |
| 2 | 110 | 6 | 700 | 50 | 6 | 170 | 60 | C50 |
| 3 | 110 | 6 | 700 | 60 | 6 | 170 | 60 | C50 |

表 6-20　有限元模型几何参数

| 试件编号 | 支主管宽度比 $\beta$ | 主管宽厚比 $2\gamma$ | 支主管厚度比 $\tau$ |
|---|---|---|---|
| 1 | 0.363 | 18.33 | 1 |
| 2 | 0.455 | 18.33 | 1 |
| 3 | 0.545 | 18.33 | 1 |

主管、支管在焊趾和焊跟处应力集中系数的分布情况及变化趋势如图 6-26 所示，由图可直观地看出，在支主管夹角是非 90° 的时候支主管宽度比 β 的影响：对于支管 A、

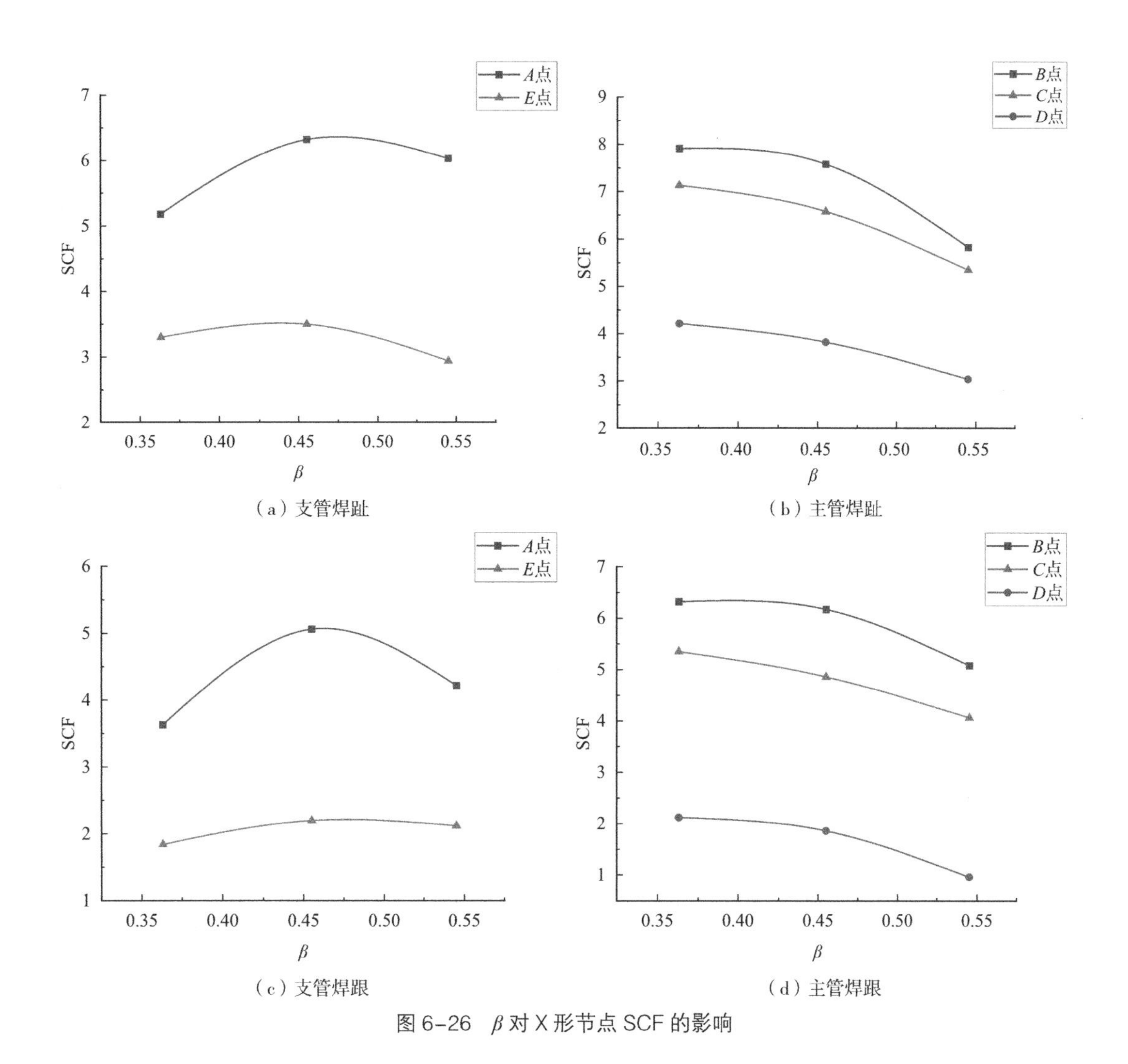


（a）支管焊趾

（b）主管焊趾

（c）支管焊跟

（d）主管焊跟

图 6–26　$\beta$ 对 X 形节点 SCF 的影响

*E* 点，SCF 大致随 $\beta$ 变化呈抛物线趋势变化，这两点的 SCF 都是大致先增加后减小；对于主管上的 *B*、*C*、*D* 点，这 3 点的 SCF 都是大致随着 $\beta$ 的增加而呈现减小的趋势，这可能与主管顶板横向弯曲应力程度有关。支主管宽度比较小时，在主管的 *B*、*C*、*D* 点会产生比较大的弯曲应力。使得这 3 点随着 $\beta$ 的增加而呈现减小的趋势，同时，由图可知，支管和主管焊趾处的 SCF 普遍都大于焊跟处的 SCF。与此同时，管节点的最大应力集中系数并没有随着 $\beta$ 的变化而转移，管节点支管的最大应力集中系数始终出现在 *A* 点处，主管的最大应力集中系数均出现在 *B* 点处。

## 6.5.8　支主管夹角 60° 时 $2\gamma$ 的影响

为了研究分析当支主管的夹角是非 90° 时主管径厚比 $2\gamma$ 对矩形钢管混凝土 X 形管节点应力集中系数的影响，分别建立了 3 个不同的 $2\gamma$ 值，与其他几何参数相同的有限元模型进行对比分析，其 $2\gamma$ 分别为 15.741、18.33、22。约束条件为一端支管固结，另一端支管受轴向荷载作用，取支管轴向拉力为20kN，支主管夹角 $\theta$=60°。有限元模型的几何尺寸和参数见表6–21和表6–22。

表6–21 有限元模型几何尺寸

| 模型编号 | 主管 /mm | | | 支管 /mm | | | 夹角 $\theta$/（°） | 混凝土强度等级 |
|---|---|---|---|---|---|---|---|---|
| | $b_0$ | $t_0$ | $L_0$ | $b_1$ | $t_1$ | $L_1$ | | |
| 1 | 110 | 7 | 700 | 50 | 7 | 170 | 60 | C50 |
| 2 | 110 | 6 | 700 | 50 | 6 | 170 | 60 | C50 |
| 3 | 110 | 5 | 700 | 50 | 5 | 170 | 60 | C50 |

表6–22 有限元模型几何参数

| 试件编号 | 支主管宽度比 $\beta$ | 主管宽厚比 $2\gamma$ | 支主管厚度比 $\tau$ |
|---|---|---|---|
| 1 | 0.455 | 15.714 | 1 |
| 2 | 0.455 | 18.33 | 1 |
| 3 | 0.455 | 22 | 1 |

主管、支管在焊趾和焊跟处应力集中系数的分布情况及变化趋势见图6–27，由图6–27可直观地看出，在支主管夹角是非90°的时候主管宽厚比 $2\gamma$ 的影响：参数 $2\gamma$ 对主管和支管的SCF影响趋势比较一致。$A$~$E$ 的SCF与 $2\gamma$ 大致上呈现正相关，支管和主管SCF随着主管宽厚比 $2\gamma$ 的增大而大致呈现线性增大的趋势，$2\gamma$ 越大，表明钢管主管板厚越薄，在相同的荷载下主管顶板对应的弯曲变形则越大，SCF则相应越大。同时，由图6–27可知，支管和主管焊趾处的SCF普遍都大于焊跟处的SCF。与此同时，矩形钢管混凝土节点支管的最大应力集中系数依旧始终出现在 $A$ 点处，主管的最大应力集中系数依旧始终出现在 $B$ 点处，并没有随着 $2\gamma$ 的变化而发生转移。

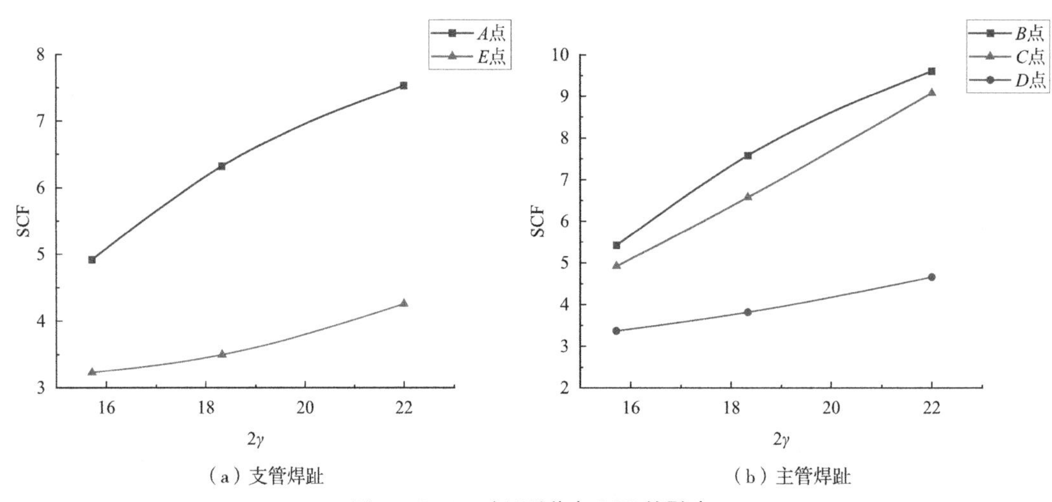


（a）支管焊趾　　（b）主管焊趾

图6–27 $2\gamma$ 对X形节点SCF的影响

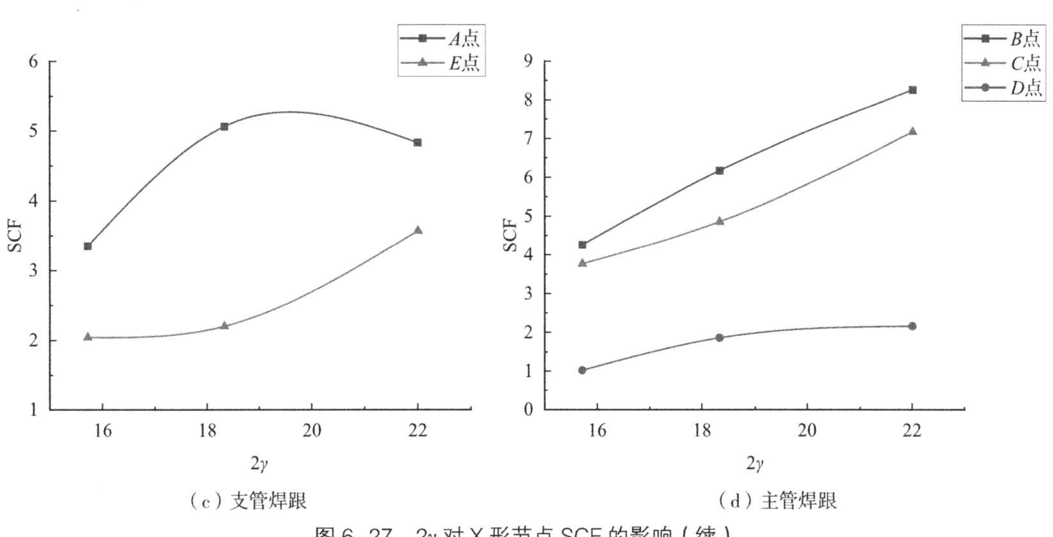


（c）支管焊跟　　（d）主管焊跟

图 6-27　2γ 对 X 形节点 SCF 的影响（续）

## 6.5.9　支主管夹角 60° 时 τ 的影响

为了研究分析当支主管的夹角是非 90° 时，支管与主管壁厚比 $\tau$ 对矩形钢管混凝土 X 形管节点应力集中系数的影响，分别建立了 3 个不同的 $\tau$ 值，与其他几何无量纲参数相同的有限元模型进行对比分析，其 $\tau$ 分别为：0.67、0.83、1.00。约束条件为一端支管固结，另一端支管受轴向荷载作用，取支管轴向拉力为 20kN，支主管夹角 $\theta$=60°。有限元模型的几何尺寸和参数见表 6-23 和表 6-24。

表 6-23　有限元模型几何尺寸

| 模型编号 | 主管 /mm | | | 支管 /mm | | | 夹角 $\theta$/(°) | 混凝土强度等级 |
|---|---|---|---|---|---|---|---|---|
| | $b_0$ | $t_0$ | $L_0$ | $b_1$ | $t_1$ | $L_1$ | | |
| 1 | 110 | 6 | 700 | 50 | 4 | 170 | 60 | C50 |
| 2 | 110 | 6 | 700 | 50 | 5 | 170 | 60 | C50 |
| 3 | 110 | 6 | 700 | 50 | 6 | 170 | 60 | C50 |

表 6-24　有限元模型几何参数

| 试件编号 | 支主管宽度比 $\beta$ | 主管宽厚比 $2\gamma$ | 支主管厚度比 $\tau$ |
|---|---|---|---|
| 1 | 0.455 | 18.33 | 0.67 |
| 2 | 0.455 | 18.33 | 0.83 |
| 3 | 0.455 | 18.33 | 1 |

主管、支管在焊趾和焊跟处应力集中系数的分布情况及变化趋势如图 6-28 所示，由图可直观地看出，在支主管夹角是非 90° 时，支主管厚度比 $\tau$ 的影响：参数 $\tau$ 对钢管

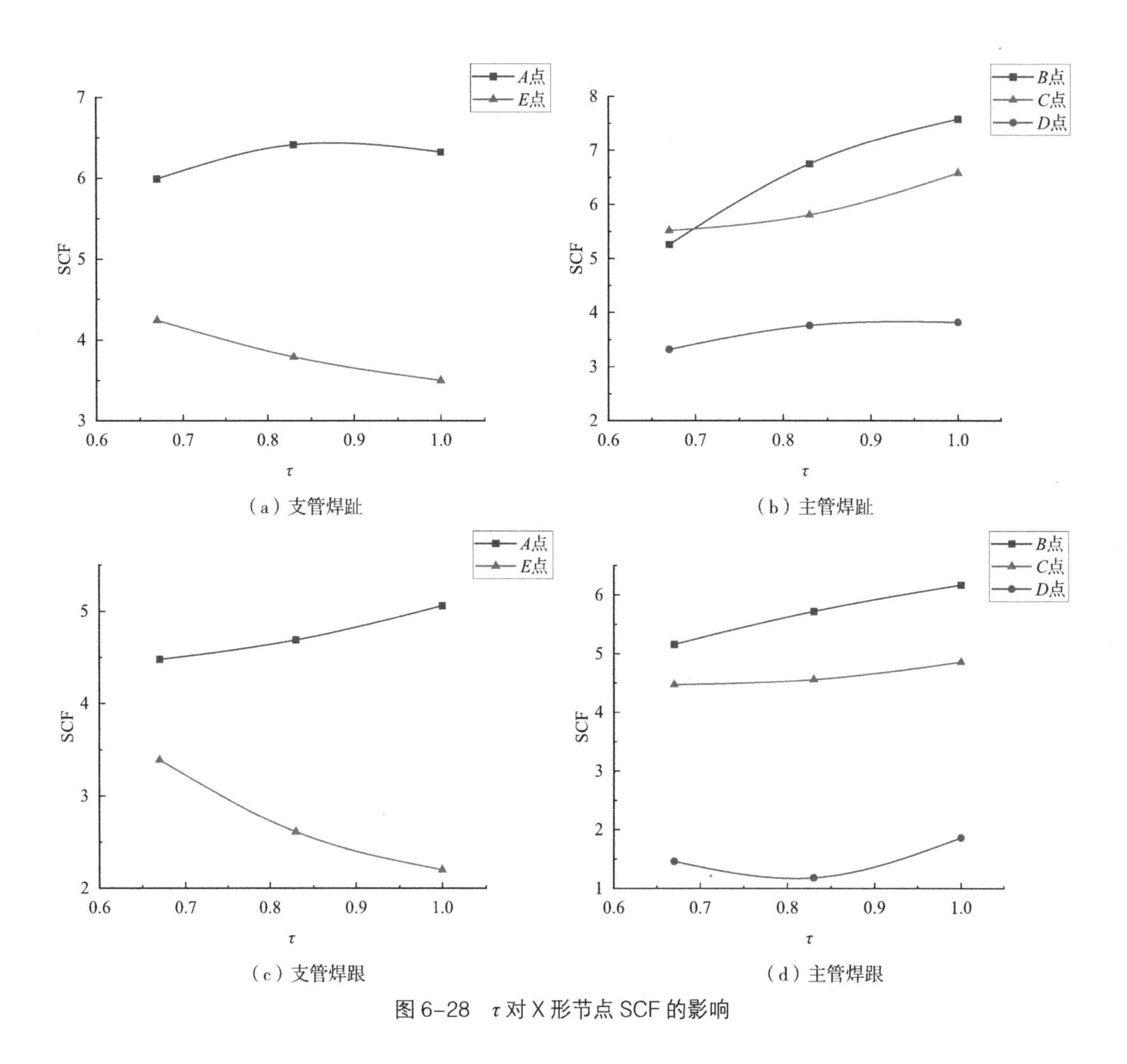


图 6-28　$\tau$ 对 X 形节点 SCF 的影响

混凝土的 SCF 影响趋势比较一致，大致上表现为 $A$~$D$ 点的 SCF 与 $\tau$ 呈正相关，SCF 随着支主管厚度比 $\tau$ 的增大而增大，其中 $E$ 点与 $\tau$ 呈负相关，SCF 随着支主管厚度比 $\tau$ 的增大而减小。同时，由图可知，支管和主管焊趾处的 SCF 普遍都大于焊跟处的 SCF。矩形钢管混凝土节点支管的最大应力集中系数始终出现在 $A$ 点处，主管的最大应力集中系数均出现在 $B$ 点处，管节点的最大应力集中系数并没有随 $\tau$ 的变化而转移。

## 6.6　矩形 X 形节点 SCF 计算公式

钢管节点的疲劳开裂往往是首先出现在管节点相贯线处的热点应力集中位置，也就是在角隅处热点应力最大的位置，如果要对其管节点的疲劳性能进行评估分析，那么就有必要首先确定管节点相贯线处的热点位置以及热点应力，其中热点位置的热点应力可以由热点应力集中系数计算得到，即支管上的名义应力除以热点应力集中系数就可以得到热点应力，并且前文有限元部分均已得到矩形钢管混凝土 X 形管节点的热点位置 *A~E* 这 5 点的热点应力集中系数，所以在计算钢管节点的热点应力时，只需要计算得到钢管的热点应力集中系数即可。

在主管内填充混凝土的矩形钢管混凝土 X 形管节点的 SCF 函数表达式，目前的研究相对较少，还未出现具有明确的 SCF 函数表达式计算公式，本章节将在前人的研究推导基础上，依据本书的研究结果对矩形钢管混凝土 X 形相贯节点的 SCF 函数表达式进行分析推导。

## 6.6.1 空钢管规范计算值与有限元计算值对比

对于矩形空钢管节点，CIDECT《指南》已经给出了关于矩形空钢管 T 形、X 形、Y 形和 K 形节点的 SCF 参数计算公式，其中关于空钢管 T 形和 X 形的 SCF 计算公式是相同，关于 T 形和 X 形节点 SCF 的参数计算公式见表 6-25。

表 6-25　矩形钢管 T 形和 X 形节点 SCF 参数公式

| 位置 | SCF 公式 |
|---|---|
| 荷载工况（I） | 支管轴力（*AB*） |
| 主管（*B*、*C*、*D*） | $SCF_B=(0.143-0.204\beta+0.064\beta^2)\cdot(2\gamma)^{(1.377+1.715\beta-1.103\beta^2)}\cdot\tau^{0.75}$ |
| | $SCF_C=(0.077-0.129\beta+0.061\beta^2-0.0003\cdot 2\gamma)\cdot(2\gamma)^{(1.565+1.874\beta-1.028\beta^2)}\cdot\tau^{0.75}$ |
| | $SCF_D=(0.208-0.387\beta+0.209\beta^2)\cdot(2\gamma)^{(0.925+2.389\beta-1.881\beta^2)}\cdot\tau^{0.75}$ |
| X 形等宽节点（$\beta$=1） | $SCF_C\times 0.65$，$SCF_D\times 0.50$ |
| 支管（*A*、*E*） | $SCF_A=SCF_E=(0.013+0.693\beta-0.278\beta^2)\cdot(2\gamma)^{(0.790+1.898\beta-2109\beta^2)}$ |

表 6-26　CIDECT 的空钢管计算公式以及有限元模拟结果 SCF 比较

| 试件编号 | $SCF_{CIDECT}$ | | | | | $SCF_{CIDECT}/SCF_{FE}$ | | | | |
|---|---|---|---|---|---|---|---|---|---|---|
| | *A* | *B* | *C* | *D* | *E* | *A* | *B* | *C* | *D* | *E* |
| C110X8.8-B44X2.2 | 5.24 | 2.97 | 2.54 | 1.66 | 5.24 | 1.54 | 1.32 | 1.30 | 1.17 | 1.93 |
| C110X8.8-B44X4.4 | 5.24 | 5.00 | 4.26 | 2.78 | 5.24 | 1.43 | 1.62 | 1.44 | 1.67 | 2.22 |
| C110X8.8-B44X6.6 | 5.24 | 6.77 | 5.78 | 3.77 | 5.24 | 1.42 | 1.91 | 1.73 | 1.70 | 2.86 |
| C110X8.8-B44X8.8 | 5.24 | 8.40 | 7.17 | 4.68 | 5.24 | 1.37 | 1.23 | 1.18 | 1.79 | 3.59 |
| C110X6.88-B44X1.72 | 7.07 | 4.73 | 4.17 | 2.44 | 7.07 | 1.40 | 1.46 | 1.45 | 1.10 | 1.79 |
| C110X6.88-B44X3.44 | 7.07 | 7.96 | 7.01 | 4.11 | 7.07 | 1.34 | 1.86 | 1.72 | 1.75 | 2.25 |
| C110X6.88-B44X5.16 | 7.07 | 10.79 | 9.50 | 5.57 | 7.07 | 1.28 | 1.67 | 1.88 | 2.17 | 2.59 |
| C110X6.88-B44X6.88 | 7.07 | 13.39 | 11.78 | 6.92 | 7.07 | 1.45 | 1.93 | 1.81 | 2.20 | 3.54 |
| C110X5.5-B44X1.38 | 9.27 | 7.21 | 6.47 | 3.48 | 9.27 | 1.45 | 1.64 | 1.62 | 1.24 | 1.83 |
| C110X5.5-B44X2.75 | 9.27 | 12.13 | 10.87 | 5.85 | 9.27 | 1.33 | 1.91 | 1.80 | 1.85 | 1.88 |

续表

| 试件编号 | $SCF_{CIDECT}$ | | | | | $SCF_{CIDECT}/SCF_{FE}$ | | | | |
|---|---|---|---|---|---|---|---|---|---|---|
| | *A* | *B* | *C* | *D* | *E* | *A* | *B* | *C* | *D* | *E* |
| C110X5.5–B44X4.13 | 9.27 | 16.44 | 14.74 | 7.93 | 9.27 | 1.31 | 2.22 | 2.36 | 2.33 | 2.49 |
| C110X5.5–B44X5.5 | 9.27 | 20.40 | 18.29 | 9.84 | 9.27 | 1.28 | 2.12 | 2.50 | 2.54 | 2.97 |
| C110X4.4–B44X1.1 | 12.15 | 10.99 | 9.91 | 4.95 | 12.15 | 1.48 | 1.71 | 1.66 | 1.25 | 1.69 |
| C110X4.4–B44X2.2 | 12.15 | 18.48 | 16.67 | 8.32 | 12.15 | 1.37 | 2.08 | 2.14 | 1.67 | 1.90 |
| C110X4.4–B44X3.3 | 12.15 | 25.04 | 22.59 | 11.28 | 12.15 | 1.32 | 2.15 | 2.06 | 2.12 | 2.26 |
| C110X4.4–B44X4.4 | 12.15 | 31.07 | 28.03 | 13.99 | 12.15 | 1.41 | 2.36 | 2.41 | 2.46 | 2.89 |
| C110X8.8–B60X2.2 | 6.36 | 2.68 | 2.35 | 1.40 | 6.36 | 1.77 | 1.31 | 1.37 | 1.17 | 2.10 |
| C110X8.8–B60X4.4 | 6.36 | 4.54 | 3.96 | 2.36 | 6.36 | 1.55 | 1.78 | 1.70 | 1.63 | 2.36 |
| C110X8.8–B60X6.6 | 6.36 | 6.11 | 5.36 | 3.19 | 6.36 | 1.41 | 1.94 | 2.02 | 1.89 | 2.68 |
| C110X8.8–B60X8.8 | 6.36 | 7.58 | 6.66 | 3.96 | 6.36 | 1.35 | 1.37 | 1.58 | 1.71 | 3.57 |
| C110X6.88–B60X1.72 | 8.54 | 4.37 | 3.93 | 2.12 | 8.54 | 1.49 | 1.47 | 1.60 | 1.13 | 2.07 |
| C110X6.88–B60X3.44 | 8.54 | 7.36 | 6.60 | 3.56 | 8.54 | 1.39 | 1.80 | 1.76 | 1.68 | 2.24 |
| C110X6.88–B60X5.16 | 8.54 | 9.97 | 8.95 | 4.82 | 8.54 | 1.38 | 2.13 | 2.14 | 2.03 | 2.71 |
| C110X6.88–B60X6.88 | 8.54 | 12.37 | 11.11 | 5.98 | 8.54 | 1.41 | 2.01 | 2.09 | 2.01 | 3.03 |
| C110X5.5–B60X1.38 | 11.15 | 6.81 | 6.14 | 3.07 | 11.15 | 1.61 | 1.64 | 1.66 | 1.19 | 1.70 |
| C110X5.5–B60X2.75 | 11.15 | 11.46 | 10.33 | 5.17 | 11.15 | 1.48 | 1.89 | 1.92 | 1.76 | 2.20 |
| C110X5.5–B60X4.13 | 11.15 | 15.53 | 14.00 | 7.00 | 11.15 | 1.44 | 2.24 | 2.33 | 2.23 | 2.64 |
| C110X5.5–B60X5.5 | 11.15 | 19.27 | 17.37 | 8.69 | 11.15 | 1.35 | 2.60 | 2.70 | 2.41 | 2.75 |
| C110X4.4–B60X1.1 | 14.56 | 10.62 | 9.39 | 4.46 | 14.56 | 1.63 | 1.90 | 1.84 | 1.24 | 1.88 |
| C110X4.4–B60X2.2 | 14.56 | 17.85 | 15.80 | 7.50 | 14.56 | 1.43 | 2.14 | 2.11 | 1.76 | 2.07 |
| C110X4.4–B60X3.3 | 14.56 | 24.20 | 21.42 | 10.16 | 14.56 | 1.34 | 2.27 | 2.30 | 2.20 | 2.41 |
| C110X4.4–B60X4.4 | 14.56 | 30.03 | 26.57 | 12.61 | 14.56 | 1.29 | 2.49 | 2.51 | 2.75 | 3.14 |
| C110X8.8–B77X2.2 | 5.61 | 1.91 | 1.82 | 0.96 | 5.61 | 1.67 | 1.35 | 1.46 | 0.93 | 2.22 |
| C110X8.8–B77X4.4 | 5.61 | 3.22 | 3.06 | 1.62 | 5.61 | 1.51 | 1.55 | 1.89 | 1.32 | 2.26 |
| C110X8.8–B77X6.6 | 5.61 | 4.36 | 4.15 | 2.19 | 5.61 | 1.28 | 1.61 | 1.78 | 1.50 | 2.63 |
| C110X8.8–B77X8.8 | 5.61 | 5.41 | 5.15 | 2.72 | 5.61 | 1.22 | 1.27 | 1.27 | 1.39 | 2.95 |
| C110X6.88–B77X1.72 | 7.33 | 3.17 | 3.00 | 1.45 | 7.33 | 1.91 | 1.54 | 1.80 | 1.11 | 2.20 |
| C110X6.88–B77X3.44 | 7.33 | 5.32 | 5.05 | 2.45 | 7.33 | 1.40 | 1.95 | 2.14 | 1.63 | 2.31 |
| C110X6.88–B77X5.16 | 7.33 | 7.22 | 6.84 | 3.32 | 7.33 | 1.30 | 2.28 | 2.62 | 1.73 | 2.56 |
| C110X6.88–B77X6.88 | 7.3 | 8.95 | 8.49 | 4.11 | 7.3 | 1.28 | 1.79 | 1.94 | 1.62 | 2.90 |
| C110X5.5–B77X1.38 | 9.34 | 4.99 | 4.58 | 2.11 | 9.34 | 1.80 | 1.68 | 1.92 | 1.13 | 2.08 |
| C110X5.5–B77X2.75 | 9.34 | 8.39 | 7.70 | 3.56 | 9.34 | 1.48 | 1.99 | 2.03 | 1.65 | 2.30 |
| C110X5.5–B77X4.13 | 9.34 | 11.37 | 10.44 | 4.82 | 9.34 | 1.32 | 2.50 | 2.56 | 1.99 | 2.61 |
| C110X5.5–B77X5.5 | 9.34 | 14.11 | 12.95 | 5.98 | 9.34 | 1.25 | 2.52 | 2.76 | 1.97 | 2.99 |
| C110X4.4–B77X1.1 | 11.90 | 7.86 | 6.67 | 3.07 | 11.90 | 1.73 | 1.99 | 1.99 | 1.12 | 2.11 |

续表

| 试件编号 | $SCF_{CIDECT}$ | | | | | $SCF_{CIDECT}/SCF_{FE}$ | | | | |
|---|---|---|---|---|---|---|---|---|---|---|
| | *A* | *B* | *C* | *D* | *E* | *A* | *B* | *C* | *D* | *E* |
| C110X4.4-B77X2.2 | 11.90 | 13.21 | 11.23 | 5.17 | 11.90 | 1.33 | 1.99 | 2.01 | 1.56 | 2.10 |
| C110X4.4-B77X3.3 | 11.90 | 17.91 | 15.22 | 7.00 | 11.90 | 1.25 | 2.49 | 2.45 | 1.92 | 2.48 |
| C110X4.4-B77X4.4 | 11.90 | 22.22 | 18.88 | 8.69 | 11.90 | 1.19 | 2.70 | 2.55 | 2.23 | 2.79 |
| C110X8.8-B93X2.2 | 3.70 | 0.96 | 1.21 | 0.60 | 3.70 | 1.46 | 0.86 | 1.39 | 0.79 | 1.75 |
| C110X8.8-B93X4.4 | 3.70 | 1.62 | 2.03 | 1.01 | 3.70 | 1.19 | 1.13 | 2.05 | 1.10 | 1.64 |
| C110X8.8-B93X6.6 | 3.70 | 2.19 | 2.76 | 1.37 | 3.70 | 0.98 | 0.86 | 1.35 | 1.05 | 1.87 |
| C110X8.8-B93X8.8 | 3.70 | 2.72 | 3.42 | 1.70 | 3.70 | 0.92 | 0.85 | 1.23 | 0.96 | 2.23 |
| C110X6.88-B93X1.72 | 4.60 | 1.59 | 1.90 | 0.89 | 4.60 | 1.53 | 1.11 | 1.73 | 0.90 | 1.75 |
| C110X6.88-B93X3.44 | 4.60 | 2.68 | 3.19 | 1.49 | 4.60 | 1.15 | 1.23 | 2.02 | 1.14 | 1.82 |
| C110X6.88-B93X5.16 | 4.60 | 3.63 | 4.32 | 2.03 | 4.60 | 0.93 | 1.25 | 1.85 | 1.16 | 1.97 |
| C110X6.88-B93X6.88 | 4.60 | 4.50 | 5.36 | 2.51 | 4.60 | 0.87 | 1.09 | 1.46 | 1.23 | 2.15 |
| C110X5.5-B93X1.38 | 5.59 | 2.51 | 2.66 | 1.27 | 5.59 | 1.57 | 1.21 | 1.69 | 1.00 | 1.69 |
| C110X5.5-B93X2.75 | 5.59 | 4.22 | 4.47 | 2.13 | 5.59 | 1.23 | 1.31 | 1.76 | 1.48 | 1.77 |
| C110X5.5-B93X4.13 | 5.59 | 5.72 | 6.06 | 2.89 | 5.59 | 1.01 | 1.60 | 1.88 | 1.36 | 1.80 |
| C110X5.5-B93X5.5 | 5.59 | 7.10 | 7.52 | 3.59 | 5.59 | 0.90 | 1.68 | 2.19 | 1.75 | 1.81 |
| C110X4.4-B93X1.1 | 6.81 | 3.95 | 3.30 | 1.81 | 6.81 | 1.42 | 1.60 | 1.65 | 1.27 | 1.71 |
| C110X4.4-B93X2.2 | 6.81 | 6.65 | 5.55 | 3.05 | 6.81 | 1.16 | 2.00 | 2.10 | 1.64 | 1.67 |
| C110X4.4-B93X3.3 | 6.81 | 9.01 | 7.52 | 4.13 | 6.81 | 0.97 | 2.09 | 2.27 | 1.71 | 1.75 |
| C110X4.4-B93X4.4 | 6.81 | 11.18 | 9.33 | 5.13 | 6.81 | 0.87 | 2.04 | 2.65 | 2.23 | 1.96 |

从表 6-26 中可以得出：其 *A* 点计算结果 $SCF_{CIDECT}$ 与 $SCF_{FE}$ 比值的均值为 1.35，平均误差为 37%，其中最大误差为 91%；从 *B* 点计算结果中可以看出 $SCF_{CIDECT}$ 与 $SCF_{FE}$ 比值的均值为 1.77，平均误差为 78%，其中最大误差为 170%；从 *C* 点计算结果中可以看出 $SCF_{CIDECT}$ 与 $SCF_{FE}$ 比值的均值为 1.92，平均误差为 92%，其中最大误差为 176%；从 *D* 点计算结果中可以看出 $SCF_{CIDECT}$ 与 $SCF_{FE}$ 比值的均值为 1.62，平均误差为 63%，其中最大误差为 175%; 从 *E* 点计算结果中可以看出 $SCF_{CIDECT}$ 与 $SCF_{FE}$ 比值的均值为 1.62，平均误差为 130%，其中最大误差为 175%。从以上可以看出使用 CIDECT 空钢管 SCF 计算公式计算出来的 SCF 与有限元误差较大，CIDECT 空钢管 SCF 计算公式不合适用来计算矩形钢管混凝土 X 形节点 SCF。

## 6.6.2　公式选型及拟合

此小节介绍了参数计算公式选型的方法及前人研究成果，节点的应力集中系数的通用公式可以表述为：

$$\mathrm{SCF}=f_1(\tau)\cdot f_2(\beta)\cdot 2\gamma^{f_3(\beta)}$$

研究成果表明，在上述的SCF函数表达式通用公式中，无论在回归分析中$f_2$（·）的形式如何，$f_1$（·）和$f_3$（·）中所有的参数均需要迭代计算（非线性回归）。具体操作如下，首先在Origin中将常量预估初始值代入公式，然后通用公式中$f_2$（·）中的几何参数都可以直接非线性回归解出，在此基础上，$f_1$（·）和$f_3$（·）中所有的参数也可以随之逐渐逼近，同样的过程由此往复循环迭代，一直到绝对误差的方差达到最小值。在此基础上，目标SCF函数表达式通用公式即由多项式（或其他形式）组合而成的公式，均可以由计算机辅助迭代计算得到，通过计算机辅助迭代计算，可以得到我们之前所设定的未知系数的具体数值。这些通过非线性拟合得到的SCF函数公式可以很好地适用于有效的试验实例。为了验证这些得到的系数的正确性，最常见的做法是利用这些通过非线性拟合得到的SCF函数公式去计算上面的管节点模型，并将这些通过拟合公式计算得到的结果与实际有限元结果进行对比分析，在实际计算中观测到，这些通过迭代之后得到的实系数，在小数点之后两位依然会对计算结果精确性产生较大的影响，因此在计算时不能忽略实系数小数点后的数值，其中主要的原因是几何无量纲参数变化的幅度大小会对实际计算结果产生不等同的影响，取实系数小数点后两位小数有时可能会对某个几何参数的变化幅度产生多达10%的影响，对SCF的影响甚至有时会更大，因此为了消除这种影响，在此次拟合公式中实系数的小数位数取到5位。

通过有限元模拟分析得到64个矩形钢管混凝土节点模型*A~E*点的SCF，借助分析软件Origin，采用多重非线性回归分析得到在支管受轴向荷载工况下矩形钢管混凝土X形相贯节点SCF几何参数计算公式。根据64个有限元模型计算结果，结合已有的SCF函数表达式形式，确定本文合适的SCF表达式为

$$\mathrm{SCF}=(C_1+C_2\beta+C_3\beta^2+C_4\cdot 2\gamma)\cdot(2\gamma)^{(C_5+C_6\beta+C_7\beta^2)}\cdot\tau^{(C_8+C_9\beta)}$$

式中：$C_1$~$C_9$为常数，通过回归分析得到。

通过多重非线性回归分析，通过分析软件Origin拟合得到矩形钢管混凝土X形节点SCF函数表达式，得到的SCF参数计算公式如下所示：

*A*点

$$\mathrm{SCF}=(0.063-0.329\beta+0.784\beta^2-0.001\,04\cdot 2\gamma)\cdot(2\gamma)^{(2.566-2.145\beta+0.337\beta^2)}\cdot\tau^{-0.254+0.736\beta}$$

*B*点

$$\mathrm{SCF}=(0.021\,2-0.123\beta+0.370\beta^2-0.000\,6\cdot 2\gamma)\cdot(2\gamma)^{(3.330-3.542\beta+1.045\beta^2)}\cdot\tau^{0.548-0.003\,6\beta}$$

*C*点

$$\mathrm{SCF}=(0.332-0.740\beta+0.428\beta^2-0.000\,377\cdot 2\gamma)\cdot(2\gamma)^{(1.179+0.363\beta+1.026\beta^2)}\cdot\tau^{0.438+0.168\beta}$$

*D*点

$$\mathrm{SCF}=(0.137-0.256\beta+0.130\beta^2-0.000\ 365\cdot 2\gamma)\cdot(2\gamma)^{(1.242+0.359\beta+0.627\beta^2)}\cdot\tau^{0.108+0.327\beta}$$

$E$ 点

$$\mathrm{SCF}=(-0.045\ 8+0.137\beta+0.090\ 8\beta^2-0.000\ 256\cdot 2\gamma)\cdot(2\gamma)^{(2.721-2.903\beta+1.077\beta^2)}\cdot\tau^{-0.592+0.561\beta}$$

## 6.6.3 拟合公式验证

为了验证 SCF 函数表达式拟合的有效性，表 6–27 给出表征公式拟合精度的指标：对于支管轴力，拟合参数计算公式计算结果 $\mathrm{SCF}_{\mathrm{proposed}}$ 与有限元计算结果 $\mathrm{SCF}_{\mathrm{FE}}$ 比值均值 $u$，均方差 $\sigma$，变异系数 $\sigma/u$。

表 6–27　矩形钢管混凝土十字节点拟合公式误差分析

| 参数 \ 热点位置 | *A* | *B* | *C* | *D* | *E* |
|---|---|---|---|---|---|
| 均值 $u$ | 1.00 | 1.02 | 1.02 | 1.01 | 1.01 |
| 均方差 $\sigma$ | 0.002 | 0.012 | 0.017 | 0.008 | 0.005 |
| 变异系数 $\sigma/u$ | 0.002 | 0.012 | 0.017 | 0.008 | 0.005 |

从上述表中可以看到，均值 $u$ 在 1.00~1.02，非常接近 1，而均方差 $\sigma$ 值则不超过 0.2，证明此拟合得到的公式具有较高的精度。将有限元模拟得到的数值分析结果与拟合公式计算结果的对比见表 6–28，从表中对比结果可以直观地看出，拟合公式能较好地吻合有限元数值分析结果。

表 6–28　拟合公式结果与 X 形节点 SCF 有限元结果对比

| 试件编号 | $\mathrm{SCF}_{\mathrm{proposed}}$ | | | | | $\mathrm{SCF}_{\mathrm{proposed}}/\mathrm{SCF}_{\mathrm{FE}}$ | | | | |
|---|---|---|---|---|---|---|---|---|---|---|
| | *A* | *B* | *C* | *D* | *E* | *A* | *B* | *C* | *D* | *E* |
| C110X8.8–B44X2.2 | 3.55 | 2.14 | 2.13 | 1.55 | 2.70 | 1.04 | 0.95 | 1.09 | 1.09 | 0.99 |
| C110X8.8–B44X4.4 | 3.65 | 3.12 | 3.03 | 1.83 | 2.09 | 0.99 | 1.01 | 1.02 | 1.10 | 0.89 |
| C110X8.8–B44X6.6 | 3.71 | 3.89 | 3.72 | 2.01 | 1.80 | 1.01 | 1.10 | 1.11 | 0.91 | 0.98 |
| C110X8.8–B44X8.8 | 3.76 | 4.56 | 4.30 | 2.16 | 1.62 | 0.98 | 0.67 | 0.71 | 0.83 | 1.11 |
| C110X6.88–B44X1.72 | 5.03 | 3.25 | 3.04 | 2.18 | 3.96 | 1.00 | 1.00 | 1.06 | 0.98 | 1.00 |
| C110X6.88–B44X3.44 | 5.17 | 4.75 | 4.31 | 2.57 | 3.07 | 0.98 | 1.11 | 1.06 | 1.09 | 0.98 |
| C110X6.88–B44X5.16 | 5.26 | 5.93 | 5.29 | 2.83 | 2.65 | 0.95 | 0.92 | 1.05 | 1.10 | 0.97 |
| C110X6.88–B44X6.88 | 5.32 | 6.94 | 6.12 | 3.03 | 2.38 | 1.09 | 1.00 | 0.94 | 0.96 | 1.19 |
| C110X5.5–B44X1.38 | 6.68 | 4.60 | 4.17 | 2.94 | 5.53 | 1.04 | 1.05 | 1.04 | 1.05 | 1.09 |
| C110X5.5–B44X2.75 | 6.87 | 6.72 | 5.92 | 3.47 | 4.28 | 0.98 | 1.06 | 0.98 | 1.10 | 0.87 |
| C110X5.5–B44X4.13 | 6.98 | 8.39 | 7.27 | 3.83 | 3.69 | 0.99 | 1.13 | 1.16 | 1.13 | 0.99 |
| C110X5.5–B44X5.5 | 7.06 | 9.82 | 8.40 | 4.10 | 3.32 | 0.97 | 1.02 | 1.15 | 1.06 | 1.06 |

续表

| 试件编号 | $SCF_{proposed}$ | | | | | $SCF_{proposed}/SCF_{FE}$ | | | | |
|---|---|---|---|---|---|---|---|---|---|---|
| | *A* | *B* | *C* | *D* | *E* | *A* | *B* | *C* | *D* | *E* |
| C110X4.4–B44X1.1 | 8.46 | 6.18 | 5.70 | 3.94 | 7.57 | 1.03 | 0.96 | 0.95 | 0.99 | 1.05 |
| C110X4.4–B44X2.2 | 8.70 | 9.03 | 8.09 | 4.66 | 5.87 | 0.98 | 1.01 | 1.04 | 0.93 | 0.92 |
| C110X4.4–B44X3.3 | 8.85 | 11.27 | 9.93 | 5.13 | 5.06 | 0.96 | 0.97 | 0.90 | 0.96 | 0.94 |
| C110X4.4–B44X4.4 | 8.95 | 13.19 | 11.49 | 5.49 | 4.55 | 1.04 | 1.00 | 0.99 | 0.96 | 1.08 |
| C110X8.8–B60X2.2 | 3.70 | 1.99 | 1.71 | 1.26 | 3.12 | 1.03 | 0.97 | 0.99 | 1.05 | 1.03 |
| C110X8.8–B60X4.4 | 4.10 | 2.90 | 2.47 | 1.54 | 2.56 | 1.00 | 1.14 | 1.06 | 1.06 | 0.95 |
| C110X8.8–B60X6.6 | 4.36 | 3.62 | 3.06 | 1.73 | 2.28 | 0.97 | 1.15 | 1.15 | 1.02 | 0.96 |
| C110X8.8–B60X8.8 | 4.56 | 4.24 | 3.56 | 1.88 | 2.10 | 0.97 | 0.77 | 0.84 | 0.81 | 1.18 |
| C110X6.88–B60X1.72 | 5.15 | 2.91 | 2.52 | 1.80 | 4.39 | 0.90 | 0.98 | 1.03 | 0.96 | 1.06 |
| C110X6.88–B60X3.44 | 5.72 | 4.25 | 3.64 | 2.20 | 3.60 | 0.93 | 1.04 | 0.97 | 1.04 | 0.94 |
| C110X6.88–B60X5.16 | 6.08 | 5.31 | 4.52 | 2.48 | 3.22 | 0.99 | 1.13 | 1.08 | 1.05 | 1.02 |
| C110X6.88–B60X6.88 | 6.35 | 6.21 | 5.26 | 2.69 | 2.96 | 1.05 | 1.01 | 0.99 | 0.90 | 1.05 |
| C110X5.5–B60X1.38 | 6.89 | 4.07 | 3.56 | 2.47 | 5.95 | 0.99 | 0.98 | 0.96 | 0.96 | 0.91 |
| C110X5.5–B60X2.75 | 7.65 | 5.95 | 5.15 | 3.01 | 4.88 | 1.01 | 0.98 | 0.96 | 1.03 | 0.96 |
| C110X5.5–B60X4.13 | 8.13 | 7.42 | 6.38 | 3.38 | 4.35 | 1.05 | 1.07 | 1.06 | 1.08 | 1.03 |
| C110X5.5–B60X5.5 | 8.49 | 8.68 | 7.43 | 3.68 | 4.01 | 1.03 | 1.17 | 1.16 | 1.02 | 0.99 |
| C110X4.4–B60X1.1 | 9.09 | 5.62 | 4.99 | 3.31 | 8.02 | 1.02 | 1.00 | 0.98 | 0.92 | 1.03 |
| C110X4.4–B60X2.2 | 10.10 | 8.20 | 7.20 | 4.05 | 6.59 | 0.99 | 0.98 | 0.96 | 0.95 | 0.94 |
| C110X4.4–B60X3.3 | 10.73 | 10.23 | 8.93 | 4.55 | 5.87 | 0.99 | 0.96 | 0.96 | 0.98 | 0.97 |
| C110X4.4–B60X4.4 | 11.21 | 11.97 | 10.40 | 4.94 | 5.41 | 1.00 | 0.99 | 0.98 | 1.08 | 1.17 |
| C110X8.8–B77X2.2 | 3.17 | 1.60 | 1.18 | 0.98 | 2.61 | 0.95 | 1.13 | 0.94 | 0.95 | 1.03 |
| C110X8.8–B77X4.4 | 3.80 | 2.34 | 1.73 | 1.24 | 2.27 | 1.02 | 1.13 | 1.07 | 1.01 | 0.92 |
| C110X8.8–B77X6.6 | 4.22 | 2.91 | 2.17 | 1.42 | 2.10 | 0.96 | 1.07 | 0.93 | 0.97 | 0.99 |
| C110X8.8–B77X8.8 | 4.55 | 3.41 | 2.55 | 1.57 | 1.98 | 0.99 | 0.80 | 0.63 | 0.80 | 1.04 |
| C110X6.88–B77X1.72 | 4.21 | 2.20 | 1.77 | 1.42 | 3.49 | 1.10 | 1.07 | 1.06 | 1.08 | 1.05 |
| C110X6.88–B77X3.44 | 5.05 | 3.21 | 2.60 | 1.79 | 3.04 | 0.97 | 1.18 | 1.10 | 1.19 | 0.96 |
| C110X6.88–B77X5.16 | 5.61 | 4.00 | 3.26 | 2.05 | 2.81 | 0.99 | 1.26 | 1.25 | 1.07 | 0.98 |
| C110X6.88–B77X6.88 | 6.05 | 4.68 | 3.82 | 2.26 | 2.65 | 1.06 | 0.94 | 0.87 | 0.89 | 1.05 |
| C110X5.5–B77X1.38 | 5.43 | 2.91 | 2.50 | 1.91 | 4.53 | 1.05 | 0.98 | 1.05 | 1.02 | 1.01 |
| C110X5.5–B77X2.75 | 6.51 | 4.25 | 3.67 | 2.42 | 3.95 | 1.03 | 1.01 | 0.97 | 1.12 | 0.97 |
| C110X5.5–B77X4.13 | 7.23 | 5.30 | 4.59 | 2.77 | 3.64 | 1.02 | 1.16 | 1.13 | 1.14 | 1.02 |
| C110X5.5–B77X5.5 | 7.80 | 6.20 | 5.39 | 3.05 | 3.44 | 1.04 | 1.11 | 1.15 | 1.00 | 1.10 |
| C110X4.4–B77X1.1 | 6.95 | 3.83 | 3.40 | 2.48 | 5.86 | 1.01 | 0.97 | 1.01 | 0.91 | 1.04 |
| C110X4.4–B77X2.2 | 8.33 | 5.60 | 5.00 | 3.14 | 5.10 | 0.93 | 0.84 | 0.90 | 0.95 | 0.90 |
| C110X4.4–B77X3.3 | 9.26 | 6.98 | 6.26 | 3.60 | 4.71 | 0.97 | 0.97 | 1.01 | 0.99 | 0.98 |
| C110X4.4–B77X4.4 | 9.99 | 8.17 | 7.34 | 3.96 | 4.45 | 1.00 | 0.99 | 0.99 | 1.02 | 1.04 |
| C110X8.8–B93X2.2 | 2.43 | 1.25 | 0.95 | 0.77 | 2.12 | 0.96 | 1.12 | 1.09 | 1.01 | 1.00 |

续表

| 试件编号 | $SCF_{proposed}$ | | | | | $SCF_{proposed}/SCF_{FE}$ | | | | |
|---|---|---|---|---|---|---|---|---|---|---|
| | *A* | *B* | *C* | *D* | *E* | *A* | *B* | *C* | *D* | *E* |
| C110X8.8–B93X4.4 | 3.14 | 1.83 | 1.42 | 1.01 | 1.96 | 1.01 | 1.28 | 1.43 | 1.10 | 0.87 |
| C110X8.8–B93X6.6 | 3.65 | 2.28 | 1.79 | 1.18 | 1.87 | 0.96 | 0.89 | 0.87 | 0.91 | 0.94 |
| C110X8.8–B93X8.8 | 4.06 | 2.67 | 2.12 | 1.32 | 1.81 | 1.00 | 0.83 | 0.76 | 0.75 | 1.09 |
| C110X6.88–B93X1.72 | 3.06 | 1.61 | 1.36 | 1.08 | 2.72 | 1.02 | 1.13 | 1.23 | 1.09 | 1.03 |
| C110X6.88–B93X3.44 | 3.96 | 2.35 | 2.03 | 1.41 | 2.51 | 0.99 | 1.08 | 1.28 | 1.08 | 0.99 |
| C110X6.88–B93X5.16 | 4.61 | 2.94 | 2.57 | 1.64 | 2.39 | 0.93 | 1.01 | 1.10 | 0.94 | 1.03 |
| C110X6.88–B93X6.88 | 5.13 | 3.44 | 3.03 | 1.84 | 2.32 | 0.97 | 0.83 | 0.82 | 0.90 | 1.08 |
| C110X5.5–B93X1.38 | 3.77 | 2.02 | 1.69 | 1.34 | 3.40 | 1.06 | 0.97 | 1.08 | 1.06 | 1.03 |
| C110X5.5–B93X2.75 | 4.88 | 2.95 | 2.53 | 1.75 | 3.14 | 1.07 | 0.91 | 1.00 | 1.22 | 0.99 |
| C110X5.5–B93X4.13 | 5.67 | 3.68 | 3.20 | 2.04 | 2.99 | 1.03 | 1.03 | 0.99 | 0.96 | 0.96 |
| C110X5.5–B93X5.5 | 6.31 | 4.31 | 3.79 | 2.28 | 2.89 | 1.01 | 1.02 | 1.10 | 1.11 | 0.94 |
| C110X4.4–B93X1.1 | 4.62 | 2.53 | 1.68 | 1.42 | 4.24 | 0.97 | 1.02 | 0.84 | 1.00 | 1.07 |
| C110X4.4–B93X2.2 | 5.98 | 3.69 | 2.52 | 1.85 | 3.91 | 1.02 | 1.11 | 0.95 | 0.99 | 0.96 |
| C110X4.4–B93X3.3 | 6.95 | 4.60 | 3.18 | 2.17 | 3.73 | 0.99 | 1.07 | 0.96 | 0.90 | 0.96 |
| C110X4.4–B93X4.4 | 7.74 | 5.38 | 3.76 | 2.42 | 3.61 | 0.99 | 0.98 | 1.07 | 1.05 | 1.04 |

### 6.6.4　X 形节点试验与参数公式对比

同样地，为了验证本次所拟合的 SCF 参数公式具有较好的可靠性和准确性，将用拟合公式计算出来的计算结果与试验的矩形钢管混凝土 X 形节点试验结果进行对比，具体对比结果见表 6–29。从 *A*~*E* 共 5 个典型热点位置的 $SCF_{proposed}/SCF_{TEST}$ 看出，拟合的计算公式具有较好的吻合度，能较好地吻合试验结果分析。

表 6–29　X 形节点试验结果与拟合公式计算结果对比

| 试验构件 | | SCF | | | | |
|---|---|---|---|---|---|---|
| | | *A* | *B* | *C* | *D* | *E* |
| CFRHS–1 | $SCF_{TEST}$ | 5.75 | 5.82 | 5.33 | 2.61 | 3.63 |
| | $SCF_{proposed}$ | 6.84 | 6.91 | 5.82 | 3.17 | 3.95 |
| | $SCF_{proposed}/SCF_{TEST}$ | 1.19 | 1.19 | 1.09 | 1.21 | 1.09 |
| CFRHS–2 | $SCF_{TEST}$ | 6.66 | 6.64 | 5.82 | 2.91 | 3.45 |
| | $SCF_{proposed}$ | 6.96 | 7.77 | 6.49 | 3.35 | 3.67 |
| | $SCF_{proposed}/SCF_{TEST}$ | 1.04 | 1.17 | 1.11 | 1.15 | 1.06 |
| CFRHS–3 | $SCF_{TEST}$ | 7.25 | 7.96 | 6.87 | 3.50 | 2.76 |
| | $SCF_{proposed}$ | 7.07 | 8.60 | 7.15 | 3.52 | 3.45 |
| | $SCF_{proposed}/SCF_{TEST}$ | 0.98 | 1.08 | 1.04 | 1.01 | 1.25 |

续表

| 试验构件 | | SCF | | | | |
|---|---|---|---|---|---|---|
| | | *A* | *B* | *C* | *D* | *E* |
| CFRHS-4 | $SCF_{TEST}$ | 8.93 | 10.12 | 8.84 | 4.00 | 3.28 |
| | $SCF_{proposed}$ | 8.92 | 11.37 | 9.33 | 4.49 | 4.50 |
| | $SCF_{proposed}/SCF_{TEST}$ | 1.00 | 1.12 | 1.05 | 1.12 | 1.37 |
| CFRHS-5 | $SCF_{TEST}$ | 4.76 | 6.13 | 5.10 | 2.64 | 2.43 |
| | $SCF_{proposed}$ | 5.74 | 6.71 | 5.70 | 2.84 | 2.75 |
| | $SCF_{proposed}/SCF_{TEST}$ | 1.20 | 1.09 | 1.12 | 1.07 | 1.13 |
| CFRHS-6 | $SCF_{TEST}$ | 5.15 | 8.58 | 7.46 | 2.91 | 2.27 |
| | $SCF_{proposed}$ | 5.74 | 8.21 | 7.59 | 3.73 | 2.18 |
| | $SCF_{proposed}/SCF_{TEST}$ | 1.11 | 0.96 | 1.02 | 1.28 | 0.96 |
| CFRHS-7 | $SCF_{TEST}$ | 6.07 | 5.82 | 5.45 | 2.59 | 2.65 |
| | $SCF_{proposed}$ | 7.59 | 7.69 | 6.54 | 3.27 | 3.57 |
| | $SCF_{proposed}/SCF_{TEST}$ | 1.25 | 1.32 | 1.20 | 1.26 | 1.35 |

由表 6–29 的结果可以看出，使用拟合的 SCF 参数公式进行计算试验构件时，计算结果与试验实际结果较为接近，拟合的 SCF 参数公式能较好地对热点应力值进行计算。

## 6.6.5 小结

①用 CIDECT《指南》中的参数公式计算得出的 SCF 与钢管混凝土节点有限元结果进行了对比分析，发现 CIDECT《指南》中参数公式计算出来的 SCF 与实际有限元的数值计算结果相差较大，无法准确预估钢管混凝土热点位置的 SCF。

②依据有限元数值分析结果，利用软件 Origin 拟合出了热点位置的 SCF 考虑 $\beta$、$\tau$ 和 $2\gamma$ 的参数计算公式，并用拟合参数公式计算出来的 SCF 与实际有限元数值计算结果进行了比较，结果表明：推导出的参数方程吻合度较好。

③将 7 个矩形钢管混凝土 X 形节点的试验结果分别与拟合的参数公式也进行了对比分析，验证结果表明拟合出的参数计算公式能较好地预估出热点位置的 SCF，具有较高的精度。

# 参考文献


[1] 韩林海，杨有福 . 现代钢管混凝土结构技术 [M]. 北京：中国建筑工业出版社，2007.

[2] A. F. Hobbacher. Recommendations for Fatigue Design of Welded Joints and Components[M]. Second Edition . Berlin：Springer，2016.

[3] 中华人民共和国住房和城乡建设部 . 钢结构焊接规范 GB 50661—2011[S]. 北京：中国建筑工业出版社，2011.

[4] 中华人民共和国交通运输部 . 公路钢管混凝土拱桥设计规范 JTG D65-06—2015[S]. 北京：人民交通出版社，2015.